Meilensteine und Trends der Betriebswirtschaft

Grundlagen, Geschichte und Geschichten der BWL

Von

Prof. Dr. Thomas Deelmann

2., neu bearbeitete und wesentlich erweiterte Auflage

ERICH SCHMIDT VERLAG

Bibliografische Information der Deutschen Nationalbibliothek
Die Deutsche Nationalbibliothek verzeichnet diese Publikation
in der Deutschen Nationalbibliografie; detaillierte bibliografische Daten
sind im Internet über http://dnb.d-nb.de abrufbar.

Weitere Informationen zu diesem Titel finden Sie im Internet unter
ESV.info/978 3 503 15803 4

Hinweis für Studierende
Zu den Aufgaben und Diskussionsstellungen finden Sie
Antworten und Lösungshinweise auf http://meilensteine.ESV.info

Ticketcode: yycem8-uf6yig-3jdhym-35e34w

1. Auflage epubli, Berlin 2013
2. Auflage 2015

ISBN 978 3 503 15803 4

Dieses Papier erfüllt die Frankfurter Forderungen
der Deutschen Nationalbibliothek und der Gesellschaft für das
Buch bezüglich der Alterungsbeständigkeit und entspricht
sowohl den strengen Bestimmungen der US Norm
Ansi/Niso Z 39.48-1992 als auch der ISO-Norm 9706.

Druck und Weiterverarbeitung: Druckerei Strauss, Mörlenbach

Vorwort zur zweiten Auflage

„Meilensteine und Trends der Betriebswirtschaft", so lautet der Titel dieses Lehrbuchs. Die Dichotomie der eher in der Vergangenheit liegenden Meilensteine sowie der in die Zukunft gerichteten Trends orientiert sich an verschiedenen Aphorismen, die urteilen, dass Zukunft Herkunft braucht und dass das Leben zwar nach rückwärts verstanden, aber nach vorwärts gelebt wird.[1] Gleichzeitig wächst die Erkenntnis, dass Managementfehler oftmals auf Grund eines mangelnden Geschichtsbewusstseins in der Betriebswirtschaftslehre begangen werden, dass ein Blick in die Vergangenheit zeigt, welche Wurzeln die aktuellen Wirtschaftspraktiken haben und dass unser Wissen über das Wirtschaften nichts ist, was wir gerade erst erworben haben, sondern sich aus den positiven und negativen Erfahrungen der Historie speist.[2]

An dieser Stelle können Kenntnisse über die „Grundlagen, Geschichte und Geschichten der BWL" hilfreich sein: Elementar ist Wissen über die Disziplin der Betriebswirtschaftslehre im Allgemeinen sowie über ihre Entwicklung und wichtige Begriffe im Besonderen. Die Historie kann, beispielsweise in Form einer Zeittafel, Orientierung bieten. Narrative Texte über prominente Personen, Projekte und Perioden sind hilfreich, um das manchmal trockene Faktenwissen eines Lehrbuchs aufzulockern.

Bei der Gestaltung dieses Buch wurde auf den oftmals vorzufindenden funktionenorientierten Aufbau von Einführungswerken in die Allgemeine Betriebswirtschaftslehre verzichtet. In den Vordergrund sind vielmehr Inhalte gerückt, die im kollektiven Gedächtnis der Wirtschaftswissenschaften einen prominenten Platz einnehmen und zum domänenspezifischen Allgemeinwissen gehören. En passant werden durch die Diskussion dieser Meilensteine und Trends auch ausgewählte Inhalte der Betriebswirtschaftslehre vermittelt und ein Einstieg in die Disziplin angeboten.

Die vorliegende zweite Auflage profitiert natürlich von den Erfahrungen mit der ersten Auflage, viel mehr aber noch von den Hinweisen der Kollegen und den Rückmeldungen der Studierenden an der BiTS, die den korrespondierenden Kurs „Historie und Trends der Betriebswirtschaft" gelehrt bzw. gehört haben und nicht zuletzt von den Ratschlägen und der Unterstützung des Teams vom Erich Schmidt Verlag – ein großes „Dankeschön" dafür![3]

Thomas Deelmann

---

[1] Vgl. Marquard: 2003; Kierkegaard: 1843, dort im Original: „Es ist ganz wahr, was die Philosophie sagt, daß das Leben rückwärts verstanden werden muß. Aber darüber vergißt man den andern Satz, daß vorwärts gelebt werden muß."
[2] Vgl. Schneider: 1984, S. 114; Robins, Coulter: 2014, S. 63; Blaug: 1991, S. X
[3] Und (Zwar unscheinbar in einer Fußnote, aber sehr wichtig!) vor allen Dingen: *AKS!* :-]

Inhaltsübersicht

Inhaltsverzeichnis

Abbildungsverzeichnis

Abkürzungsverzeichnis

ABZ	Amerikanisch besetzte Zone
	(auch: Amerikanische Besatzungszone)
AG	Aktiengesellschaft
AO	Abgabenordnung
asap	as soon as possible
Aufl.	Auflage
B2B2C	Business-to-Business-to-Consumer
BBZ	Britisch besetzte Zone
	(auch: Britische Besatzungszone)
BGL	Betriebsgewerkschaftsleitung
BHG	Bäuerliche Handelsgenossenschaft
BIP	Bruttoinlandsprodukt
Bl.	Blatt
BMW	Bayerische Motoren Werke
BNetzA	Bundesnetzagentur
BPO	Betriebsparteiorganisation
BPO	Business Process Outsourcing
BRD	Bundesrepublik Deutschland
BRICS	Brasilien, Russland, Indien, China, Südafrika
BSC	Balanced Scorecard
BSP	Bruttosozialprodukt
bspw.	beispielsweise
btw.	by the way
BWL	Betriebswirtschaftslehre
bzw.	beziehungsweise
ca.	circa
CeBIT	Centrum für Büroautomation, Informationstechnologie und Telekommunikation (urspr. Centrum der Büro-und Informationstechnik)
CEO	Chief Executive Officer
CIO	Chief Information Officer
ČSSR	Tschechoslowakische Sozialistische Republik (1960-1990; 1945-1960: Tschecho-Slowakische Republik, Č-SR)
CUDOS	Communalism, Universalism, Disinterestedness, Organized Sceptizism (deutsch: Kommunalismus, Universalismus, Interessenungebundenheit, Organisierter Skeptizismus
DAX	Deutscher Aktienindex
DBP	Deutsche Bundespost

DD	Due Diligence
DDR	Deutsche Demokratische Republik (1949-1990)
DGB	Deutsche Gewerkschaftsbund
d. h.	das heißt
DM	Deutsche Mark
DT	Deutsche Telekom AG
d. Verf.	der Verfasser
EB	Encyclopaedia Britannica
EMW	Eisenacher Motoren Werke
engl.	englisch
eob	end of business
eod	end of day
et al.	et alii (deutsch: und andere)
etc.	etcetera
EU	Europäische Union
EUR	Euro
FBZ	Französisch besetzte Zone
	(auch: Französische Besatzungszone)
ff.	fortfolgende
Fn.	Fußnote
fyi	for your information
g	Gramm
GATT	General Agreement on Tariffs and Trade
GbR	Gesellschaft bürgerlichen Rechts
GmbH	Gesellschaft mit beschränkter Haftung
gr.	griechisch
grds.	grundsätzlich
ha	Hektar
HGB	Handelsgesetzbuch
h. M.	herrschende Meinung
HO	Handelsorganisation
HR	Human Resources
Hrsg.	Herausgeber
IBM	International Business Machines
ICT	Information and Communication Technology
i. d. R.	in der Regel
i. e.	id est (deutsch: das ist, das heißt)
i. e. S.	im engeren Sinne
IG	Interessengemeinschaft (auch: I.G.)
IHK	Industrie- und Handelskammer
IKT	Informations- und Kommunikationstechnologie
inkl.	inklusive

insb.	insbesondere
IPO	Initial Public Offering
IT	Informationstechnologie
i. V. m.	in Verbindung mit
i. W.	im Wesentlichen
i. w. S.	im weiteren Sinne
Jh.	Jahrhundert
k. A.	keine Angabe
Kap.	Kapitel
KMU	kleine und mittelgroße Unternehmen
	(auch: kleine und mittlere Unternehmen)
KPdSU	Kommunistische Partei der Sowjetunion
KPI	Key Performance Indicator
LOI	Letter of Intent
LPG	Landwirtschaftliche Produktionsgenossenschaft
lt.	laut
M2M	Machine-to-Machine
M&A	Mergers & Acquisitions
MBO	Management Buy-Out
Mill.	Million
MINT	Mathematik, Informatik, Naturwissenschaften, Technik
Mio.	Million
Mrd.	Milliarde
n. Chr.	nach Christus (Geburt)
NDA	Non Disclosure Agreement
NÖS(PL)	Neues Ökonomisches System der Planung und Leitung
NS	Nationalsozialismus
NSDAP	Nationalsozialistische Deutsch Arbeiterpartei
NSW	Nichtsozialistisches Wirtschaftsgebiet
o. ä.	oder ähnlich
o. D.	ohne Datum
o. g.	oben genannt
OHG	Offene Handelsgesellschaft
o. O.	ohne Ort
OPEC	Organization of the Petroleum Exporting Countries
ÖSS	Ökonomisches System des Sozialismus
o. V.	ohne Verfasser
PC	Personal Computer
PCK	Petrolchemisches Kombinat (Schwedt)
PERM	Programmierbare Elektronische Rechenanlage München
PGH	Produktionsgenossenschaft des Handwerks

PKW	Personenkraftwagen
PR	Public Relations
PREUSSAG	Preußische Bergwerks- und Hütten-Aktiengesellschaft
PwC	PricewaterhouseCoopers
RegTP	Regulierungsbehörde für Telekommunikation und Post
RGW	Rat für gegenseitige Wirtschaftshilfe
RKW	Reichskuratorium für Wirtschaftlichkeit in Industrie und Handwerk (heute: Rationalisierungs- und Innovationszentrum der Deutschen Wirtschaft)
S.	Seite
SS	Schutzstaffel
SBZ	Sowjetisch besetzte Zone (auch: Sowjetische Besatzungszone)
SED	Sozialistische Einheitspartei Deutschlands
SLA	Service Level Agreement
SMAC	Social, Mobile, Analytical, Cloud-based (Technologies)
SMAD	Sowjetische Militäradministration in Deutschland
SME	small and medium-sized enterprises
s. o.	siehe oben
sog.	so genannte
s. u.	siehe unten
SW	Sozialistisches Wirtschaftsgebiet
tbd.	to be determined (auch: to be done, to be defined, to be discussed)
tlw.	teilweise
u. a.	unter anderem, und andere
urspr.	ursprünglich
USD	US-Dollar
v. Chr.	vor Christus (Geburt)
VdgB	Vereinigung der gegenseitigen Bauernhilfe
VEB	Volkseigener Betrieb
VEBA	Vereinigte Elektrizitäts- und Bergwerks AG
ver.di	Vereinte Dienstleistungsgewerkschaft
v. H.	von Hundert
VIAG	Vereinigte Industrieunternehmungen AG
vs.	versus
VVB	Vereinigung Volkseigener Betriebe
VWL	Volkswirtschaftslehre
wip	work in progress
WTO	World Trade Organization (dt. Welthandelsorganisation)
z. B.	zum Beispiel
zit. n.	zitiert nach
ZK	Zentralkomitee

1 Einleitung

1.1 Motivation

Das Ziel der Betriebswirtschaftslehre[4] ist es, eine Beschreibung, Erklärung und Behandlung allgemeiner, d. h. unabhängig von Größe, Eigentumsstruktur, Wirtschaftszweig, Rechtsform, etc., betrieblicher Erscheinungen rund um die Zielsetzung und den Aufbau von Betrieben sowie deren Leistungserstellung und -verwertung zu liefern.

Die aktuellen und zukünftigen Herausforderungen für Unternehmen und zunehmend auch andere, nicht gewinnorientierte private und öffentliche Organisationen fordern ein ganzheitliches Verständnis für erfolgs- sowie entscheidungsorientierte Lösungskonzepte. Studierende betriebswirtschaftlich orientierter Fächer stehen vor der Herausforderung, sich Rüstzeug für diese Aufgabe anzueignen, das sich sowohl aus der Allgemeinen Betriebswirtschaftslehre, als auch aus der Vielzahl von Speziellen Betriebswirtschaftslehren speist.

Nach Meinung des Verfassers ist es hierbei hilfreich, sich zunächst eine eher historische Perspektive der Betriebswirtschaftslehre anzueignen und anschließend die Bandbreite konkreter betriebswirtschaftlicher Aufgabenstellungen und Lösungsansätze überblicksartig zu erfassen und damit ein fundiertes Wissen über die vielfältigen betriebswirtschaftlichen Herausforderungen zu erlangen.

Auch wenn sich die Geschichte nicht wiederholt, so können doch „Analogien mittlerer Reichweite"[5] identifiziert und genutzt werden: Die aktuelle und zukünftige Situation stellt sich schärfer und klarer dar, wenn sie um die Perspektive der Vergangenheit angereichert wird. Zudem „verführt der Denkstil von der geschichtslosen Managementlehre dazu, modisches Wissen mit neuen Erkenntnissen zu verwechseln, selbst wenn nur alter Wein in neuen Schläuchen geboten wird. Mangels wissenschaftsgeschichtlicher Kenntnis wird das nur nicht wahrgenommen."[6]

Der Blick in die Vergangenheit eröffnet Wirtschaftswissenschaftlern den Zugang zu fünf Funktionen: Orientierungsfunktion, Identitätsstiftung und -sicherung, Lehrfunktion, Trainings- und Korrekturfunktion sowie Kreativitätsfunktion.[7]

---

[4] Soweit sich aus dem Kontext nichts anderes ergibt, werden nachfolgend die Begriffe Betriebswirtschaftslehre, Betriebswirtschaft oder auch die Abkürzung BWL synonym verwendet.
[5] Leonhard: 2014, S. 92
[6] Schneider: 1984, S. 126
[7] Vgl. Berghoff: 2004, S. 14-21. Die komplementäre Perspektive der historischen Betrachtung auf Betriebe weist vier Facetten auf: Unternehmen als ökonomischer Motor der Geschichte, als soziale

Das konkrete betriebswirtschaftliche Handeln lässt sich an Hand von historischen und aktuellen Meilensteinen und Trends erläutern. Das vorliegende Studienmaterial möchte daher ausgewählte Perioden, Personen, Organisationen und Begriffe der (Betriebs-) Wirtschaft, die im *kollektiven Gedächtnis der Wirtschafswissenschaften* einen prominenten Platz einnehmen und zum domänenspezifischen Allgemeinwissen gehören, kurz vorstellen und durch die Diskussion dieser Inhalte auch ausgewählte Grundlagen der Betriebswirtschaftslehre vermitteln.

1.2 Ziel

Das vorliegende Lern- und Lehrmaterial hat zum *Ziel*, Grundlagen der Betriebswirtschaft und ihre Rolle als Wissenschaft vorzustellen, eine große Bandbreite konkreter betriebswirtschaftlicher Aufgabenstellungen überblicksartig darzulegen und schließlich in Form einer Zeitleiste eine chronologische Perspektive auf die Geschichte der Betriebswirtschaftslehre zu bieten. Dieses Ziel wäre erreicht, wenn der Leser[8] nicht nur die klassischen domänenorientierten Kompetenzen der Allgemeinen Betriebswirtschaftslehre erarbeitet, sondern gleichzeitig auch bedeutende Meilensteine und Trends, also historische Ereignisse und aktuelle Entwicklungen, welche die betriebswirtschaftliche Praxis und Lehre beeinflusst haben und weiterhin prägen, kennt und hinsichtlich ihrer Relevanz und ihren Auswirkungen einordnen sowie für das eigene Handeln nutzen kann.

1.3 Aufbau

Das vorliegende Studienmaterial ist in vier Abschnitte eingeteilt. Nach diesem einleitenden *ersten Kapitel*, das Motivation, Ziel und Einordnung in den Studienkontext skizziert, werden im *zweiten Kapitel* Grundlagen der Betriebswirtschaft aufgezeigt. Hierbei handelt es sich zunächst um Aspekte über Wissenschaft im Allgemeinen, dann spezieller werdend um die Betriebswirtschaft als Wissenschaftsdisziplin, um die Einführung von Grundbegriffen der Betriebswirtschaftslehre und zuletzt um die (Weiter-) Entwicklung der Disziplin. Das *dritte Kapitel* enthält als Hauptteil insgesamt 18 Darstellungen ausgewählter Meilensteine und Trends der Betriebswirtschaftslehre. Hierbei werden variierend Perioden, Personen, Organisationen und Begriffe in den Vordergrund geschoben. Das jeweilige Thema wird kurz vorgestellt und dann an Hand von konkreten Beispielen verdeutlicht und greifbar gemacht. Aufgaben

---

Interaktionsfelder, als kulturschaffende Institutionen sowie als Objekt und Subjekt in der politischen Geschichte; vgl. Berghoff: 2004, S. 22-29.

[8] Aus Gründen der besseren Lesbarkeit wird in dieser Arbeit in der Regel die männliche Form verwendet, wobei das weibliche Geschlecht selbstverständlich in gleicherweise angesprochen ist.

und Diskussionsstellungen runden die Darstellung eines Meilensteins ab. Mit ihrer Hilfe kann das Verständnis nochmals vertieft und das Gelernte (auf andere Gebiete) transferiert werden.

Die Meilensteine und Trends erstrecken sich von der Zweiten Industriellen Revolution bis zur Gegenwart und nahen Zukunft. Die Zweite Industrielle Revolution wird als zeitlicher Ausgangspunkt gewählt, da sich zu diesem Zeitpunkt bereits die einfachen Organisations- und Managementstrukturen, die nach dem Übergang von der Agrar- zur Industriegesellschaft entstanden sind, weiterentwickelt haben. Es sind funktionale organisatorische Strukturen entstanden und gesamtgesellschaftliche Basisinfrastrukturen befinden sich in einem Prozess des Ausbaus und des Wachstums. Der dann stattfindende Übergang von Herstellungsprozessen innerhalb von Manufakturen hin zur Fabrikproduktion bildet im Wesentlichen die Grundlage für die heute vorzufindende Betriebsstruktur. Gleichzeitig beginnt die Etablierung der Betriebswirtschaft als Lehrfach und Forschungsdomäne an deutschen Handelsschulen. Das Ende des abgedeckten Zeitraums, d. h. die Betrachtung von aktuellen Entwicklungen und emergenten Trends, wird als methodisch und inhaltlich zwar schwierig bzw. umfangreich, aber auch notwendig und wichtig bezeichnet.[9] Um dem praktischen Nutzen der Ausführungen einen Vorrang gegenüber methodischer Relevanz zu geben, ohne letztere jedoch zu stark zu vernachlässigen, wird für die vorliegende Arbeit dennoch der gewählte Zeitraum beibehalten.

Die ausgewählten Meilensteine beleuchten die Entwicklung der Betriebswirtschaft im gewählten Zeitraum selbstverständlich nur in Facetten und werden soweit möglich in einer chronologischen Reihenfolge vorgestellt. Sie bauen zwar aufeinander auf, sind aber auch für sich zu verstehen.

Der Verfasser bedient sich für die Beschreibung der Meilensteine aus einem weiten Fundus von Quellen (z. B. wissenschaftliche Fachbücher und -zeitschriften, Lehrbücher, Tageszeitungen, Zeitschriften, populärwissenschaftlich aufbereiteter Wirtschaftsgeschichte, (Auto-) Biografien), um so auch anekdotische und narrative Elemente stärker berücksichtigen zu können. Dieses Vorgehen wird bewusst gewählt, um die meist etwas subjektiveren Aussagen und Meinungen der Autoren für eine bessere und plastischere Darstellung der jeweiligen Situationen nutzen zu können.

Im abschließenden *vierten Kapitel* wird ein kurzer Abriss einer Zeittafel der Betriebswirtschaftslehre präsentiert. Diese Zeittafel beinhaltet eine Auswahl von Ereignissen aus dem vorangegangenen Kapitel. Sie werden ergänzt um weitere aus Sicht des Verfassers relevante Aspekte der jüngeren Vergangenheit, sowie um Aspekte, die zeitlich weiter zurückreichen, als die gerade genannte Startposition der Zweiten Industriellen Revolution.

---

[9] Vgl. bspw. Pierenkemper: 2000, insb. S. 9-11

Aus gegebenem Anlass sei abschließend noch darauf hingewiesen, dass im Rahmen dieser Studienmaterialien auf eine Nachweisführung beim Rückgriff auf Argumentationen, die von anderen wörtlich oder sinngemäß entnommen wurden, geachtet wurde. Zitate werden daher mit Kurzbelegen in Fußnoten und Literaturbelegen im Literaturverzeichnis kombiniert. Zusätzlich ist ein Anhang mit ausgewählten Hinweisen für die Erstellung wissenschaftlicher Texte beigefügt, um den Leser neben den domänenspezifischen Inhalten auch en passant mit Regeln zur Gestaltung wissenschaftlicher Texte, die spätestens bei der Erstellung von Abschlussarbeiten benötigt werden, vertraut zu machen.

1.4 Einordnung in einen Studienkontext

Die vorliegenden Meilensteine und Trends der Betriebswirtschaft bieten im Sinne einer T-förmigen Themenabdeckung[10] einen ganzheitlichen, holistischen Blick auf Betriebe (bzw. Unternehmen und andere Organisationen, soweit dies möglich und sinnvoll ist) und fokussieren nicht auf einzelne Fachfunktionen, wie z. B. Marketing, Controlling oder Personalwesen. Da dieser Ansatz teilweise auch von anderen Fächern in einem gegebenen betriebswirtschaftlichen Studium verfolgt wird, kann eine Abgrenzung hilfreich sein, um Orientierung zu geben und Irritationen über scheinbare Dopplungen zu vermeiden. Der Verfasser nimmt der Einfachheit halber an, dass im Studienverlauf drei Veranstaltungen mit einem funktionenübergreifenden Charakter angeboten werden, so dass eine solche Abgrenzung wie folgt vorgenommen werden kann:

- Charakter einer Vorlesung *Historie und Trends der Betriebswirtschaft* zum Studienbeginn: BWL übernimmt – unter besonderer Berücksichtigung von historischen Episoden und aktuellen Entwicklungen der Disziplin – die Beschreibung, Erklärung und Behandlung allgemeiner betrieblicher Erscheinungen rund um die Zielsetzung und den Aufbau von Betrieben sowie deren Leistungserstellung und -verwertung.
- Charakter einer Vorlesung *Unternehmensführung* im fortgeschrittenen Studium: Unternehmensführung nimmt die Perspektive des dispositiven Produktionsfaktors (nach Gutenberg) ein und behandelt dessen Ziele und Aufgaben, Rollen und ausgewählte Werkzeuge.
- Charakter einer Vorlesung *Strategisches Management*, z. B. als Rahmen eines Wahlpflichtveranstaltung zum Studienende: Strategisches Management definiert die Ausrichtung und Koordination einzelner

---

[10] Die T-Form soll hier als Bild für eine eher breite und nur in Einzelfällen in die Tiefe gehende Darstellung dienen. Im Gegensatz dazu würde eine I-förmige Darstellung thematisch zwar enger, aber dafür inhaltlich durchdringender sein.

Funktionen einer Organisation, um mittel- und langfristige Ziele zu erreichen. Neben der Abgrenzung durch unterschiedliche Charakteristika können drei solche Vorlesungen auch auf dem *Prinzip des vom Allgemeinen zum Speziellen* basierend, als *zusammengehörend* betrachtet werden:

Hierbei werden mit der „Historie und Trends der Betriebswirtschaft" zunächst Grundlagen für das Verständnis der betrieblichen Herausforderungen und ihrer Bearbeitungsmöglichkeiten im Allgemeinen gelegt und an Hand historischer und aktueller Verankerungen verdeutlicht.

Die Vorlesung „Unternehmensführung" beleuchtet darauf aufbauend die Herausforderungen aus einer allgemeinen Management-Perspektive und trägt dazu bei, die Studierenden auf berufliche Tätigkeiten in Führungs- oder Führungsunterstützungsfunktionen vorzubereiten.

„Strategisches Management" schließlich fokussiert auf die aktive Positionierung einer Organisation in ihrem Umfeld sowie die effiziente Ausnutzung von Ressourcen in einer mittel- bis langfristigen Zeitperspektive und bietet gleichzeitig Werkzeuge an, die auch in anderen betrieblichen Fachfunktionen Verwendung finden.

2 Grundlagen

2.1 Wissenschaft

2.1.1 Startpunkt: Zusammenwirken von Wissenschaft – Forschung – Lehre

Ziel dieses Grundlagenkapitels ist es, die Betriebswirtschaftslehre in den Kontext der Wissenschaften einzuordnen sowie eine Auswahl ihrer begrifflichen Grundlagen, Modelle und Konstrukte vorzustellen. Abbildung 1 stellt die nachfolgende Einordnung überblicksartig dar.

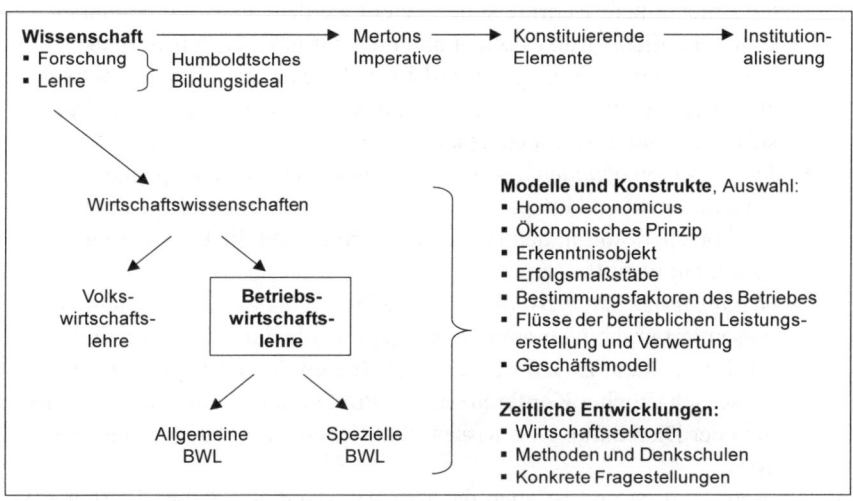

Abbildung 1: Kapitelüberblick und ausgewählte Zusammenhänge der Betriebswirtschaftslehre

Wissenschaft, Forschung und Lehre sind drei Begriffe, die in einem engen Zusammenhang stehen und den Rahmen eines betriebswirtschaftlichen Studiums beeinflussen. Eine kurze Unterscheidung und Begriffsklärung erscheint hilfreich:

- *Wissenschaft* wird im Duden als eine forschende Tätigkeit umschrieben, die in einem bestimmten Bereich ein begründetes, geordnetes oder für gesichert erachtetes Wissen hervorbringt.

- *Forschung* wiederum beschreibt die Tätigkeit des Forschens, d. h. das Arbeiten an wissenschaftlichen Erkenntnissen bzw. die Untersuchung eines wissenschaftlichen Problems.

- Unter *Lehre* findet man im Duden die Erklärung, dass sie in einem System von wissenschaftlichen Lehrsätzen zusammenhängend Gelehrtes sei.

Wissenschaft kann somit im Sinne des humboldtschen Bildungsideals[11] als Klammer für Forschung und Lehre betrachtet werden. Die Forschung will Probleme bearbeiten und zu Lösungen verhelfen, während im Rahmen der Lehre zum einen der Kenntnisstand der Forschung und zum anderen die Methoden des wissenschaftlichen Forschens an Schüler weitergegeben wird.[12] Wissenschaftlichkeit zeichnet sich nach Merton[13] durch vier sog. Imperative aus:[14]

- *Kommunalismus:* Wissenschaft gehört niemandem und die gesammelten Erkenntnisfortschritte sollen geteilt werden. Veröffentlichungen sollen möglichst früh erfolgen und nicht zurückgehalten werden.

- *Universalismus:* Zugang zur und Teilnahme an der Wissenschaft soll allen befähigten Personen ermöglicht werden. Die Befähigung drückt sich allein durch Kompetenz aus.

- *Interessenungebundenheit:* Die Ergebnisse der Forschung sind unvoreingenommen und uneigennützig zu präsentieren. Das Eigeninteresse des Forschers soll in den Hintergrund treten und die Ergebnisdarstellung nicht beeinflussen.

- *Organisierter Skeptizismus:* Forschungsergebnisse werden nicht nur präsentiert und hingenommen, sondern regelgeleitet kritisiert und geprüft. Dies kann z. B. durch ein Peer Review-Verfahren im Vorfeld wissenschaftlicher Konferenzen und Publikationen oder auch im Rahmen der Disputation von wissenschaftlichen Abschlussarbeiten erfolgen.

Vor diesem Hintergrund ist auch das sog. selbständige wissenschaftliche Arbeiten zu betrachten. Hierbei wird regelmäßig ohne fremde Hilfe an einer Schrift gearbeitet, wobei alle Stellen, die wörtlich oder sinngemäß veröffent-

---

[11] Hierunter wird allgemein die Einheit von Forschung und Lehre verstanden.

[12] Diese Rolle der Lehre kann allerdings auch kritischer betrachtet werden, wie es z. B. Ronald Coase, US-amerikanischer Träger des Wirtschafts-Nobelpreises, formuliert: „Die Weisheiten, die in den Lehrbüchern und Hörsälen wirtschaftswissenschaftlicher Fakultäten gepredigt werden, haben nur noch wenig mit der Managementpraxis und noch viel weniger mit dem klassischen Unternehmertum gemein. Das Maß, in dem sich die Wirtschaftswissenschaften vom Alltag in Unternehmen distanziert haben, ist immens und bedauerlich." Coase: 2013, S. 96.

[13] Robert K. Merton (1990-2003), US-amerikanischer Soziologe.

[14] Die vier Imperative sind unter dem Akronym CUDOS in der wissenschaftssoziologischen Literatur bekannt: Communalism, Universalism, Disinterestedness, Organized Scepticism (deutsch: Kommunalismus, Universalismus, Interessenungebundenheit, Organisierter Skeptizismus); vgl. Krull: 2005, S. 335 oder Bamme: 2004, S. 119.

lichtem oder unveröffentlichtem Schrifttum entnommen wurden, auch als solche kenntlich gemacht werden.[15]
Ergänzend dazu zeichnet sich Forschung durch drei Charakteristika aus:
- Ihre Triebkraft ist die Suche nach dem Neuen.
- Sie erfolgt systematisch und nachvollziehbar und unterscheidet sich damit von Zufallsfunden.
- Ihr Rahmen kann wissenschaftlich oder industriell sein, d. h. sie kann für privatwirtschaftliche und regelmäßig gewinnorientierte Zwecke erfolgen (industriell) oder z. B. an Hochschulen durchgeführt werden, die aus ihrem Charakter heraus einen gemeinschaftsdienlichen Anspruch erfüllen.

2.1.2 Konstituierende Elemente und Entwicklungsschritte einer Wissenschaftsdisziplin

Nicht jedes beliebige Gebiet, auf dem nach Neuem gesucht und auf dem publiziert wird, kann als wissenschaftliche Disziplin begriffen werden. Brockhoff benennt *vier Elemente einer Wissenschaft*:[16]
- Es müssen bedeutende Problemstellungen oder Fragen existieren.
- Die Vorgehensweise der Wissensgewinnung hat systematisch und geordnet zu erfolgen.
- Es muss einen akzeptierten Weg der Wissensbewahrung geben, um auf bereits bekannten und vorhandenen Forschungsergebnissen aufbauen zu können.
- Für die Wissensgewinnung und die Zusammenführung von Wissen bedarf es entsprechender Institutionen und Mechanismen. Dies können beispielsweise wissenschaftliche Gemeinschaften, wissenschaftliche Tagungen und Zeitschriften oder Lehrstühle und Arbeitsbereiche an Hochschulen sein.

Wissenschaftsdisziplinen befinden sich im Zeitverlauf in unterschiedlichen Reifegradstufen. Für den Prozess einer Institutionalisierung schlagen Tolbert und Zucker drei Stufen vor:[17]
- Erste Stufe: *Habitualisierung*
  o Neue strukturelle Konfigurationen entstehen.
  o Es erfolgt eine Reaktion auf veränderte Marktkräfte, Gesetze oder Technologien.

---

[15] Verfasser von wissenschaftlichen Abschlussarbeiten erklären dieses auch an Eides statt am Ende der Arbeit durch eine Unterschrift. Vgl. auch die ausgewählten Hinweise für die Erstellung wissenschaftlicher Texte im Anhang.

[16] Vgl. Brockhoff: 2012, S. 13-47.

[17] Vgl. Tolbert, Zucker: 1996 und für die exemplarische Einordnung der Forschungsdomäne Beratungsforschung in diesen Prozess Mohe, Nissen, Deelmann: 2008, insb. S. 77 und Nissen, Mohe, Deelmann: 2009, insb. S. 149-153.

- o Eine unabhängige Formalisierung neuer Strukturen in Organisationen oder organisationalen Feldern kann beobachtet werden.
- o Theoriebildung findet nicht oder kaum statt.
- Zweite Stufe: *Objektivierung*
  - o Neue Praktiken werden mit Theorien hinterlegt.
  - o Die neuen Strukturen und Praktiken diffundieren.
  - o Strukturen und Handlungen in anderen Organisationen werden beobachtet.
  - o Es bilden sich Forschungsinseln, d. h. Interessengruppen schließen sich zusammen.
  - o Im Ergebnis erfolgt eine Förderung der neuen Praktiken.
- Dritte Stufe: *Sedimentation*
  - o Institutionalisierte Elemente haben einen hohen Akzeptanzgrad.
  - o Gremien, Organe und Riten haben sich etabliert.
  - o Netzwerke sind gebildet und gefestigt.
  - o Die Existenz der Wissenschaftsdisziplin wird nicht mehr hinterfragt.

2.1.3 Einordnung der Betriebswirtschaftslehre in die Wissenschaftsdisziplinen

Verschiedene Wissenschaftsdisziplinen haben sich im Zeitverlauf herausgebildet. Die Beschreibung ihrer Zusammenhänge und Zuordnungen unterliegt Veränderungen und ist nicht immer unstrittig.[18] Nach h. M. können die Wissenschaften wie folgt unterteilt werden, um eine Einordnung der Betriebswirtschaftslehre herbeizuführen:[19]

- Zunächst können die Wissenschaften in metaphysische und nicht metaphysische Wissenschaften unterschieden werden.
- Metaphysische Wissenschaften sind die allgemeine Metaphysik oder Fundamentalphilosophie, Theologie und Kosmologie.
- Nichtmetaphysische Wissenschaften sind Realwissenschaften und Ideal- oder Formalwissenschaften.
- Die Formalwissenschaften lassen sich in Mathematik und Logik unterteilen.
- Realwissenschaften sind Naturwissenschaften und Kulturwissenschaften.

---

[18] So waren die ersten Wirtschaftswissenschaftler Moralphilosophen (z. B. Adam Smith im 18. Jahrhundert) und im 19. Jahrhundert bildete die ökonomische und juristische Ausbildung eine Einheit im Rahmen der Staatswissenschaften (vgl. Suntum: 2013, S. 293-294) während in der jüngeren Vergangenheit die Wirtschaftswissenschaften die Welt zunehmend „mathematisch, deterministisch und rational" (Sedlàcek: 2012, S. 215-216) betrachten.

[19] Vgl. Christiaans: 2004 oder leicht anders: Vahs, Schäfer-Kunz: 2012, S. 17 und Bardmann: 2014, S. 66.

- Zu den Naturwissenschaften zählen beispielsweise die Biologie, Chemie und Physik.

- Kulturwissenschaften können in die drei Gruppen Geisteswissenschaften, Ingenieurwissenschaften und Sozialwissenschaften unterschieden werden.

- Die Gruppe der Geisteswissenschaften umfasst z. B. Geschichte und Kunst.

- Zu den Ingenieurwissenschaften gehören z. B. Elektrotechnik oder Maschinenbau.

- Sozialwissenschaften wiederum lassen sich in Soziologie, Rechtswissenschaften und Wirtschaftswissenschaften sowie weitere unterteilen.

- Die Wirtschaftswissenschaften schließlich gliedern sich in die beiden Schwesterdisziplinen Volkswirtschaftslehre und Betriebswirtschaftslehre.

- Die Volkswirtschaftslehre wiederum betrachtet zum einen das Funktionieren einzelner Märkte (Mikroökonomie) sowie die gesamtwirtschaftlichen Zusammenhänge in einer Volkswirtschaft (Makroökonomie) und bietet zum anderen dadurch z. B. wichtige grundlegende Hilfestellungen für Absatzentscheidungen in der Betriebswirtschaftslehre an.

2.1.4 Exkurs: Ausgewählte Aspekte der Geschichtswissenschaft

Die Geschichtswissenschaft ist nicht wie die Volkswirtschaftslehre eine Schwesterdisziplin der Betriebswirtschaftslehre, sondern als Geisteswissenschaft (s. o.) eine etwas weiter entferntere Verwandte. Dennoch existieren verschiedene Verbindungen, so dass es zum einen für den (betriebs-) wirtschaftlich Interessierten hilfreich sein mag, sich einige Grundlagen dieser Wissenschaftsdisziplin zu vergegenwärtigen. Sedláček meint hierzu:

So, wie wir sie heute kennen, ist die Ökonomie eine kulturelle Erscheinung, ein Produkt unserer Zivilisation – allerdings kein *Produkt* in dem Sinne, dass wir sie bewusst *produziert* oder erfunden hätten, wie einen Flugzeugmotor oder eine Uhr. Der Unterschied liegt darin, dass wir Flugzeugmotoren oder Uhren verstehen, dass wir wissen, woher sie kommen. Wir können sie (beinahe) in ihre Einzelteile zerlegen und dann wieder zusammensetzen, wir wissen, wie sie loslaufen und wie sie stehen bleiben. Bei der Ökonomie ist das anders. Dort ist sehr, sehr vieles unbewusst entstanden, spontan, unkontrolliert, ungeplant, nicht unter dem Taktstock eines Dirigenten. Bevor sie ein eigenständiges Gebiet wurde, lebte die Ökonomie ganz zufrieden im Schoße der Philosophie (beispielsweise der Ethik); damals war sie himmelweit vom heutigen Konzept einer mathematisch-allokativen Wissenschaft entfernt, die auf die „weichen", nicht exakten Wissenschaften mit einer Verachtung herunterblickt, die auf positivistischer Arroganz beruht. Unsere tausendjährige „Bildung" steht jedoch auf einem tieferen, breiteren oft auch festerem Fundament. Es lohnt sich zu wissen, wie dieses Fundament aussieht. [...] Daher müssen wir die Geschichte [...] kennen – *wer nur Ökonom ist, wird nämlich nie ein guter Ökonom sein.*[20]

---

[20] Sedláček: 2012, S. 14 und 17, dort mit dem frei wiedergegebenen Zitat von John Stuart Mill; Hervorhebungen im Original.

Zum anderen erscheint ein kurzer Blick auf ausgewählte Aspekte der Geschichtswissenschaft gerade vor dem Hintergrund der weiter unten präsentieren Meilensteine (vgl. Kapitel 3) sinnvoll.
Geschichte selber lässt sich in ihrem zeitlichen Ablauf gliedern und mit Hilfe
verschiedener zeitlicher Einschnitte charakterisieren (vgl. Abbildung 2). Typischerweise werden Vor- oder Ur- und Frühgeschichte, Altertum und Antike,
Mittelalter und Neuzeit unterschieden. Die für das vorliegende Werk interes-
sierende Neuzeit lässt sich wiederum in Frühe Neuzeit, Neuere Geschichte,
Neueste Geschichte und Zeitgeschichte teilen.[21]
Die Betrachtung in Kapitel 3 startet zeitlich mit der Zweiten Industriellen Revolution, deren Beginn wiederum mit der Französischen Revolution korres-
pondiert. Diese steht am Beginn des sog. langen 19. Jahrhunderts, das bis ins
20. Jahrhundert hineinreicht und je nach Lesart mit der Russischen Oktober-
revolution oder dem Ausbruch des Ersten Weltkriegs endet. Aus der hier be-
ginnenden Neuesten Geschichte kann die sog. Zeitgeschichte herausgelöst
werden, die pragmatisch durch die Existenz von noch lebenden Zeitzeugen
und der somit vorhandenen Möglichkeit mündlicher Überlieferungen zu historischen Ereignissen charakterisiert werden kann.

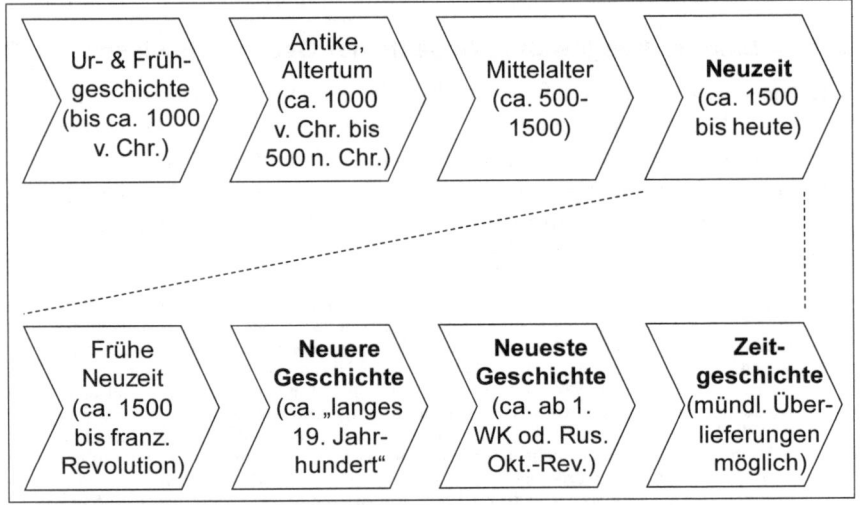

Abbildung 2: Zeitliche Gliederung der Geschichtswissenschaft

---

[21] Vgl. Vogler: 2007, S. 255, 266

Dem abstrakten Konstrukt Geschichte kann sich auf mindestens drei Arten, die alle eine Anwendungsberechtigung besitzen, genähert werden:[22]

- Betrachtet man Geschichte als *Monument*, dann werden Vorbilder aus der Vorzeit präsentiert, die als Ansporn für eigene Leistungen dienen können.
- Bei der *antiquarischen* Betrachtungsweise dient die Geschichte rein dem Bewahren des Vergangenen.
- Eine *kritische* Betrachtungsweise wird benötigt, um die Gefahren der Einseitigkeit, die von den beiden erstgenannten ausgehen, zu vermeiden und zu eruieren, welche Teile der Vergangenheit Wert sind, erinnert zu werden.

Eine Geschichtswissenschaft, die alle drei Perspektiven verbindet, ist weder eine rein empirische Wissenschaft, da sie nicht auf das Faktische beschränkt ist sondern transzendiert, noch ist sie ein reines Zeitprotokoll. Vielmehr will sie zu Einsichten leiten, die zu neuen Erfahrungen führen.[23]

Geschichtswissenschaft nähert sich seinem Betrachtungsobjekt meist multiperspektivisch. Für die Gesellschaftsgeschichte beispielsweise schlägt Wehler ein Strukturierungsschema entlang von vier Achsen vor: Wirtschaft, Sozialstruktur, politische Herrschaft sowie Kultur.[24]

Für den wissenschaftlichen Umgang mit Geschichte können fünf Minimalanforderungen formuliert werden:[25]

- Der Grund für das Interesse der Betrachtung und die eingenommene Perspektive wird expliziert.
- Der Umgang mit historischen Materialien umfasst eine Überlieferungs-, Literatur- und Quellenkritik.
- Die getätigten Urteile und Einschätzungen sind in revidierbarer Form darzustellen, sie sind also stets vorläufig.
- Der Umgang mit Geschichte erfolgt sowohl verstehend als auch erklärend.
- Der nicht verfälschende Umgang mit Geschichtswissen wird sichergestellt.

Im Rahmen der Wirtschaftswissenschaften werden historische Betrachtungen an verschiedenen Stellen getätigt, insbesondere jedoch in den Bereichen der Nationalökonomie[26], der Wirtschaftsgeschichte[27], der Unternehmensgeschich-

---

[22] Vgl. Goertz: 2007, S. 22-23
[23] Vgl. Goertz: 2007, S. 40-41
[24] Vgl. Wehler: 2003, S. XVII-XVIII; Wehler: 2008, S. XVI
[25] Vgl. Goertz: 2007, S. 42-43
[26] Vgl. Cameron, Neal: 2003
[27] Vgl. den Herausgeberband von Schäfer: 1989a; Abelshauser: 2011; Spoerer, Streb: 2013

te[28], der Biografien und Autobiografien[29] sowie bei der historischen Reflexion der eigenen Wissenschaftsdisziplin[30].

Im Idealfall liegt eine Kombination der Methoden zweier Wissenschaftsdomänen vor, in der zunächst eine historische Kritik geübt wird und dann durch eine erklärende Interpretation ergänzt wird.[31]

---

[28] Vgl. Pierenkemper: 2000; Berghoff: 2004
[29] Vgl. exemplarisch Watson: (1963 bzw.) 2003; Gerstner: 2003; Pohl: 2005 oder Werner: 2013
[30] Vgl. den Herausgeberband von Albach: 1991; Brockhoff: 2012; Suntum: 2013
[31] Vgl. Pierenkemper: 2007, S. 415-416

2.2 Betriebswirtschaftslehre als Wissenschaftsdisziplin

2.2.1 Wirtschaftswissenschaften: Betriebswirtschaftslehre und Volkswirtschaftslehre

In einer pragmatischen Unterscheidung hat der Unternehmer Götz Werner (Gründer des dm-drogerie markt) die Aufgabe der Betriebswirtschaft dahingehend beschrieben, dass sie die Menschen mit konsumfähigen Gütern und Dienstleistungen versorgt und die Aufgabe der Volkswirtschaft dahingehend, dass sie die Menschen mit Einkommen versorgt, um die Güter und Dienstleistungen konsumieren zu können.[32]

Borchardt sieht die Aufgabe und den Beitrag der Betriebswirtschaftslehre in der „Rationalisierung einzelwirtschaftlicher Entscheidungen"[33].

Etwas ausführlicher grenzt Straub die beiden Disziplinen ab: „Die Volkswirtschaftslehre befasst sich mit der gesamten Wirtschaft und mit den darin stattfindenden Interaktionen von Betrieben und Branchen. Sie stellt Ableitungen von ökonomischen Gesetzmäßigkeiten an, welche wiederum dazu dienen, die Wirtschaft möglichst sinnvoll zu steuern und zu lenken.

Die Betriebswirtschaftslehre hingegen befasst sich mit den Betrieben selbst. Hierbei liegt der Fokus auf der Ableitung von Gesetzmäßigkeiten bezüglich Interaktionen, Verhalten und Entwicklungen. Diese Erkenntnisse dienen dazu, ein Unternehmen oder eine Organisation bestmöglich zu managen und tragen dazu bei, deren Leistungsziele zu erreichen."[34]

Brockhoff nähert sich der Betriebswirtschaftslehre dahingehend, dass sie wirtschaftlichen Fragestellungen von Einzelwirtschaften Lösungen bietet. Die Fragestellungen ergeben sich aus der Knappheit von verfügbaren Ressourcen gegenüber grundsätzlich unbeschränkten Bedürfnissen von Menschen.[35, 36]

Wöhe beschreibt die Betriebswirtschaftslehre wie folgt: „Im Zentrum traditioneller Betriebswirtschaftslehre steht die Untersuchung unternehmerischen Handelns, also der Entscheidungsprozess in einem privaten Betrieb im marktwirtschaftlichen Wettbewerb."[37] Das Ziel dieser anwendungsorientierten Wissenschaft besteht in der Erteilung von Handlungsempfehlungen, die sich auf das Wirtschaften in Betrieben erstrecken.[38] „Als Betrieb bezeichnet man die planvoll organisierte Wirtschaftseinheit, in der Produktionsfaktoren

---

[32] Vgl. Werner: 2007, S. 21-23.
[33] Borchardt: 1978, S. 86
[34] Straub: 2012, S. 24, im Original mit Hervorhebungen
[35] Vgl. Brockhoff: 2012, S. 18
[36] An dieser Stelle sei auf die sog. Bedürfnishierarchie von Maslow verwiesen, die oftmals als Pyramide dargestellt, fünf verschiedene Bedürfnisgruppen des Menschen abbildet: Physilogische, Sicherheits-, Soziale, Individual- und Selbstverwirklichungsbedürfnisse.
[37] Wöhe, Döring: 2010, S. 27, im Original mit Hervorhebungen
[38] Vgl. Wöhe, Döring: 2010, S. 27

kombiniert werden, um Güter und Dienstleistungen herzustellen und abzusetzen."[39] In einer Marktwirtschaft werden viele Betriebe als Unternehmung bezeichnet.[40]

Zusammengefasst lässt sich festhalten: Die Betriebswirtschaftslehre identifiziert Muster oder Gesetzmäßigkeiten, auf Basis derer Empfehlungen ausgesprochen werden können, um das Handeln von Unternehmen, die Produktion und den Absatz von Gütern und Dienstleistungen, durch eine verbesserte Ressourcenallokation zu optimieren.

2.2.2 Betriebswirtschaftslehre als Wissenschaft

Der Betriebswirtschaftslehre bzw. ihren Vorgängerfächern wie z. B. Handelslehre sind in der Vergangenheit oftmals die Wissenschaftseigenschaften abgesprochen worden.[41] Nachfolgend soll die aktuelle Situation reflektiert werden. Wissenschaft kann als ein Prozess interpretiert werden, in dessen Rahmen gewisse Annahmen (sog. Hypothesen) widerlegt werden. Für die Betriebswirtschaftslehre muss festgestellt werden, dass es problematisch ist, eine ökonomische Hypothese oder Theorie zu falsifizieren. Im Gegensatz zu Experimentalwissenschaften können keine angemessenen Laborbedingungen für entsprechende Tests hergestellt werden. So besteht denn auch unter Wirtschaftswissenschaftlern kaum Einigkeit, welche Kriterien für eine Falsifikation herangezogen werden können. Dies kann als ein Grund gesehen werden, warum sich gegenseitig widersprechende ökonomische Theorien gemeinsam eine lange Lebensdauer aufweisen können.[42]

Weiter oben (vgl. Kapitel 2.1.2) wurden vier Elemente genannt, die für eine wissenschaftliche Disziplin konstituierend sind. Nachdem im Kapitel 2.2.1 die Betriebswirtschaftslehre mit ihrem Ziel und Aufgaben beschrieben wurde, soll nun kurz geprüft werden, ob und wie die Kriterien der Wissenschaftseigenschaft durch die Betriebswirtschaft erfüllt werden:[43]

- *Existenz bedeutender Problemstellungen:* Die Frage nach einem verbesserten Handeln in Unternehmen und die zielorientierte Verwendung von Ressourcen kann zurzeit durchaus als eine bedeutende gesellschaftliche Problemstellung interpretiert werden.

- *Systematik der Wissensgewinnung:* Die Betriebswirtschaft kann auf eine Vielzahl von Methoden des systematischen Arbeitens zurückgreifen, beispielsweise die Empirie.

---

[39] Wöhe, Döring: 2010, S. 27, im Original mit Hervorhebungen
[40] Vgl. Wöhe, Döring: 2010, S. 27
[41] Vgl. bspw. Doerr mit seiner Dokumentation der entsprechenden, dort angestoßenen Diskussion auf dem Kongreß des Deutschen Verbandes für kaufmännisches Unterrichtswesen; Doerr: 1905. Ergänzend auch die Darlegungen von Gutenberg: 1957.
[42] Vgl. Ziegler: 2008, S. 5
[43] Vgl. Brockhoff: 2012, S. 4-6

- *Weg der Wissensbewahrung:* Mit Hilfe von Fachzeitschriften und anderen Publikationen, Tagungen und auch der Lehre wird vorhandenes Wissen aufbewahrt und weitergegeben. Die Systematik wird u. a. durch die Anwendung der Kulturtechnik des wissenschaftlichen Arbeitens sichergestellt.

- *Institutionalisierung:* Die Betriebswirtschaftslehre hat die Phasen der Habitualisierung und Objektivierung durchlaufen und befindet sich in der Phase der Sedimentation. Das Vorhandensein von Lehrstühlen, Verbänden, die Auslobung von Wettbewerben etc. sind ein deutliches Zeugnis.

Die Betriebswirtschaft weist somit alle Kriterien einer Wissenschaft auf.

2.2.3 Allgemeine und Spezielle Betriebswirtschaftslehren

Bisher wurde vereinfachend von *der* Betriebswirtschaftslehre gesprochen. Diese Verkürzung unterschlägt jedoch, dass es verschiedene Facetten der Betriebswirtschaftslehre gibt, die alle über eine valide Existenzberechtigung verfügen, angeboten und nachgefragt werden.

Unterschieden werden daher zum einen die Allgemeine Betriebswirtschaftslehre und zum anderen eine Vielzahl von Speziellen Betriebswirtschaftslehren.[44] In der *Allgemeinen Betriebswirtschaftslehre* werden Aspekte behandelt, die für alle Unternehmen Gültigkeit besitzen, es werden also übergreifende Aussagen getätigt und Methoden behandelt. Hierzu gehören sowohl Fragen nach dem Wesen eines Unternehmens,[45] als auch weitere grundlegende Ausführungen wie z. B. zu den Grundlagen des Unternehmensaufbaus, zur Konfliktlösung bei der Ressourcenverteilung oder zu ethischen Leitlinien. Vielfach macht sich die Allgemeine Betriebswirtschaftslehre auch vorhandene Schnittmengen zu Speziellen Betriebswirtschaftslehren zunutze, um so eine Hinweis- und Orientierungsfunktion auszuüben.

---

[44] Die nachfolgenden Gedanken sind angelehnt an Brockhoff: 2012, S. 181, 213-216. Ähnlich auch Wöhe, Döring: 2010, S. 42-46, die verschiedene Gliederungsmöglichkeiten der Betriebswirtschaftslehre anbieten, jedoch die funktionale Gliederung als Allgemeine Betriebswirtschaft und die institutionelle Gliederung als Spezielle Betriebswirtschaftslehre bezeichnen. Zudem fügen sie eine genetische Gliederung (i. e. Lebenszyklusphasen eines Betriebes) und eine prozessorientierte Gliederung, die sich speziell dem dispositiven Faktor, d. h. der Unternehmensführung widmet, hinzu (vgl. Wöhe, Döring: 2010, S. 42-46). Nach Ansicht des Verfassers haben insb. in Lehrplänen die einzelnen Funktionen eine so starke Verbreitung mit Blick auf ihren Lehrumfang eingenommen, dass sie kaum noch als *allgemein* bezeichnet werden können, sondern vielmehr als *speziell* deklariert werden sollten. Die Allgemeine Betriebswirtschaftslehre sollte aber dennoch von einer noch anzusprechenden Orientierungsfunktion Gebrauch machen und sowohl übergreifende, als auch Schnittstellenthemen diskutieren, um auch den typischen Aufbau eines Curriculums zu unterstützen, im dem meist eine allgemeine Veranstaltung eine Einführung gibt und zusätzlich den Reigen der später (möglicherweise) folgenden Themen aufzeigt.
[45] Zum Beispiel: Was ist ein Unternehmen und warum gibt es sie?

Spezielle Betriebswirtschaftslehren sind durch die angestiegene Komplexität der Unternehmensführung entstanden. Sie betrachten ein Unternehmen aus einer bestimmten Perspektive. Unterschieden werden:

- Funktionenlehren, z. B. Marketing, Wirtschaftsinformatik, Personal.
- Branchenlehren, z. B. Automobilwirtschaft, öffentlicher Sektor, Sport, Unternehmensberatung.
- Situative und lebenszyklusorientierte Ansätze, z. B. Unternehmensgründung, Wachstum, Insolvenz, umweltorientierte Betriebswirtschaftslehre.

Nicht nur die Grenzziehung zwischen der Allgemeinen Betriebswirtschaftslehre und den Speziellen Betriebswirtschaftslehren ist durch inhaltliche Verwischungen und Überschneidungen schwierig, durch eine Kombination von Branchen, Funktionen und weiteren Ansätzen lassen sich auch eine große Zahl weiterer Spezialisierungen ausmachen, z. B. kann das Personalwesen von Unternehmensberatungen in ihrer Gründungsphase beleuchtet werden.

2.2.4 Exkurs: Homo oeconomicus

In den Wirtschaftswissenschaften wird häufig von dem *homo oeconomicus* als Gedankenkonstrukt eines streng rational handelnden Menschen Gebrauch gemacht. Hierbei werden verschiedene Modellannahmen unterstellt:[46]

- Der homo oeconomicus strebt nach maximalem Eigennutz, bei dem der sich ergebende Nutzen die entstehenden Kosten übersteigt.
- Der homo oeconomicus trifft rationale Entscheidungen und kann dabei auf vollständige Informationen zurückgreifen.

Wie in jedem Modell wurden auch hier verschiedene Vereinfachungen eingebaut, um ein handhabbares Diskursumfeld zu erhalten. Gegen dieses Modell richtet sich regelmäßig Kritik, der aber zum einen mit dem Hinweis auf den Modellcharakter des homo oeconomicus begegnet werden kann[47] und zum anderen inhaltlich-argumentativ. Zudem ist eine Annäherung des aus der klassischen Nationalökonomie übernommenen Menschenbildes und des verhaltenswissenschaftlichen Bildes eines solidarischen Idealisten, der nach der Maximierung des Gemeinnutzes strebt, festzustellen: So haben beispielsweise Entscheidungsmodelle unter Unsicherheit Eingang in die klassische Betrachtungsweise der Wirtschaftswissenschaften gefunden. Zudem weisen auch auf den ersten Blick irrationale Handlungen einen (subjektiv wahrgenommenen) Nutzen auf, der die (ebenfalls subjektiv wahrgenommenen) Kosten übersteigt.

---

[46] Vgl. Wöhe, Döring: 2010, S. 5-6
[47] van Suntum weist darauf hin, dass diese Kunstfigur nur erschaffen wurde, um bestimmte Verhaltensweisen wie im Reagenzglas analysieren zu können – analog dem realitätsfernen Vorgehen in den Laboren der Naturwissenschaftler; vgl. Suntum: 2013, S. 26.

2.2.5 Erfahrungsobjekt und Erkenntnisobjekt

Der Diskurs- oder Betrachtungsgegenstand einer Disziplin wird auch als *Erfahrungsobjekt* bezeichnet. In der Betriebswirtschaftslehre ist dies der *Betrieb* bzw. wie oben beschrieben oftmals das Unternehmen. Ein Unternehmen ist jedoch ein sog. interdisziplinärer Untersuchungsgegenstand, dem sich z. B. auch Juristen, Soziologen oder Psychologen widmen.

Es ist nun notwendig, das Erfahrungsobjekt aus einer bestimmten Perspektive zu betrachten. Diese disziplinspezifische Perspektive wird auch *Auswahlprinzip* genannt und ist bei der Betriebswirtschaftslehre das ökonomische Prinzip. Das *ökonomische Prinzip* (Wirtschaftlichkeitsprinzip) hat drei Ausprägungen:

- Minimumprinzip: Ein gegebenes Ergebnis wird mit dem geringstmöglichen Aufwand erreicht.

- Maximumprinzip: Mit einem gegebenen Aufwand soll ein möglichst gutes Ergebnis erreicht werden.

- Minimaxprinzip (Optimumprinzip): Das Minimum- und das Maximumprinzip werden kombiniert. Ein möglichst günstiges Verhältnis zwischen Aufwand und Ergebnis soll herbeigeführt werden.

  Das Minimaxprinzip will also die wertmäßige Differenz zwischen Ertrag und Aufwand maximieren, was wiederum das Prinzip der langfristigen Gewinnmaximierung, das oberste Formalziel der Betriebswirtschaftslehre, unterstützt.

Durch die Anwendung des Auswahlprinzips[48] gelangt man vom Erfahrungsobjekt zum *Erkenntnisobjekt*. Im Fall der Betriebswirtschaftslehre ist der Untersuchungsgegenstand der Disziplin das *Wirtschaften im Betrieb* bzw. im Unternehmen.

2.2.6 Unternehmenssektoren, -größe, Anzahl von Entitäten, Beschäftigtenzahlen und Wirtschaftsleistung

Die Begriffe Betrieb und Unternehmen sind bisher sehr verallgemeinernd genutzt worden. Dies täuscht darüber hinweg, dass in der Betriebswirtschaftslehre eine sehr heterogene Landschaft von Betrachtungs- und Erkenntnisobjekten vorhanden ist. Im Folgenden soll dies überblicksartig dargestellt werden.[49]

Unternehmen können einem Wirtschaftssektor zugeordnet werden. Das Statistische Bundesamt berücksichtigt und unterscheidet für die Betrachtung der Unternehmenslandschaft folgende Wirtschaftszweige:[50]

---

[48] Alternativ: Einnahme einer Untersuchungsperspektive.

[49] Die nachfolgenden Aufstellungen sind Söllner: 2011, insb. S. 1087-1089 entnommen.

[50] Die gesamte Gliederung der Wirtschaftszweige des Statistischen Bundesamtes ist umfangreicher, als der Auszug, der für den Unternehmensüberblick herangezogen wurden. So können z. B. noch Land- und Forstwirtschaft, Fischerei, Finanz- und Versicherungsdienstleistungen, öffentliche Ver-

- Bergbau und Gewinnung von Steinen und Erden
- Verarbeitendes Gewerbe
- Energieversorgung
- Wasserversorgung; Abwasser- und Abfallentsorgung und Beseitigung von Umweltverschmutzungen
- Baugewerbe
- Handel; Instandhaltung und Reparatur von Kraftfahrzeugen
- Verkehr und Lagerei
- Gastgewerbe
- Information und Kommunikation
- Grundstücks- und Wohnungswesen
- Erbringung von freiberuflichen, wissenschaftlichen und technischen Dienstleistungen
- Erbringung von sonstigen wirtschaftlichen Dienstleistungen

Das Statistische Bundesamt klassifiziert Unternehmen zudem entsprechend ihrer Größe:

- Ein Kleinstunternehmen hat bis zu 9 Beschäftigte und einen Jahresumsatz von bis zu 2 Mio. Euro.
- Ein kleines Unternehmen hat bis zu 49 Beschäftigte und einen Jahresumsatz von bis zu 10 Mio. Euro und ist kein Kleinstunternehmen.
- Ein mittleres Unternehmen hat bis zu 249 Beschäftigte und einen Jahresumsatz von bis zu 50 Mio. Euro und ist kein kleines Unternehmen.
- Ein Großunternehmen hat mehr als 249 Beschäftigte oder einen Jahresumsatz von mehr als 50 Mio. Euro.

Kleinst-, kleine und mittlere Unternehmen werden auch zusammenfassend als KMU (kleine und mittlere Unternehmen) bezeichnet. Eine ähnliche Klassifikation verwendet auch die Europäische Kommission, die jedoch auch noch die Bilanzsumme als alternatives Kriterium vorschlägt.

2009 gab es in Deutschland 2.028.301 Unternehmen, davon:

- 2.014.397 KMU, dies entspricht 99,3 %.
- 13.904 Großunternehmen, dies entspricht 0,7 %.

Die Anzahl der Beschäftigten betrug 24.300.348, davon:

- 14.751.606 in KMU, dies entspricht 60,7 %.
- 9.548.742 in Großunternehmen, dies entspricht 39,3 %.

Insgesamt wurde ein Umsatz in Höhe von 4.703.618 Mio. Euro ausgewiesen, davon:

- 1.673.848 in KMU, dies entspricht 35,6 %.
- 3.029.771 in Großunternehmen, dies entspricht 64,4 %.

---

waltung etc. hinzugefügt werden, die jedoch auf Grund ihrer Besonderheiten in den Faktorkombinationen bzw. Mitarbeiter-Umsatz-Relationen aus der nachfolgenden Aufteilung ausgeschlossen werden. Vgl. für eine Komplettübersicht: Statistisches Bundesamt: 2008.

Der durchschnittliche Umsatz je Mitarbeiter betrug 193.562 Euro und
- 113.469 Euro in KMU.
- 317.295 Euro in Großunternehmen.

2.3 Grundbegriffe der Betriebswirtschaft

2.3.1 Betriebe und Haushalte

Der *Betrieb* ist weiter oben als Wirtschaftseinheit beschrieben worden, die Güter und Dienstleistungen herstellt und absetzt. Dies kann auch als Fremdbedarfsdeckung beschrieben werden. Im Gegensatz dazu steht die sog. Eigenbedarfsdeckung der *Haushalte*, bei der der Konsum im Vordergrund steht. Fremd- und Eigenbedarfsdeckung kann durch *öffentliche* oder *privatwirtschaftliche* Institutionen erfolgen, so dass sich vier idealtypische Kombinationen ergeben:

- Private Betriebe, z. B. eine Anwaltskanzlei
- Private Haushalte, z. B. eine Familie
- Öffentliche Betriebe, z. B. ein städtisches Wasserwerk
- Öffentliche Haushalte, z. B. eine kommunale Gebietskörperschaft.[51]

Mischformen sind möglich und treten z. B. bei sog. Public-Private-Partnerships oder bei einer Beteiligung des Staates an Unternehmen auf. Die Begriffe Betrieb, Unternehmen oder Firma werden häufig synonym verwendet.[52] Sie können aber auch dahingehend unterschieden werden, dass der *Betrieb* die Wirtschaftseinheit als solche und unabhängig vom vorliegenden Wirtschaftssystem kennzeichnet, *Unternehmen* Betriebe in marktwirtschaftlichen Wirtschaftssystemen sind und die *Firma* entsprechend dem Handelsgesetzbuch[53] der Name ist, unter dem Geschäfte betrieben werden. Wenn umgangssprachlich vom Betrieb geredet wird, ist oftmals die steuerrechtliche *Betriebsstätte*[54] gemeint.

2.3.2 Ausgewählte Existenzgründe für Unternehmen und Unternehmer

Zur Beantwortung der Fragen, warum es Unternehmen und Unternehmer gibt, sind verschiedene Ansätze vorgeschlagen worden. Im Folgenden sollen zwei kurz vorgestellt werden.[55]

Coase[56] widmet sich der Frage, ob *ein Markt oder eine Hierarchie der bessere Mechanismus für Ressourcenallokationen* ist. Hintergrund sind zwei Überlegungen: Erstens, wenn der Markt den besseren Mechanismus bietet, warum werden dann nicht alle Leistungen von spezialisierten Einzelakteuren erstellt und auf einem Markt getauscht? Zweitens, wenn jedoch die Hierarchie den

---

[51] Vgl. Wöhe, Döring: 2010, S. 29-30
[52] Z. B. von Straub: 2012
[53] Vgl. § 17 I Handelsgesetzbuch, HGB
[54] Vgl. § 12 Abgabenordnung, AO
[55] Für eine ausführlichere Darlegung verschiedener Antwortansätze vgl. Berghoff: 2004, S. 31-41.
[56] Ronald Harry Coase (geboren 1910), britischer Wirtschaftswissenschaftler und Nobelpreisträger.

besseren Allokationsmechanismus bietet, warum gibt es nicht ein riesiges Unternehmen, dass alle Güter und Dienstleistungen für alle Nachfrager bietet? Zur Beantwortung dieser Fragen lassen sich sog. Transaktionskosten heranziehen. Hierbei werden die Kosten der unternehmensinternen Orchestrierung der Leistungserstellung (z. B. Vorhalten von Ressourcen, Risiken, Verwaltungskosten) denen des Zustandekommens einer externen Transaktion (z. B. Informations-, Vertrags-, Kontrollkosten) gegenüber gestellt. Je nachdem, welcher Kostenblock überwiegt, werden Leistungen intern erbracht oder extern zugekauft.[57]

Die *Grundfunktion des Unternehmers* besteht nach Knight[58] darin, Unsicherheiten zu übernehmen. Hierfür müssen zunächst Risiken von Unsicherheiten unterschieden werden. Während Risiken als mögliche zukünftige Ereignisse mit Hilfe ihrer Eintrittswahrscheinlichkeit sowie ihres Umfangs beschrieben und quantifiziert werden können, ist dies bei Unsicherheiten nicht möglich. Risiken lassen sich dementsprechend auch vermeiden, vermindern und weitergeben. Bei Unsicherheiten geht dies nicht. Der Unternehmer ist daher nach Knight nicht nur der Träger des unternehmerischen Risikos, sondern auch derjenige, der die nicht-berechenbaren Unsicherheiten eingeht und die Konsequenzen trägt. Er unterscheidet sich dadurch von angestellten Managern, die vielfach zwar Risiken eingehen, Unsicherheiten bzw. ihre Auswirkungen jedoch final auf den Unternehmer abwälzen können.[59]

2.3.3 Erfolgsmaßstäbe unternehmerischen Handelns

Die Betriebswirtschaftslehre will dazu beitragen, das Handeln im Unternehmen zu verbessern. Vor dem Hintergrund dieser weiter oben hergeleiteten Zielsetzung stellt sich die Frage, wie eine solche Verbesserung gemessen werden kann. In Literatur und Praxis finden sich regelmäßig Produktivität, Wirtschaftlichkeit, Gewinn und Rentabilität als Erfolgsgrößen:[60]

- Die *Produktivität* setzt einen mengenmäßigen Output ins Verhältnis zu einem mengenmäßigen Input.
- Die *Wirtschaftlichkeit* setzt einen wertmäßigen Output (Ertrag) ins Verhältnis zu einem wertmäßigen Input (Aufwand).
- Für die Ermittlung des *Gewinns* wird vom Ertrag der Aufwand abgezogen.
- Bei der Betrachtung der *Rentabilität* wird eine Erfolgsgröße in Beziehung zu einer Basisgröße gesetzt, so wird z. B. das Verhältnis von Gewinn zum Eigenkapital als Eigenkapitalrentabilität bezeichnet.

---

[57] Vgl. Coase: 1937, insb. S. 388-391
[58] Frank Hyneman Knight (1885-1972), US-amerikanischer Wirtschaftswissenschaftler.
[59] Vgl. Schaller: 2001, S. 11
[60] Vgl. Wöhe, Döring: 2010, S. 38

Bei diesen Größen geht es im Wesentlichen um die Vermögensmehrung (im Gegensatz zur Vermögensaufzehrung) und ihre Messung. In der Praxis steht parallel zur Vermögensmehrung auch das Wachstum des Umsatzes als zweites finanziell messbares Ziel im Fokus. Ergänzt werden diese beiden häufig um Unternehmensziele, die sich an weiteren Anspruchsgruppen[61] orientieren, wie z. B. Mitarbeiterzufriedenheit, Kundenzufriedenheit, Qualität und Nachhaltigkeit. Deren Verbesserung ist regelmäßig kein Selbstzweck, sondern soll die Vermögensmehrung direkt oder indirekt unterstützen.

2.3.4 Bestimmungsfaktoren des Betriebes

Das Handeln eines Betriebes ist von verschiedenen Bestimmungsfaktoren abhängig, die nachfolgend kurz skizziert werden sollen.[62] Unterscheiden lassen sich Bestimmungsfaktoren, die vom Wirtschaftssystem unabhängig sind und solche, die vom Wirtschaftssystem abhängig sind. Letztere sind solche, die in einer Marktwirtschaft anzutreffen sind und den Betrieb als Unternehmen existieren lassen sowie solche, die in einer Planwirtschaft anzutreffen sind und den Betrieb als Organ der Gesamtwirtschaft erscheinen lassen.

Die vom *Wirtschaftssystem unabhängigen* und damit für alle Betriebe gültigen Faktoren sind:

- Der Rückgriff auf Produktionsfaktoren (Arbeit, Betriebsmittel, Werkstoffe).
- Das Prinzip der Wirtschaftlichkeit.
- Das Ziel des finanziellen Gleichgewichts, also die Vermeidung einer Insolvenz durch einen Einnahmeüberschuss gegenüber den Auszahlungsverpflichtungen.

Die für alle Betriebe eines *marktwirtschaftlichen Wirtschaftssystems* zusätzlich zu den allgemein gültigen Faktoren geltenden Prinzipien sind:

- Das Autonomieprinzip, d. h. die Selbstbestimmung des Wirtschaftsplans.
- Das erwerbswirtschaftliche Prinzip, d. h. das Ziel der Gewinn- oder Nutzenmaximierung.
- Das Prinzip des Privateigentums.

Demgegenüber gelten für alle Betriebe eines *planwirtschaftlichen Wirtschaftssystems* zusätzlich zu den allgemein gültigen Faktoren, die folgenden Prinzipien:

- Das Organprinzip, d. h. der Betrieb ist Teil eines zentralen Volkswirtschaftsplans.
- Das Prinzip der Planerfüllung.
- Das Prinzip des Gemeineigentums.

---

[61] Sog. Stakeholder, im Gegensatz zu den Shareholdern, die Eigentumsanteile halten.
[62] Vgl. Wöhe, Döring: 2010, S. 35-36

2.3.5 Betriebliche Leistungserstellung und -verwertung

In einer schematischen Darstellung kann ein Betrieb als aus zwei Flüssen bestehend beschrieben werden. Zum einen ist der *Güter- oder Leistungsfluss* zu nennen. Vom sog. Beschaffungsmarkt erhält der Betrieb die elementaren Produktionsfaktoren Arbeit, Betriebsmittel und Werkstoffe. Er kombiniert sie in einem Produktions- oder Leistungserstellungsprozess und stellt Produkte und Dienstleistungen her, die auf dem sog. Absatzmarkt, der aus anderen Betrieben oder Haushalten bestehen kann, vertrieben werden.

Zum anderen ist der *Finanzfluss* relevant. Hierbei erhält der Betrieb Geld für die abgesetzten Güter und Dienstleistungen (Einzahlungen) und muss für die beschafften Produktionsfaktoren Geld ausgeben (Auszahlungen). Weitere Finanzflüsse können in Form von Subventionen vom Staat kommen oder in Form von Steuern an ihn gehen. Schließlich kann es Finanzflüsse zum Kapitalmarkt geben, wenn dort z. B. finanzielle Mittel in Form von Eigenkapital oder Fremdkapital aufgenommen werden und entsprechende Entgelte für die Kapitalüberlassung in Form von Dividenden oder Zinsen gezahlt werden.[63]

2.3.6 Produktionsfaktoren und ihre Verwendung

Die weiter oben bereits namentlich eingeführten Produktionsfaktoren sollen im Folgenden kurz vorgestellt, abgegrenzt und in ihrer wirtschaftswissenschaftlichen Rolle eingeordnet werden. Dies soll durch das Aufzeigen der Kette, die vom Vorhandensein von Produktionsfaktoren bis zu einem komplexen Gut wie der Unternehmensberatungsdienstleistung reicht, erfolgen.[64]

Für den Produktions- oder Leistungserstellungsprozess eines Produktes oder einer Dienstleistung werden *Produktionsfaktoren* benötigt. Als Produktionsfaktoren werden die „zur Produktion verwendeten Güter materieller und immaterieller Art, deren Einsatz für das Hervorbringen anderer wirtschaftlicher Güter aus technischen oder wirtschaftlichen Gründen notwendig ist"[65] bezeichnet. Verschiedene Perspektiven oder Unterscheidungsmöglichkeiten für Produktionsfaktoren, die jeweils für sich ein konsistentes Bild abgeben, aber durchaus nicht gegenseitig ausschließend sind, können eingenommen werden.[66]

So werden in der Betriebswirtschaftslehre die *Produktionsfaktoren nach Gutenberg*, d. h. Elementarfaktoren und dispositive Faktoren unterschieden. Ein Faktor kann hierbei an der Produktion beteiligt sein (*Elementarfaktor*, dies sind die drei oben genannten Produktionsfaktoren Arbeit, Betriebsmittel und Werkstoffe) oder Teil der Unternehmensführung sein (*dispositiver Faktor*).

---

[63] Vgl. Wöhe, Döring: 2010, S. 27-29
[64] Vgl. für die nachfolgenden Ausführungen Deelmann: 2013, S. 6-7.
[65] Peukert et al.: 2013
[66] Vgl. für die Ausführungen zu Produktionsfaktoren Peukert et al.: 2013.

Denkbar sind zudem Fälle, in denen ein Faktor je nach eingenommener Perspektive beide Rollen einnimmt.[67] Demgegenüber stellt die *sozialistische Produktionsfaktortheorie* die menschliche *Arbeit* als letztlich den alleinigen Produktionsfaktor in den Fokus. *Produktionsfaktoren der klassischen Volkswirtschaftslehre* sind *Boden, Arbeit* und *Kapital*. Eine gegenseitige Substituierbarkeit zwischen den Produktionsfaktoren ist bis zu einem gewissen Grade gegeben. Die mit Hilfe der Produktionsfaktoren hergestellten Güter können u. a. in *materielle* und *immaterielle Güter* unterschieden werden. Dienstleistungen zählen zur zweiten Kategorie.[68] Eine Dienstleistung wiederum ist ein *Gut*, welches „ein Mittel zur Befriedigung von menschlichen Bedürfnissen"[69] darstellt. Ein Dienstleistungstyp ist die sog. *Organisationale Beratung*, die z. B. in der Unterstützung bei der Entwicklung einer Unternehmensstrategie, dem Erstellen eines Marketingplans oder der Implementierung eines IT-Systems bestehen kann. Sie ist als solche immateriell, nur bedingt vorproduzierbar, lagerbar, standardisierbar und automatisierbar. Produktion und Verbrauch fallen regelmäßig zeitlich zusammen und Beratungsdienstleistungen zeichnen sich zudem noch durch einen relativ hohen Individualisierungsgrad aus.[70]

---

[67] Hier sei beispielsweise an ein Mitglied einer Organisation gedacht, dass sowohl zur Unternehmensführung gezählt werden kann und somit einen dispositiven Faktor darstellt, als auch operativ arbeitet und zur Leistungserstellung beiträgt und somit einen Elementarfaktor bildet.
[68] Vgl. Kirchgeorg, Piekenbrock: 2013
[69] Kirchgeorg, Piekenbrock: 2013
[70] Vgl. Kohr: 2000, S. 17-26; Leimeister: 2012, S. 14-24; Kirchgeorg et al.: 2013

2.4 Ausgewählte Entwicklungen der Betriebswirtschaft im Zeitverlauf

2.4.1 Wirtschaftssektoren und Veränderung des primären betriebswirtschaftlichen Erfahrungsobjekts

Im Rahmen der volkswirtschaftlichen Gesamtrechnung werden typischerweise drei verschiedene Wirtschaftssektoren unterschieden:[71]

- Der *Primäre Sektor*, der die Land- und Forstwirtschaft sowie Fischerei umfasst.
- Der *Sekundäre Sektor*, zu dem das produzierende Gewerbe gehört.
- Der *Tertiäre Sektor*, der die übrigen Wirtschaftsgebiete und insbesondere den Dienstleistungsbereich bündelt.

Im Laufe der letzten gut 200 Jahre hat sich die Zusammensetzung der deutschen Wirtschaft[72] mehrfach signifikant geändert, wie an der Verteilung der Erwerbstätigen auf die drei Sektoren abzulesen ist.[73] So waren um 1800 mehr als 60 % der Erwerbstätigen im Primären Sektor tätig, circa 20 % im Sekundären und nur knapp 20 % im Tertiären. 100 Jahre später haben sich die Anteile auf 40 %, 35 % und 25 % angenähert und zum Zeitpunkt des Beginns des Ersten Weltkriegs war das produzierende Gewerbe erstmals der beschäftigungsstärkste Sektor. 1972 hat der Dienstleistungssektor die Führung übernommen und seither behalten. Abbildung 3 stellt die Entwicklung im Zeitverlauf nochmal grafisch dar.

Im Jahr 2013 ist der Anteil der Erwerbstätigen, die in der Land- und Forstwirtschaft sowie Fischerei tätig sind, auf 1,5 % aller Erwerbstätigen zurückgegangen. Einen sichtbaren, wenn auch weniger starken Rückgang, kann bei den Erwerbstätigen des produzierenden Gewerbes ausgemacht werden. Sie stellen 2013 noch 24,7 % der Erwerbstätigen in Deutschland. Die Rückgänge im Primären und Sekundären Sektor verlaufen zu Gunsten des Tertiären Sektors. In den übrigen Wirtschaftsbereichen und insb. im Dienstleistungsbereich waren 2013 insgesamt 73,8 % aller Erwerbstätigen beschäftigt.

Die grundsätzliche Verschiebung bei der Verteilung der Erwerbstätigen auf die einzelnen Sektoren spiegelt sich auch in ihrem Beitrag zum Bruttoinlandsprodukt wider.[74]

---

[71] Vgl. Statistisches Bundesamt: 2014
[72] Wenngleich die folgenden Daten auf Deutschland bezogen sind, so lässt sich eine ähnliche Entwicklung auch in vielen anderen Ländern nachzeichnen, vgl.: Cameron, Neal: 2003, S. 272-285,
[73] Vgl. für die nachfolgenden Daten o. V.: 1978, S. 149, zit. n.: Schäfer: 1989b, S. 76 sowie Statistisches Bundesamt: 2014
[74] Vgl. Abelshauser: 2011, S. 311

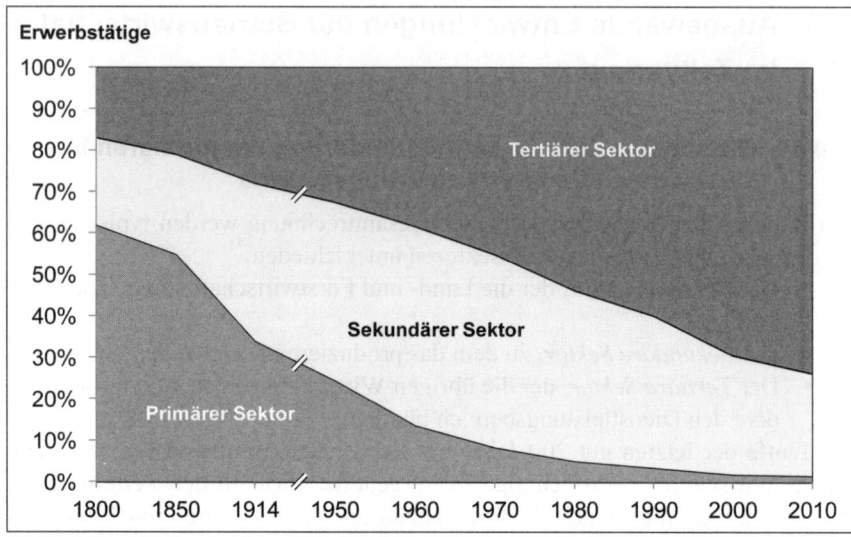

Abbildung 3: Anteil der Erwerbstätigen in den Wirtschaftssektoren, Deutschland 1800-2010[75]

In der Betriebswirtschaftslehre wird diese Entwicklung ebenfalls durch eine Verlagerung der betrachteten Erfahrungsobjekte begleitet:[76]

- Für den Primären Sektor hat sich *Johann Heinrich von Thünen* (1783-1850) in den 1820er Jahren mit der Frage auseinandergesetzt, wie die Produktion verschiedener agrarischer Erzeugnisse optimal um eine Stadt angesiedelt werden kann. Seine Überlegungen sind als *Thünensche Ringe* bekannt geworden.[77]

- Der Sekundäre Sektor ist ab Ende des 19. Jahrhunderts beispielsweise von *Ford, Taylor* und *Fayol* und ihren Entwicklungen professionalisiert worden.[78] Hier standen erstmalig Fragestellungen im Vordergrund, die sich mit dem Management von Organisationen, so wie sie heute weit verbreitet sind, beschäftigen. Der Sekundäre Sektor ist auch in der jüngsten Vergangenheit und der Gegenwart noch ein attraktives Forschungsfeld, exemplarisch seien *Ronald Coase* und die *Transaktionskosten* genannt.

- Auf den Tertiären Sektor fokussierte Betriebswirtschaftslehre baut insb. auf den Erkenntnissen zum Sekundären Sektor auf, ergänzt jedoch auch

---

[75] Eigene Darstellung auf Basis von Daten aus o. V.: 1978, S. 149, zit. n.: Schäfer: 1989b, S. 76 sowie Statistisches Bundesamt: 2014
[76] Vgl. auch das Beispiel der Kostenfunktion weiter unten, Kapitel 2.4.3.
[77] Vgl. Loss: 2013
[78] Vgl. den Abschnitt 3.1 und dort insb. Kapitel 3.1.3.1 für Taylor, Kapitel 3.1.3.2 für Ford und Kapitel 3.1.3.3 für Fayol.

Überlegungen, die sich mit den *Besonderheiten von Dienstleistungen,* also z. B. der nicht vorhandenen Lagerfähigkeit auseinander setzen. Seit einigen Jahren wird propagiert, dass sich die sog. Dienstleistungsgesellschaft in eine *Informationsgesellschaft* wandelt, was wiederum eine entsprechende wissenschaftliche Betrachtung erfordert. Auf Grund ihrer Reichweite sind an dieser Stelle ein Vortrag von Bill Gates (seinerzeit CEO von Microsoft) aus dem Jahr 1994 und die Mission von Google erwähnenswert: Gates hat die Vision von "Information At Your Fingertips"[79] ausgerufen und "Google's mission is to organize the world's information and make it universally accessible and useful."[80]

2.4.2 Methoden der Betriebswirtschaftslehre als grundlegende Denkschule

Verschiedene Denkrichtungen oder Schulen der Betriebswirtschaftslehre haben sich im Zeitverlauf entwickelt. So kann beispielsweise nach dem *Wissenschaftsprogramm* eine Unterteilung entwickelt werden in:[81]

- Die Produktionsfaktororientierte Betriebswirtschaftslehre (ausgewählter Vertreter: Erich Gutenberg).
- Die Entscheidungsorientierte Betriebswirtschaftslehre (ausgewählter Vertreter: Edmund Heinen).
- Die Systemorientierte Betriebswirtschaftslehre (ausgewählter Vertreter: Hans Ulrich).
- Die Institutionenökonomieorientierte Betriebswirtschaftslehre (ausgewählter Vertreter: Ronald Coase).

Unter Zuhilfenahme *grundlegender Philosophien* wie z. B. Materialismus, Idealismus, Realismus, Kollektivismus unterscheidet Bardmann drei für die Betriebswirtschaftslehre mögliche *Wissenschaftskonzepte*:[82]

- Das Wissenschaftskonzept „kapitalistischer" Betriebswirtschaftslehren.
- Das Wissenschaftskonzept „sozialistischer" Betriebswirtschaftslehren.
- Das Wissenschaftskonzept der neueren Systemtheorie als Basis der Betriebswirtschaftslehre.

Eine dritte Möglichkeit betriebswirtschaftliche Philosophien zu unterscheiden ergibt sich, wenn hinterfragt wird nach welchem Prinzip die *Koordination* in Unternehmen erfolgt. Auf Basis ihres Koordinationsansatzes können hier zwei *Methoden der Betriebswirtschaftslehre* unterschieden werden:

- Die *ökonomisch zentrierte Betriebswirtschaftslehre* verfolgt ein einseitiges Vorgehen. Sie ist sich zwar den sozialen, technischen oder medi-

---

[79] Gates: 1994
[80] Google: 2013
[81] Vgl. Vahs, Schäfer-Kunz: 2012, S. 20
[82] Vgl. Bardmann: 2014, S. 102-112.

zinischen Implikationen betrieblichen Handelns bewusst, überlässt die
wissenschaftliche Erarbeitung jedoch den entsprechenden Nachbarwis-
senschaften – die, ausgehend vom gleichen Erfahrungsobjekt, über ein
anderes Auswahlprinzip zu einem anderen Erkenntnisobjekt gelangen
(vgl. nochmals Kapitel 2.2.5) –, da bei diesen die höhere Fachkompe-
tenz erwartet werden kann.[83]

Die ökonomisch zentrierte Betriebswirtschaftslehre bleibt in ihrem Erkenntnisobjekt im Zeitverlauf relativ stabil. Sie versucht, auch neuen
Herausforderungen mit dem Prinzip der langfristigen Gewinnmaximierung zu begegnen,[84] was ihr regelmäßig Kritik einbringt, aber den Aufbau eines stringenten Erkenntnisgebäudes ermöglicht.

- Demgegenüber öffnet sich die *verhaltenswissenschaftlich fundierte Betriebswirtschaftslehre* stärker auch den übrigen Sozialwissenschaften.
Drei Phasen der Erweiterung der reinen ökonomischen Perspektive und
der Weiterentwicklung bzw. Auffächerung des Erkenntnisobjektes lassen sich beschreiben:[85]

  o Anfang der 1970er Jahre wurden den ökonomischen Zielen im
    unternehmerischen Zielesystem auch soziale Ziele hinzugefügt.
  o In den 1980er Jahren wurde das gewachsene Umweltbewusstsein
    der Gesellschaft ebenfalls reflektiert. Man gelangte zu einem
    Bündel von ökonomischen, sozialen und ökologischen Zielen.
  o Später, größtenteils in den 1990er Jahren, wurde kontrovers über
    die Unternehmensethik diskutiert. Befürworter ihrer Integration
    in den betrieblichen Zielekanon unterziehen alle Aktivitäten ei-
    ner moralischen Rechtfertigungsprüfung.[86]

Die verhaltenswissenschaftlich fundierte Betriebswirtschaftslehre ist
somit augenscheinlich die modernere, da sie ihre Perspektive um aktuelle gesellschaftliche Trends ergänzt hat. Gleichzeitig lässt sie aber
auch Zielkonflikte zu (Exemplarische Fragestellung hier: Ist die ökonomische, die ökologische oder die soziale Komponente im Entschei-
dungsfall höher zu bewerten?) und erkauft sich diesen Zugewinn mit

---

[83] Vgl. Wöhe, Döring: 2010, S. 33-34 und S. 7-8
[84] So wird der auf kurzfristige Gewinnmaximierung ausgerichtete Unternehmer u. a. schlechte Arbeitsbedingungen, Umweltverschmutzungen, gesundheitsgefährdende Güter etc. in Kauf nehmen,
wenn er kurzfristige Gewinne realisieren kann. Für eine langfristige Gewinnmaximierung wäre dies
unter vielen Umständen kontraproduktiv, da die kurzfristigen (schlechten) Maßnahmen mittelfristig
zu Sanktionen durch Mitarbeiter, Staat und Kunden führen werden, was wiederum langfristig zu
Umsatzrückgang, Kostenanstieg und Gewinnreduzierung führen wird. Aus rein rationalen Gründen
wird der an einer langfristigen Gewinnmaximierung interessierte Unternehmer also auch soziale,
ökologische und moralische Aspekte berücksichtigen.
[85] Vgl. Wöhe, Döring: 2010, S. 8-9
[86] Die Einbettung von ethischen und moralischen Fragestellungen kann als Neuerung interpretiert
werden oder aber als Rückbesinnung auf die wirtschaftswissenschaftlichen Wurzeln, wie sie z. B.
bei Adam Smith zu finden sind, der ja als Moralphilosoph arbeitete.

einer weniger stringenten Gesamterkenntnislage. Abbildung 4 stellt die beiden Methoden nochmal gegenüber.

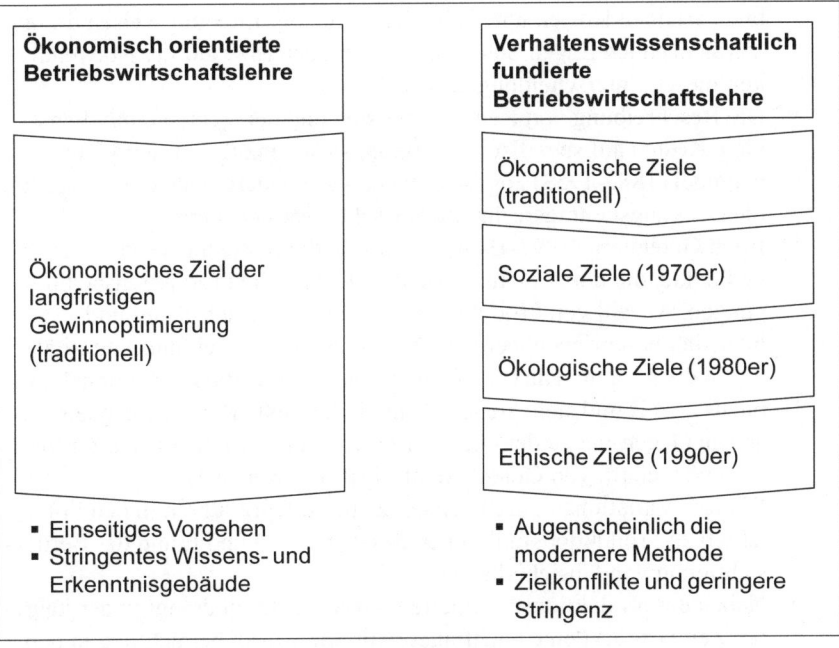

Abbildung 4: Methoden der Betriebswirtschaft im Vergleich

2.4.3 Evolution konkreter betriebswirtschaftlicher Fragestellungen

Die Betriebswirtschaftslehre bleibt in ihrem Wissenskörper nicht statisch, sondern entwickelt sich weiter. Diese Weiterentwicklung soll an zwei Beispielen, der Kostenfunktion sowie der Balanced Scorecard, exemplarisch gezeigt werden.

Brockhoff wählt die *Kostenfunktion* bei schwankender Beschäftigung, um zu demonstrieren, wie sich betriebswirtschaftliches Wissen über einen langen Zeitraum weiterentwickelt:[87]

- Im Rahmen von Beobachtungen über die landwirtschaftliche Produktion und das Verhältnis von Inputs zu Outputs gelangt Anne Robert Jacques Turgot (1727-1781) zu einer Schilderung des Verlaufs der Kosten in Abhängigkeit von gewünschten Ertragsniveaus, die zunächst ansteigende, dann sinkende Grenzerträge des variablen Faktoreinsatzes spie-

---

[87] Vgl. Brockhoff: 2012, S. 198-206

gelt. Hier entsteht bereits das Bild einer S-förmigen Kostenfunktion bzw. des sog. ertragsgesetzlichen Kostenverlaufs.

- Hierauf aufbauend hat Dionysius Lardner (1793-1845) zwischen fixen und variablen Kosten unterschieden. Teile der Literatur weisen diesen Verdienst auch Eugen Schmalenbach zu, der 1899 auf die Notwendigkeit dieser Unterscheidung hinwies.
- Die Beschreibung von Remanenzkosten und der Versuch, möglichst viele Kosten auf spezifische Fertigungslose umzulegen, wird Kurt Rummel (1883-1953) zugeschrieben, was wiederum als Grundlage für die Deckungsbeitragsrechnung betrachtet werden kann.
- Erich Gutenberg (1897-1984) beschreibt die Kostenkurve durch einzelne Punkte, die durch nicht variierbare technische Produktionsbedingungen, Anzahl von Produktionsaggregaten, Betriebsdauer und -intensität beschrieben werden. Die Variation von Zeit und Intensität ergibt die gesamte Kurve. Gutenberg bezeichnet die Produktionsfunktion als Typ B und sieht sie als für die industrielle Produktion geeignet an (im Gegensatz zu der oben vorgestellten Funktion von Turgot für die Landwirtschaft, von Gutenberg als Typ A bezeichnet).
- Weitere Variationen durch verschiedene Akteure führen in den Folgejahren zu Produktionsfunktionen des Typs C, D und E und der Berücksichtigung von Unsicherheiten.
- Neben der produktionsorientierten Kostenfunktion drängt in der jüngeren Zeit verstärkt eine nachfrageorientierte Kostenbetrachtung in den Vordergrund. Mit Hilfe des sog. Target Costing wird versucht, die Zahlungsbereitschaft der Kunden zu treffen bzw. zu unterbieten.

Brockhoff schließt seine Ausführungen zu diesem Punkt mit dem Hinweis, dass die Weiterentwicklung an Hand von drei groben Linien erfolgt sei: Zum einen ist hier die Veränderung des Objektbereichs, d. h. von der Landwirtschaft zur industriellen Produktion festzustellen (siehe auch weiter oben, Kapitel 2.4.1). Dann ändert sich die Methodik vom Verstehen und Beschreiben einer Situation hin zu einer genauen Erfassung und formalen Darstellung. Und schließlich treten empirische Untersuchungen auf, um die vorhandenen Theorien zu überprüfen.

Die *Balanced Scorecard* (BSC) ist ein von Robert S. Kaplan und David P. Norton Anfang der 1990er Jahre in Harvard entwickeltes Instrument für die betriebswirtschaftliche Teildisziplin der Unternehmensführung, welches Unternehmen bei der Strategieimplementierung hilft. Ihre Historie ist deutlich kürzer als die der oben skizzierten Kostenkurve, stellt aber dennoch ein gutes Anschauungsobjekt dar, da diese Entwicklung zum einen noch individuell leicht nachvollziehbar ist und es sich zum anderen um eines der vermutlich beliebtesten Managementinstrumente zur Zeit handelt:

- 1992: Vorstellung der BSC als ein System zur Messung und Steuerung der Leistungsfähigkeit.[88]
- 1993: Ergänzung um ein Kommunikationskonzept.[89]
- 1996: Positionierung der BSC als ein System für das strategische Management von Unternehmen. Damit hat die BSC ihren zurzeit vorhandenen Charakter in den Grundzügen erhalten. In den Folgejahren kam es zu verschiedenen Ergänzungen.[90]
- 2001: Ergänzung und Erweiterung des Strategischen Managements zur Strategischen Führung.[91]
- 2004: Ergänzung um Ursache-Wirkungs-Zusammenhänge der einzelnen Dimensionen (sog. Strategy Maps).[92]
- 2006: Ergänzungen, um organisatorische Systeme an die Strategie anzupassen.[93]
- 2008: Ergänzungen, mit deren Hilfe die Strategie auch mit operativen Prozessen verknüpft werden kann.[94]

Am Beispiel der BSC kann nachvollzogen werden, wie ein Konzept zunächst eingeführt, dann etabliert und anschließend ausgebreitet wird.

---

[88] Vgl. Kaplan, Norton: 1992
[89] Vgl. Kaplan, Norton: 1993
[90] Vgl. Kaplan, Norton: 1996
[91] Vgl. Kaplan, Norton: 2001
[92] Vgl. Kaplan, Norton: 2004
[93] Vgl. Kaplan, Norton: 2006
[94] Vgl. Kaplan, Norton: 2008

3 Ausgewählte Meilensteine und Trends

3.1 Zweite Industrielle Revolution

3.1.1 Kurzbeschreibung

Zum Verständnis der Zweiten Industriellen Revolution ist es hilfreich, vorweggestellt nochmal wesentliche Entwicklungen der (Ersten) Industriellen Revolution zu rekapitulieren; die Übersicht in Abbildung 5 stellt ausgewählte Aspekte beider Revolutionen dar.

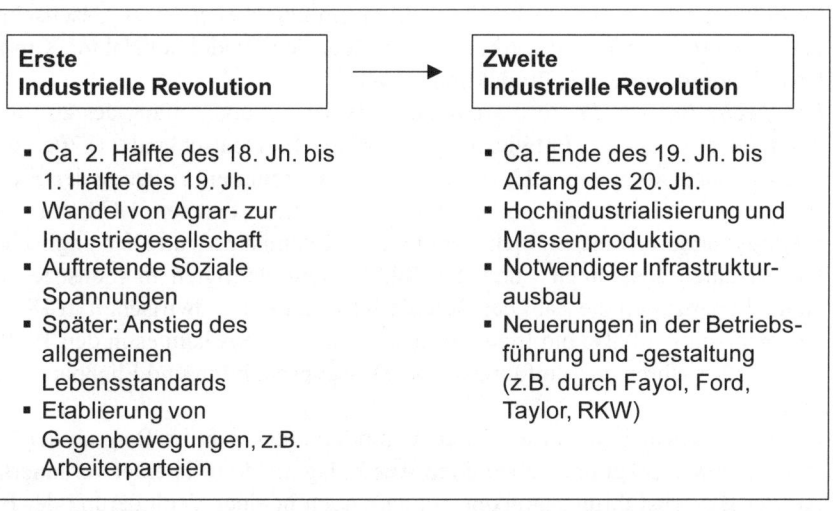

Erste Industrielle Revolution → **Zweite Industrielle Revolution**

- Ca. 2. Hälfte des 18. Jh. bis 1. Hälfte des 19. Jh.
- Wandel von Agrar- zur Industriegesellschaft
- Auftretende Soziale Spannungen
- Später: Anstieg des allgemeinen Lebensstandards
- Etablierung von Gegenbewegungen, z.B. Arbeiterparteien

- Ca. Ende des 19. Jh. bis Anfang des 20. Jh.
- Hochindustrialisierung und Massenproduktion
- Notwendiger Infrastrukturausbau
- Neuerungen in der Betriebsführung und -gestaltung (z.B. durch Fayol, Ford, Taylor, RKW)

Abbildung 5: Ausgewählte Aspekte der Ersten und Zweiten Industriellen Revolution

In der zweiten Hälfte des 18. und ersten Hälfte des 19. Jahrhunderts hat die Erste Industrielle Revolution in Westeuropa[95] und den USA zu einem Über-

---

[95] Innerhalb Westeuropas gab es deutliche zeitliche Unterschiede: So setzte in Deutschland die Industrialisierung in den 1830er Jahren vorsichtig ein und hatte somit einen Rückstand auf England von circa einem halben Jahrhundert. Vgl. Schäfer: 1989b, S. 57 und S. 74, hier für einen Überblick der Industrieausbreitung in vier Wellen in verschiedenen Ländern, in dem deutlich wird, dass für einige Länder (z. B. Australien, Südafrika, südamerikanische Staaten) die Erste Industrielle Revolution zu einem Zeitpunkt stattfindet, zu dem sich andere Länder (z. B. England, USA, Deutschland) in der Zweiten Industriellen Revolution befinden.

gang von der Agrar- zu einer Industriegesellschaft geführt. Die *Erste Industrielle Revolution*[96] zeichnet sich durch vier Entwicklungen aus:[97]

- Neue Techniken, insbesondere im Bereich der Arbeits- und Energieerzeugungsmaschinen setzen sich durch.
- Eisen und Kohle setzen sich als natürliche Rohstoffe in der Massennutzung durch und somit begrenzen die organischen Stoffe und die Muskelkraft nicht mehr die Produktionsmöglichkeiten.
- Das Fabriksystem stellt seine Überlegenheit als Organisationsform für die arbeitsteilige gewerkliche Produktion unter Beweis.
- Freie Lohnarbeit wurde zur herrschenden Erwerbsform für die Massen.

Maschinentechnik, Fabrikproduktion und Sammlung von Anlagekapital waren somit die offensichtlichsten Neuerungen des neuen Wirtschaftssystems, das als Kapitalismus bezeichnet wird, da nicht mehr die Verfügbarkeit des Produktionsfaktors Boden die Entwicklungsmöglichkeiten einer Gesellschaft determinierte, sondern die Verfügbarkeit über den Produktionsfaktor Kapital bzw. die produzierenden Produktionsmittel.[98]

Die *Zweite Industrielle Revolution* hat Ende des 19. und Anfang des 20. Jahrhunderts eine andere Entwicklung gefördert. In Deutschland (1870er und 1880er Jahre) konnte eine Hochindustrialisierung und ein Aufstieg der Elektro- und Chemieindustrie beobachtet werden. So arbeiteten 1872 am Forschungsstandort München mehr promovierte Chemiker als an allen englischen Universitäten zusammen[99] und die Zahl der Beschäftigten in Industrie und Handel übertreffen die Zahl der Beschäftigten in der Landwirtschaft in 1895 – Deutschland wird also ein Industriestaat[100]. In den USA kam es in den 1910er und 1920er Jahren zur Einführung von Massenproduktion und Fließbandfertigung.

Diese Entwicklungen wurden durch Veränderungen insb. im Bereich der Infrastrukturen geprägt und haben ihren Ausschlag nicht nur in einer veränderten Art der Betriebsführungstätigkeit, sondern auch in einer Veränderung der Betriebsgestaltung gefunden. Der folgende Vergleich von zwei Zeitpunkten vor und am Ende der Zweiten Industriellen Revolution soll dies verdeutlichen.[101]

Umweltbeschreibung, ca. 1840:

- *Transportwesen:* Die Eisenbahn beginnt, sich als Transportmittel für Personen und Güter zu etablieren. Gegenüber der Reise per Pferd können nen mehr Güter schneller über große Distanzen transportiert werden.

---

[96] Nicht verschwiegen werden soll an dieser Stelle, dass im Laufe der Zeit der Begriff unterschiedlich interpretiert wurde, vgl.: Cameron, Neal: 2003, S. 163-164.
[97] Vgl. Borchard: 1978, S. 39
[98] Für eine Darstellung der Wirtschaftsgeschichte in der Zeit bis zur Ersten Industriellen sowie die dort stattfindenden Veränderungen, vgl. Borchardt: 1978, S. 7-56.
[99] Vgl. Landes: 2006, S. 9
[100] Vgl. Schäfer: 1989b, S. 75
[101] Vgl. Besanko et al.: 2010, S. 97-114

- *Kommunikationswesen:* Vorherrschende Kommunikationsmittel, um Nachrichten zu entfernten Empfängern zu transportieren, waren die Post und der Telegraf.
- *Finanzierungsmöglichkeiten:* Eine Vielzahl von privaten Banken und ein nur schwach ausgeprägter staatlicher Rahmen (Regulierung und Aufsicht) machten es insbesondere kleinen Unternehmen schwer Fremdkapital aufzunehmen, da es kaum Möglichkeiten für die Verteilung von Risiken gab.
- *Produktionstechnologie:* Die Produktionsverfahren glichen weitgehend denen, die auch schon einhundert Jahre zuvor genutzt wurden.
- *Geschäftsleben:* Dominierend waren Familienunternehmen von eher geringer Größe.

Umweltbeschreibung, ca. 1910:

- *Transportwesen:* Das Schienennetz zeichnete sich durch einen deutlich besseren Ausbaustand aus. Zudem sind unterschiedliche Standards (i. e. Spurbreiten) sukzessive angeglichen worden. Im Ergebnis wurde der Transport schneller, sicherer und zuverlässiger.
- *Kommunikationswesen:* Neben Post und Telegraf hat sich in der Zwischenzeit auch das Telefon etabliert: Johann Philipp Reis hat 1861 erste Demonstrationen seines Fernsprechers durchgeführt, 1876 meldete Alexander Graham Bell sein Patent an. In den Folgejahren kam es zum Ausbau des Telefonnetzes.
- *Finanzierungsmöglichkeiten:* Größere Infrastrukturprojekte, z. B. Bahnstrecken oder Telefonnetze, verlangten nach einer Weiterentwicklung vorhandener Rechnungswesenmethodiken. Diese größere Klarheit und Nachprüfbarkeit der wirtschaftlichen Entwicklung von Betrieben hat auch bei potenziellen Investoren zu einem Vertrauensaufbau geführt, so dass auch Investitionen leichter und mit größerer Sicherheit getätigt werden konnten.
- *Produktionstechnologie:* Massenproduktionsverfahren, die eine hohe Stückzahl von Gütern zu geringen Kosten und mit akzeptabler Qualität hervorbrachten, wurden eingeführt.
- *Geschäftsleben:* Die Veränderungen im Infrastruktur- und Technikbereich resultierten auch in Veränderungen in der Betriebsführung. Die neuen Produktionsweisen führten zu neuen Organisationsstrukturen (sog. Multidivisionale Organisation) und einer Verwissenschaftlichung der Betriebsführung.

3.1.2 Exkurs: Made in Germany

Die Herkunfts- oder Ursprungsbezeichnung Made in Germany (dt.: Hergestellt in Deutschland) ist im Laufe ihrer Existenz unterschiedlich aufgeladen

worden. Die Mitte des 19. Jahrhunderts in Deutschland hergestellten Güter
und Waren wiesen eine mindere Qualität auf. So hat im Rahmen der Weltaus-
stellung 1876 in Philadelphia/USA der dort tätige deutsche Preisrichter Franz
Reuleaux berichtet, dass „[u]nsere Leistungen [...] in der weitaus größten
Zahl der ausgestellten Gegenstände hinter denen anderer Nationen zurück
[stehen], nur in wenigen erscheinen wir bei näherer Prüfung ihnen gleich, in
einem Minimum von Fällen nur überlegen."[102] Er fasst die von Dritten getätigte Kritik an Produkten aus Deutschland wie folgt zusammen: „Als Quintes-
senz aller Angriffe tritt der Wahrspruch auf: Deutschlands Industrie hat das
Grundprinzip ‚billig und schlecht'."[103]
Importe aus Deutschland treffen demnach in verschiedenen Ländern auf Kritik. Bekannt geworden ist die Auswirkung des britischen Merchandise Marks
Act von 1887, in dem klar gefordert wird, dass importierte Güter eine eindeu-
tige Herkunftsbezeichnung (wie z. B. *Made in Germany*) aufweisen müssen,
die eine Verwechselung mit lokalen Gütern ausschließt und so u. a. für die
Sicherheit von britischen Bürgern sorgen soll.[104]
In den Folgejahren wurden in Deutschland verschiedene Bemühungen umgesetzt, durch die z. B. Produktionsverfahren signifikant verbessert werden
konnten, was wiederum zu einem deutlichen Qualitätsanstieg geführt hat.[105]
Bereits Reuleaux bietet neben seinen Beobachtungen und seiner Kritik konkrete Verbesserungsvorschläge an: „so finden wir, dass thatsächlich durch
einen ganz bedeutenden Theil der deutschen Industrie der eine Grundgedanke
durchgeht, dass Konkurrenz überhaupt nur durch *Herabsetzung des Preises*
möglich sei. Es wird oder ist fast vergessen, dass der andere Weg: *Festhal-
tung des Preises, dafür aber Steigerung der Qualität*, ebenso offensteht und
kaufmännisch mindestens ebenso gut zum Ziele führt. Der Industrielle hat zu
wählen zwischen dem einen und anderen Grundprinzip."[106]
Die Aktivitäten zeigten bereits nach kurzer Zeit Erfolg, so dass bereits gegen
Ende des 19. Jahrhunderts Produkte aus Deutschland deutliche besser als die
britischen bewertet worden sind.[107] Die Ursprungsbezeichnung Made in Germany, die zunächst einen Makel und ein Kaufhemmnis darstellte, hat sich also zu einem *Qualitätssiegel* gewandelt. Diese Situation dauert bis zum Beginn
des 21. Jahrhunderts an, wenn sich mit der Marke Made in Germany Preisauf-
schläge von 10-20 % durchsetzen lassen.[108]

---

[102] Reuleaux: 1877, S. 3-4
[103] Reuleaux: 1877, S. 5
[104] Vgl. den Abdruck des Merchandise Marks Act 1887 und die Kommentierung in Payn: 1888, insb. S. 18-19, 55, 61-62.
[105] Vgl. Braun: 1985
[106] Reuleaux: 1877, S. 12-13, Hervorhebungen im Original
[107] Vgl. Lutteroth: 2012
[108] Vgl. Feige et al.: 2014

3.1.3 Ausgewählte Entwicklungen der Betriebsführung und -gestaltung

3.1.3.1 Taylorismus

Frederick Winslow Taylor (1856-1915) begründet das *Scientific Management* und damit den Vorläufer der Tätigkeiten, die heute u. a. von Unternehmensberatungen durchgeführt werden. Taylor analysierte die Arbeitsschritte in einem Produktionsprozess und optimierte diese anschließend. Damit leistete er einen wichtigen Beitrag für den Übergang von einer manufakturorientierten Produktion zu einer Fabrikproduktion. Im Rahmen der Analyse wurden einzelne Arbeitsschritte bis auf die Ebene von Handgriffen zerlegt, normiert, eine durchschnittliche Arbeitszeit festgelegt und einem sog. Funktionsmeister zugeordnet, der wiederum die Arbeiter anlernen konnte.[109]

Henry Ford setzt viele Empfehlungen im Rahmen seiner Autoproduktion um.

3.1.3.2 Ford: Fließbandfertigung

Henry Ford (1863-1947) fertigt seit 1908 das *Model T* genannte Automobil.[110]

Auf Grund des Preis-Leistungs-Verhältnisses war die Nachfrage so groß, dass Ford eine sehr effiziente Produktion etablieren musste, um die Nachfrage befriedigen zu können. Zunächst verfolgt Ford das Ziel, möglichst identische und austauschbare Bauteile zu nutzen, die wiederum präzise Werkzeugmaschinen voraussetzten.

Ein zweites Ziel war die Rationalisierung und Vereinfachung von Arbeitsprozessen. Als hilfreich erwies sich hier die gerade aufgekommene Idee des Fließbandes, die Ford substantiell weiterentwickelte:

- In einer ersten Phase der Rationalisierung standen die zu bauenden Autos immer an einer Stelle und Arbeitsgruppen bewegten sich von Chassis zu Chassis.

- In einem zweiten Schritt der Fließbandfertigung wurden die Chassis von einem Seil stetig weitergezogen und die Arbeiter liefen mit und fanden ihre jeweils benötigten Werkzeuge und Produktionsteile an vorberechneten Standorten vor.

- In einer dritten Entwicklungsstufe blieben die Arbeiter an einem Ort stehen und das Chassis wurde an ihnen vorbeigezogen. Gleichzeitig wurden Werkzeuge und Produktionsteile automatisch über z. B. Rutschen zum richtigen Zeitpunkt an den Arbeitsplatz geliefert.

Durch diese Entwicklungen konnte die Produktionszeit von zwölfeinhalb Arbeitsstunden im ersten Schritt der Fließbandfertigung auf 93 Minuten im dritten Schritt reduziert werden. Diese Entwicklung stellte einen signifikanten

---

[109] Vgl. auch Brockhoff: 2012, S. 173-174
[110] Vgl. für diesen Abschnitt Landes: 2006, S. 188-191

Wettbewerbsvorteil für Ford dar.[111] Die Gesamtzahl der produzierten Model T-Automobile betrug 15 Millionen Stück und der Verkauf machte zeitweise 50 % des Gesamtmarktes aus.

Insbesondere die im dritten Schritt notwendige Arbeitsmonotonie stieß auf Kritik. Gleichwohl hat Ford schon früh überdurchschnittliche Löhne gezahlt und zeigt sich auch an anderen Stellen sozial, z. B. bei der Einstellung von Einwanderern, ehemalige Sträflingen, Farbigen und Behinderten.

3.1.3.3   Fayolsche Managementprinzipien

Im Gegensatz zu Taylor, der sich der Verbesserung der Produktion widmete, hat sich Henri Fayol (1841-1925) mit dem Management, also der Funktionen der Unternehmensführung, beschäftigt.[112] Er betrachtet Organisationsstrukturen und identifiziert verschiedene Managementprinzipien. Bekannt sind u. a.:

- Identifikation und Bildung allgemein vorhandener Funktionen: Produktion, Einkauf und Verkauf, Rechnungswesen, Sicherheit, Verwaltung bzw. Management
- Grundaufgaben des Managements: Prognosebildung als Grundlage der Planung, Organisation einrichten, Führung ausüben, Abstimmungs- und Koordinationsaufgaben durchführen, Kontrolle ausüben
- Streng hierarchische Organisationsmuster
- Prinzip der Einheit der Auftragserteilung
- Möglichkeit des direkten Informationsaustausches zwischen nachgelagerten Hierarchieebenen (sog. Fayolsche Brücke)

3.1.3.4   RKW – Rationalisierungs- und Innovationszentrum der Deutschen Wirtschaft

In Deutschland wurde Anfang der 1920er Jahre durch Initiierung von u. a. dem Industriellen Carl Friedrich von Siemens und des Wirtschaftsministeriums das Reichskuratorium für Wirtschaftlichkeit in Industrie und Handwerk gegründet.[113] Ziel war es, durch praktische Untersuchungen verschiedene Arbeitsvorgänge in Produktion und Verwaltung zu vereinfachen und auch zu vereinheitlichen. Unternehmensindividuelle Einzellösungen sollten so vermieden werden.

Im weiteren Verlauf wurde aus dem Reichskuratorium für Wirtschaftlichkeit (RKW) ein Rationalisierungsausschuss der Deutschen Wirtschaft (RAW), das

---

[111] In Deutschland wurde das Prinzip der Fließbandfertigung erst sehr viel später bekannt: Der Opel-Manager Heinrich Nordhoff hat erst bei seinen Besuchen des Opel-Mutterunternehmens General Motors in Detroit/USA in den Jahren 1935-1939 die Vorteile von Fließbandfertigung und automatisierter Serienproduktion kennengelernt und anschließend nach Deutschland transferiert; vgl. Grunenberg: 2006, S. 101.

[112] Vgl. Brockhoff: 2012, S. 176-177

[113] Vgl. für diesen Abschnitt Pohl: 2001

Rationalisierungs-Kuratorium der Deutschen Wirtschaft und schließlich das Rationalisierungs- und Innovationszentrum der Deutschen Wirtschaft. Die Organisation ist auch heute noch z. B. im Rahmen von Betriebsberatungen bei insbesondere kleineren Unternehmen aktiv.

3.1.4 Aufgaben und Diskussionsstellungen

1. Bitte beschreiben Sie die Gesellschaft zur Wende vom 19. zum 20. Jahrhundert!
2. Bitte beschreiben Sie die Entwicklungsschritte der Fließbandfertigung mit eigenen Worten! Welches sind die Vorteile der einzelnen Veränderungen?
3. Welche weiteren Verbesserungen fallen Ihnen persönlich ein, wenn Sie an die Automobilentwicklung und -produktion von 1920 bis heute denken?
4. Bitte überlegen Sie, wie ein strukturierter Prozess für die Entdeckung und Implementierung von Weiterentwicklungen aussehen könnte!
5. Ford wird mit der Aussage in Verbindung gebracht, dass man von ihm ein Auto in jeder Farbe haben könne – Hauptsache, sie sei schwarz. Welche Grundideen könnten hinter dieser Aussage stecken?
6. Taylors Prozessmanagement (oder Scientific Management), so wie es z. B. Ford umgesetzt hat, fand bei den Arbeitern zunächst Zustimmung. Was könnten die Gründe hierfür gewesen sein?
7. Später schlug die Zustimmung in Ablehnung. Was waren hier mögliche Gründe?
8. „Scientific Management ist ausgestorben." Bitte nehmen Sie zu dieser Aussage Stellung!

3.2 Economies of Scale and Scope

3.2.1 Kurzbeschreibung

Im unternehmerischen Wettbewerb werden zwei idealtypische Strategien unterschieden. Zum einen kann ein Produkt angeboten werden, das besser ist als das der Konkurrenz. Dieses kann zu einem höheren Preis verkauft werden, der bei gegebenen Kosten zu einem höheren Ertrag führt. Zum anderen kann ein mit der Konkurrenz vergleichbares Produkt zu einer günstigeren Kostenstruktur angeboten werden, was bei einem gegebenen Preis ebenfalls zu einem höheren Ertrag führt. Zwei Wege, um zu einer solchen günstigeren Kostenstruktur zu gelangen, werden als Economies of Scale und Economies of Scope bezeichnet. Abbildung 6 stellt die Zusammenhänge dar.

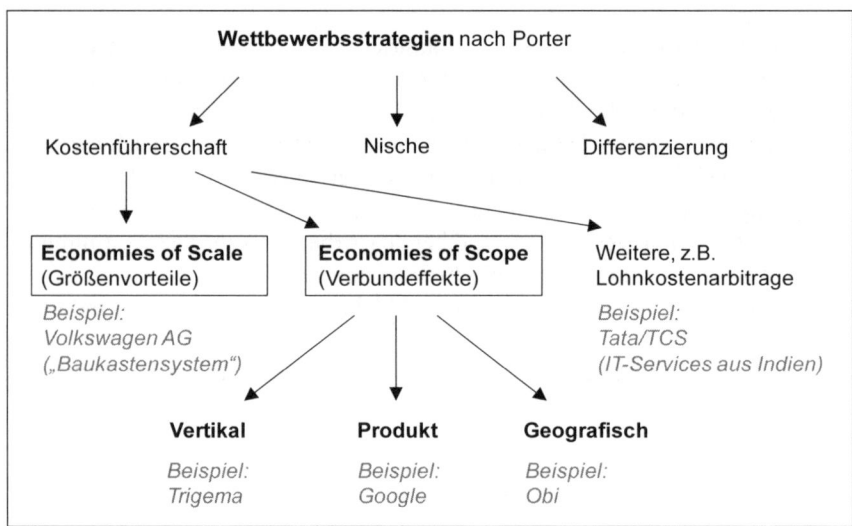

Abbildung 6: Economies of Scale and Scope im Überblick

Economies of Scale basieren auf dem Konzept der sog. Erfahrungskurve. Die durchschnittlichen Kosten für die Produktion eines Gutes sinken mit steigender Ausbringungsmenge, da neben den variablen Kosten, also z. B. die Materialkosten für einen Tisch, auch fixe Kosten, also z. B. die Anschaffungskosten für Werkzeuge, auftreten. Diese wiederum können auf eine größere produzierte Stückzahl von Gütern umgelegt werden und reduzieren so schließlich die durchschnittlichen Stückkosten. Typischerweise sinken die durchschnittlichen Stückkosten in der industriellen Produktion um 20 % bis 30 % bei jeder

Verdopplung der kumulierten Ausbringungsmenge, aber auch bei Dienstleistungen lassen sich Skalenvorteile realisieren.[114]
Bei den *Economies of Scope* (Verbundeffekte) steht nicht die horizontale Erweiterung, d. h. eine Erhöhung von Produktions- und Absatzkapazitäten, sondern die vertikale Erweiterung im Fokus. Ein Unternehmen erweitert sich vertikal, indem es beispielsweise Aktivitäten von seinen Lieferanten oder Abnehmern übernimmt und selber durchführt.[115] Beispielsweise könnte ein Automobilhersteller die Produktion von Systemkomponenten oder den Vertrieb seiner Fahrzeuge selber übernehmen. Nachdem eine vertikale Erweiterung durchgeführt wurde, ist die Unternehmenshierarchie bestimmend für Fragen nach dem Austausch von Gütern, vorher sind es Mechanismen des Marktes. Neben der Vorwärts- und Rückwärtsintegration können Economies of Scope auch entstehen, wenn Synergien aus der gemeinsamen Nutzung von betrieblichen Funktionen durch verschiedene Geschäftssegmente erzielt werden können. Beispiele sind hier die Unternehmensführung und ihre Stabsabteilungen oder Forschung & Entwicklung. Schließlich können auch geografische Verbundeffekte erzielt werden.
Ob eine vertikale Integration durchgeführt werden soll, hängt von den sog. *Transaktionskosten* ab, also welcher Steuerungsmechanismus effizienter ist: Die internen administrativen Kosten für die Koordination von mehreren Bereichen stehen den Kosten, die durch Suche externer Partner, Vertragsabschluss etc. entstehen, gegenüber.[116, 117]

3.2.2 Skalen- und Verbundeffekte, Unternehmenstransformation am Beispiel PREUSSAG: Vom Bergbau zur Touristik

3.2.2.1 Charakteristika internationaler Wirtschaftsumgebungen als Determinante für Wettbewerbsverhalten

Die Ende des 19. und bis zur Mitte des 20. Jahrhunderts in den USA vorherrschende Wirtschaftsumgebung kann als *wettbewerbsorientierter Management-Kapitalismus* beschrieben werden. Prägend hierbei war, dass in eigentümergeführten Unternehmen zunehmend angestellte Manager Führungsfunktionen übernommen haben. Durch den relativ großen Heimatmarkt konnten Produktionsunternehmen profitabel wirtschaften, wenn sie Skalenvorteile realisieren. Damit ein Unternehmen diese Stückzahlen herstellen und absetzen kann, muss es im Wettbewerb jedoch intensiv um Marktanteile kämpfen.

---

[114] Vgl. Grant: 2013, S. 169 ff. oder Kiechel III: 2010, S. 34
[115] Man spricht in diesem Zusammenhang auch von Vorwärts- oder Rückwärtsintegration.
[116] Vgl. Grant: 2013, S. 295 ff.
[117] Vgl. auch nochmal Kapitel 2.3.2.

Im Gegensatz dazu kann die Situation in Großbritannien zur gleichen Zeit als *personenorientierter Kapitalismus* beschrieben werden. Unternehmensgründer haben keine wesentlichen Investitionen in Produktions- oder Absatzaktivitäten getätigt und auch weniger intensiv mit angestellten Managern zusammengearbeitet, wie es in den USA der Fall war. Die Unternehmensführung verblieb in der Hand der Eigentümer. Dies hat dazu beigetragen, dass relativ wenig britische Industrieunternehmen eine Vormachtstellung im europäischen und Weltmarkt eingenommen haben – im Gegensatz zu amerikanischen oder deutschen Unternehmen.

In Deutschland haben Eigentümer ebenso wie in den USA angestellten Managern umfangreich Verantwortung übertragen sowie in Produktions- und Absatzfähigkeiten investiert. Der deutsche Heimatmarkt war deutlich kleiner als der vergleichbare Markt in den USA, so dass neben den Economies of Scale auch Verbundvorteile relevant und durch Vorwärts- und Rückwärtsintegrationen realisiert wurden (z. B. Chemie- oder Montanindustrie). Vor diesem Hintergrund ist ein gegenüber den USA deutlich stärker ausgeprägter Hang zur Kooperation und Zusammenarbeit zwischen Unternehmen zu verstehen, der zu Unternehmensvereinigungen, Kartellen und Interessensgemeinschaften (IG, z. B. IG Farben) geführt hat[118] und schließlich als *kooperativer Management-Kapitalismus* beschrieben werden kann.[119]

3.2.2.2 Genese von TUI

Die genannte Montanindustrie kann herangezogen werden, um sowohl Skalen- und Verbundeffekte, als auch eine massive Unternehmenstransformation zu illustrieren. In 1923 wurden die preußischen Bergwerke, Hütten und Salinen, die sich außerhalb des Ruhrgebiets befanden, zur Preußischen Bergwerks- und Hütten Aktiengesellschaft (PREUSSAG) zusammengefasst und wenige Jahre später (1929) in die neu gegründete Vereinigte Elektrizitäts- und Bergwerks AG (VEBA) eingebracht. Beide Schritte haben primär die Produktionskapazitäten erweitert und zusätzlich positive Verbundeffekte herbeigeführt. 1959 bringt VEBA 80 % der Geschäftsanteile an der Preussag (der umgangssprachlich geläufige Name wird 1964 zum offiziellen Firmennamen) als erste deutsche Volksaktie, d. h. sie hatte sehr viele und breit gestreute Kleinaktionäre, an die Börse. Sowohl Preussag, als auch VEBA haben in den nächsten Jahrzehnten deutliche Veränderungen erfahren.

Die Preussag hat sich nach 1964 stark diversifiziert und sich neben der Grundstoffgewinnung auch dem Transportwesen und bis 1972 auch dem

---

[118] Petzina, Abelshauser und Plumpe berichten von circa 1.000 Kartellen in Deutschland in 1923 und bis zu 6.000 Kartellen in den 1920er Jahren (vgl. Petzina, Abelshauser, Plumpe: 1989, S. 148).
[119] Vgl. für die Untersuchung der wirtschaftlichen Entwicklung der drei Länder und ihrer Schlüsselbranchen Chandler: 2004 und für die Gegenüberstellung insb. S. 393-395.

Konsumgütergeschäft gewidmet. 1989 wurde der Stahlerzeuger Salzgitter AG gekauft und 1998 wieder verkauft. Fast zeitgleich hierzu erfolgte 1997 die Akquisition der Hapag Lloyd AG, einem Touristikanbieter. Im weiteren Verlauf wurden weitere Anbieter aus dem Tourismusbereich übernommen, die tradierten Montan- und Stahlgeschäfte verkauft und eine weitere Namensänderung durchgeführt. Seit 2009 ist TUI ein reiner Touristik-Konzern, der die drei Bereiche Reise, Hotel und Kreuzfahrt bedient.[120]

3.2.2.3   Genese von E.ON

Nach dem Börsengang der Preussag hat sich die VEBA zu einem DAX-notierten Konglomerat von Aktivitäten weiterentwickelt. So gab es neben dem ursprünglichen Geschäftsbereich Strom u. a. auch Aktivitäten in der Logistikbranche und beim Immobilienmanagement. Auch die Deregulierung der Telekommunikation in Deutschland Ende des 20. Jahrhunderts bot Anlass in dieses Geschäftsfeld einzusteigen (z. B. o.tel.o).
In 2000 fand eine Fusion von VEBA mit VIAG zur E.ON statt. VIAG wiederum wurde fast zeitgleich zur VEBA 1923 als Vereinigte Industrieunternehmungen AG gegründet.

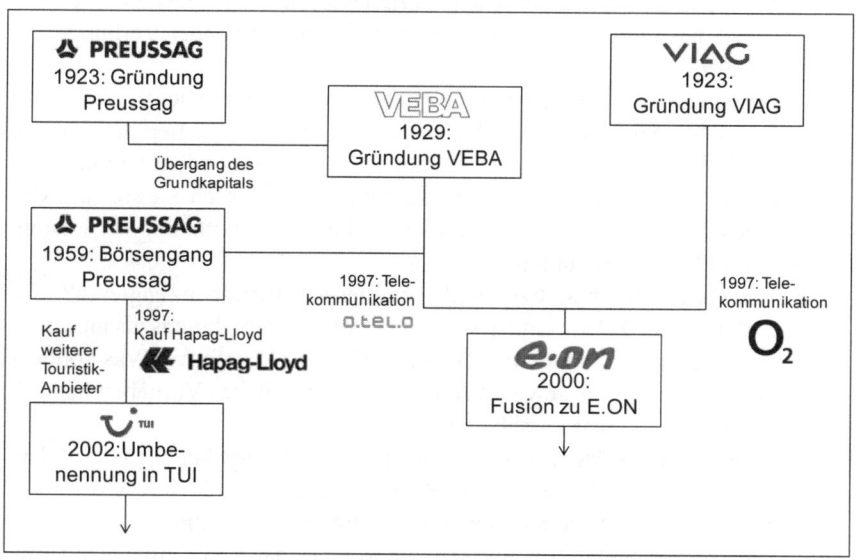

Abbildung 7: Unternehmenstransformation am Beispiel PREUSSAG

---

[120] Vgl. TUI: 2013

Neben dem ähnlichen Gründungszeitpunkt von VEBA und VIAG ist auch der bereits zum Gründungszeitpunkt gegebene Unternehmenscharakter als Dach- oder Holdingstruktur bemerkenswert. Die dort gegebene bzw. erzwungene Zusammenarbeit zwischen unterschiedlichen Betrieben unterstreicht das weiter oben als eher kooperativ bezeichnete Managementverhalten in Deutschland. Ebenso wie VEBA war auch VIAG im DAX notiert und hat sich diversifiziert in die Bereiche Aluminium, Chemie und Verpackung – sowie Telekommunikation: VIAG hat 1997 Mobilfunklizenzen für das sog. E-Netz ersteigert. Diese Aktivitäten sind heute unter dem Markennamen O2 bekannt. Seit 2000 haben sich die Geschäfte des E.ON-Konzerns auf die Energiebranche fokussiert.[121] Durch die Fusion konnten wiederum Skalen- und Verbundvorteile realisiert werden. Abbildung 7 zeichnet die Entwicklung der PREUSSAG nochmal nach.

3.2.3 Aufgaben und Diskussionsstellungen

1. Warum hat Preussag das traditionsreiche Montangeschäft verlassen und ist in die Tourismusbranche eingestiegen? Bitte diskutieren Sie!

2. Bitte zeichnen Sie die einzelnen Entwicklungsschritte von Preussag, VEBA und VIAG mit eigenen Worten oder in einer selbsterstellten Grafik nach und ordnen jedem Schritt Skalen- und / oder Verbundeffekte zu!

3. Bitte versetzen Sie sich in die Lage eines Mitarbeiters bei Preussag im Jahr 1997. Sie sind im Stahlsegment aktiv und der Einstieg ihrer Firma in den Touristikmarkt wird öffentlichkeitswirksam verkündet und gefeiert. Wie fühlen Sie sich in dieser Situation? Würden Sie sich als Mitarbeiter des Energiesektors von VEBA bei der Verkündung der Fusion mit VIAG anders fühlen?

4. Wie sollten Preussag bzw. VEBA in diesen Situationen reagieren?

5. Anfang des 20. Jahrhunderts wurden große Unternehmenszusammenschlüsse, Interessengemeinschaften und Kartelle geformt. Was können die Gründe hierfür gewesen sein? Würde ein solches Vorgehen heute Erfolg haben? Was spräche dafür bzw. dagegen?

6. Sie haben kurz das Konzept der Transaktionskosten kennengelernt. Bitte sammeln Sie Kosten, die im Rahmen der Hierarchie- sowie der Marktlösung auftreten könnten und stellen diese gegenüber.

7. Bitte recherchieren Sie, wie sich die Mannesmann AG, ein anderes traditionsreiches Unternehmen aus der Stahlindustrie, entwickelt hat. Würden Sie hier Economies of Scale oder Economies of Scope vermuten? Warum?

---

[121] Vgl. E.ON: 2013a, 2013b, 2013c

3.3 Bombengeschäfte – Kriegswirtschaft in der NS-Zeit

3.3.1 Deutsche Wirtschaft in der Zeit des Nationalsozialismus

3.3.1.1 Motivation und Relevanz

Die Zeitgeschichte bezeichnet mit der Zeit des Nationalsozialismus (kurz: NS-Zeit) die Regierungszeit der Nationalsozialistischen Deutschen Arbeiterpartei (NSDAP), die mit der Ernennung von Adolf Hitler zum Reichskanzler am 30. Januar 1933 beginnt und mit der Kapitulation der deutschen Wehrmacht und dem Ende des Zweiten Weltkrieges am 7. bzw. 8. Mai 1945 endet.[122]

Während der NS-Zeit werden grausame Kriegsverbrechen, Verbrechen gegen die Menschlichkeit und gegen den Frieden verübt. Die nachfolgenden Ausführungen sind bewusst eher sachlich gehalten, die Verbrechen sollen dabei stets mahnend im Gedächtnis behalten werden.

Eine Betrachtung der Wirtschaft in dieser Periode, d. h. das Verhalten einzelner oder mehrerer Personen oder Betriebe, ist aus mehreren wirtschaftshistorischen Gründen interessant, beispielsweise:

- Allgemein wird die NS-Zeit als Tiefpunkt der deutschen Geschichte betrachtet. Eine kritische Auseinandersetzung mit den verschiedenen Rollen, die Personen und Betriebe in dieser Zeit einnehmen, erscheint daher unabdingbar. Zu nennen sind hier unter anderem ethisch-moralisch verwerfliche Nutznießungen aus sog. Arisierungen und dem Einsatz von Zwangsarbeitern.

- Die Wirtschaft in der NS-Zeit unterscheidet sich strukturell und mit ihren Lenkungsmechanismen von den Perioden vorher und nachher. Zudem wurden hier bereits die volkswirtschaftlichen Ideen in der Praxis erprobt, die Keynes später als Theoriegebäude expliziert und publiziert (i. e. vermehrte Staatsausgaben, expansive Geldpolitik).

- Die Herausforderung, mit der in Kriegszeiten oftmals vorhandenen Mangelsituation oder der Notwendigkeit zur Entwicklung von technologischen Neuigkeiten umzugehen, führt häufig zu Inventionen und Innovationen. Militärische und damit kriegsorientierte Entwicklungen können später die Grundlage für eine zivile Nutzung werden und eine Durchdringung (Diffusion) in breiten Gesellschaftsschichten erfahren; vergleiche beispielsweise die Historie des späteren Volkswagen Kä-

---

[122] Notiz: Die NS-Zeit wird häufig auch als *Drittes Reich* bezeichnet und damit in die Tradition des Heiligen Römischen Reiches Deutscher Nationen (962-1806, Erstes Reich) und das wilhelminische Kaiserreich (1871-1918, Zweites Reich) gestellt. Die Nationalsozialisten haben den Begriff zunächst zu Propagandazwecken genutzt, später jedoch verbannt. Die Verwendung ist heute umstritten, da eine Gleichstellung aller drei Epochen nicht opportun erscheint.

fers[123], das Konstrukt Bruttosozialprodukt, welches zunächst für die Kriegsplanung herangezogenen wurde und heute die ökonomische Diskussion dominiert[124] oder die Impulse, welche die Luftfahrt während des Ersten und Zweiten Weltkrieges erhält[125].

- Und schließlich kann auch selbstreferenziell auf die Rollen und Aktionen geblickt werden, die von (Wirtschafts-) Wissenschaftlern in der NS-Zeit ausgefüllt und ausgeübt werden.

3.3.1.2   Exkurs: Ausgewählte Entwicklungen

Im Folgenden wird in Stichworten die NS-Zeit mit Hilfe ausgewählter Entwicklungen nachgezeichnet:[126]

Weimarer Republik
- 1929/1930: Weltwirtschaftskrise, Arbeitslosigkeit steigt rapide an
- 1930-1932: Parlamentarische Lähmung in Deutschland, Zusammenbruch der Weimarer Republik
- 1932/1933: Hindenburg ist der Ansicht, nur Hitler könne für Stabilität in Deutschland sorgen

NS-Zeit: Arbeitsbeschaffung, Aufrüstung und Kriegsvorbereitung
- 30.01.1933: Hitler wird Reichskanzler
- 1933: Das NS-Regime richtet die ersten beiden Konzentrationslager in Dachau und Oranienburg ein; Aufruf zum Boykott jüdischer Geschäfte
- August 1933: Hitler wird nach dem Tod von Reichspräsident Hindenburg Staatsoberhaupt und Regierungschef in Personalunion ('Führer und Reichskanzler');
  Soldaten müssen einen Eid auf persönlichen Gehorsam leisten
- 1935: Reichsbankchef und Reichswirtschaftsminister Hjalmar Schacht wird Generalbevollmächtigter für die Kriegswirtschaft
- 1935: Saarland votiert nach 15 Jahren der Trennung für eine Wiedereingliederung nach Deutschland
- 1935: Nürnberger Gesetze; u. a. sind Juden nicht mehr Teil der deutschen 'Volksgemeinschaft'
- 1935: Erstmals übersteigen die Ausgaben für Rüstung die zivilen Investitionen
- März 1936: Deutsche Truppen besetzen die entmilitarisierte Zone im Rheinland
- 1936: Olympische Spiele in Deutschland
- 1936: Hitlers Denkschrift zum sog. Vierjahresplan

---

[123] Vgl. bspw. Abelshauser: 2011, S. 338-339
[124] Vgl. für eine Beschreibung der Diffusion des Bruttosozialprodukts Lepenies: 2013, u. a. S. 181.
[125] Vgl. Petzina, Abelshauser, Plumpe: 1989, S. 144
[126] Vgl. Maier: 2012, S. 247-251 insb. für die Zeit bis zum Ausbruch des Zweiten Weltkrieges und für danach Petzina, Abelshauser, Plumpe: 1989, S. 160-166

- März 1939: Deutsche Truppen besetzen Böhmen und Mähren

NS-Zeit: Periode friedensähnlicher Kriegswirtschaft

- 1. September 1939: Überfall auf Polen, Beginn des Zweiten Weltkrieges
- 1. September 1939: Kriegsaufschläge auf ausgewählte Steuern werden durch ‚Befehl X' verfügt
- 1939: Die insb. durch die Weltwirtschaftskrise entstandene Massenarbeitslosigkeit ist vollständig abgebaut. Erstmals gibt es weniger Arbeitssuchende als offene Stellen. [127]
- 1940: Fritz Todt wird Minister für Bewaffnung und Munition und leitet in dieser Funktion die gesamte deutsche Kriegswirtschaft
- Herbst 1941: Führerbefehl zur Drosselung der Rüstungsproduktion in Erwartung eines schnellen Sieges im Russlandfeldzug
- 3. Dezember 1941: Führerbefehl zur Rationalisierung der Kriegswirtschaft durch (i) moderne Verfahren der Massenproduktion, (ii) Konzentration auf die effizientesten und effektivsten Produktionsstätten, (iii) Errichtung zusätzlicher Produktionsstätten, um die Verluste in Russland auszugleichen

NS-Zeit: Periode der ‚totalen' Kriegswirtschaft

- Februar 1942: Insassen von Konzentrationslagern werden zunehmend für die Kriegswirtschaft herangezogen
- 8. Februar 1942: Todt kommt bei einem Flugzeugabsturz ums Leben. Albert Speer wird sein Nachfolger und führt neue Methoden ein: (i) Steuerung der Branchen über Ausschüsse mit Praktikern, (ii) Rationalisierung der Produktion durch Standardisierung und Vereinfachung, (iii) Massenfertigung und Begünstigung von Konzernen
- 2. September 1943: Speer leitet zusätzlich zum Wirtschaftsministerium auch das Rüstungsministerium
- März und Mai 1944: Alliierte Luftangriffe auf ausgewählte Industrien (insb. Treibstoff) und Infrastrukturen (insb. Verkehr)
- Juni 1944: Speer übernimmt auch die Luftrüstung und verdoppelt in kurzer Zeit die Produktion von Kampfflugzeugen
- 19. März 1945: Hitler erteilt den ‚Nero-Befehl', auf Grund dessen alle Industrieanlagen zerstört werden sollen, auf die der Feind Zugriff erhalten könnte; der Befehl bleibt weitgehend unberücksichtigt
- April 1945: Zusammenbruch der einheitlichen Wirtschaftsorganisation
- 7./8. Mai 1945: Bedingungslose Kapitulation des deutschen Militärs

---

[127] Vgl. Cameron, Neal: 2003, S. 355

3.3.1.3   Begriffe: Friedens-, Wehr- und Kriegswirtschaft

Während der Begriff *Friedenswirtschaft* in der Literatur kaum näher beschrieben wird und typischerweise den Ideal- oder Wunschzustand einer Volkswirtschaft darstellt, wird unter einer *Kriegswirtschaft* die auf die Erfordernisse des Krieges hin ausgerichtete Wirtschaft eines Landes verstanden.[128] Die *Wehrwirtschaft* wiederum kann als eine auf die Erfordernisse des Krieges hin ausgerichtete Wirtschaft in Friedenszeiten verstanden werden.[129] Im Folgenden werden ausgewählte Entwicklungen skizziert und verschiedene Phasen ihrer Aufarbeitung aufgezeigt (vgl. auch Abbildung 8).

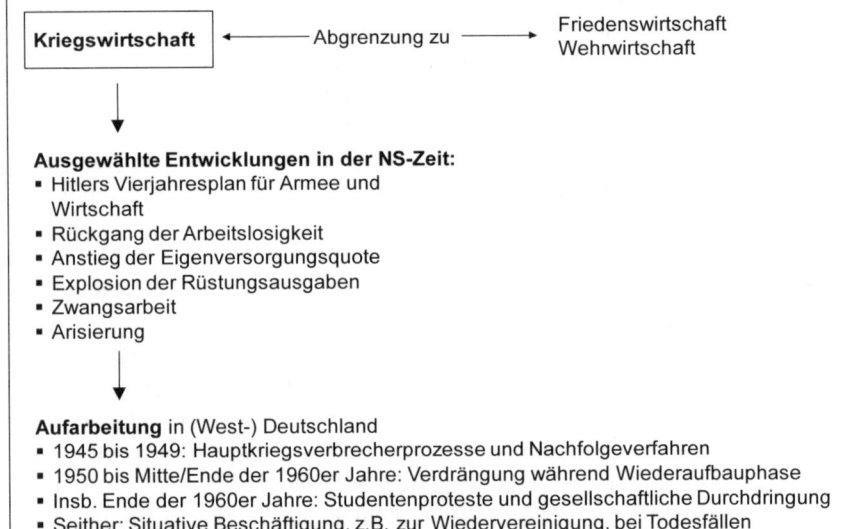

Abbildung 8: Ausgewählte Entwicklungen der Kriegswirtschaft i. w. S. in der NS-Zeit und ihre Aufarbeitung

In der NS-Zeit wurde die Wehrwirtschaft genutzt, um das „Primat der Rüstung im gesamtwirtschaftlichen Prozeß durchzusetzen"[130]. Pesch stellt fest, dass das wesentliche Merkmal der Kriegswirtschaft weniger die effektivere Nutzung des Wirtschaftspotenzials in einzelnen Betrieben[131] ist, sondern

---

[128] Diese Interpretation erscheint relativ jung. Wehler nimmt die intensive Ausrichtung der Wirtschaft auf den Krieg erst mit dem Ersten Weltkrieg wahr. Vorher – mit Ausnahme von Kolonialkriegen – wurde bewusst eine Grenzziehung zwischen der militärischen Front und der friedlichen Heimat herbeigeführt; vgl. Wehler: 2004, S. 83.

[129] Vgl. Brockdorff: 1935, S. 492-496; Volkmann: 1978, S. 516-519

[130] Volkmann: 1978, S. 516

[131] Hierbei handelt es sich ja um einen der bekannten Bestimmungsfaktoren der Betriebe eines (planwirtschaftlichen) Wirtschaftssystems.

vielmehr die „Instrumentalfunktion für die Durchsetzung der quasi inhärent kämpferischen Grundhaltung des Menschen, die dauerhaft wirksam ist und der Politik als Führung bedarf, um aktiviert zu werden."[132] Lepenies bringt den Unterschied zwischen Friedens- und Kriegswirtschaft pointiert zum Ausdruck: „Im Frieden war die [Dienstleistungs- und] Güterproduktion für den Menschen da, im Kriege war es umgekehrt."[133]

Die Markt-Preis-Mechanismen können in der Wehr- und Kriegswirtschaft größtenteils außer Kraft gesetzt und durch ein administrativ-bürokratisches Verteilungssystem ersetzt werden.[134] Als Prinzipien und Ziele einer Kriegswirtschaft sind zu nennen:[135]

- Klare Befehlsgewalt und zentrale autoritäre Lenkung der gesamten Wirtschaft
- Interaktion und Zusammenarbeit sämtlicher involvierter Persönlichkeiten
- Disziplin, Verständnis und Mitarbeit der gesamten Bevölkerung

Das Wegfallen bzw. die Einschränkung von Markt-Preis-Mechanismen kann zu latenten oder offenen Konflikten bei der Allokation von Ressourcen für die Rüstungsproduktion und den Konsum, also zwischen der militärischen Sphäre und der Zivilgesellschaft führen.

Der de facto-Zustand der Kriegswirtschaft muss zeitlich nicht zwingend mit einem tatsächlichen Krieg einhergehen. So wechselt Hitler bereits 1935 bzw. 1936 in Deutschland von der Friedens- zur Kriegswirtschaft (für die der Euphemismus Wehrwirtschaft vorhanden ist, s. o.), wenn er konkrete Ziele für die Kriegsfähigkeit der Wirtschaft ausgibt[136] und den Reichsbankchef und Reichswirtschaftsminister Hjalmar Schacht im März 1935 zum Generalbevollmächtigten für die Kriegswirtschaft ernennt[137]. Auch Göring unterstreicht den Wechsel, wenn er im Dezember 1936 berichtet, dass man sich in einer Kriegswirtschaft befinde, auch wenn noch nicht geschossen würde.[138]

Seine Denkschrift zum sog. Vierjahresplan schließt Hitler 1936 mit der Aufforderung:

Ich stelle damit die folgende Aufgabe:

I. Die deutsche Armee muß in 4 Jahren einsatzfähig sein.

II. Die deutsche Wirtschaft muß in 4 Jahren kriegsfähig sein.[139]

---

[132] Pesch: 1998, S. 13
[133] Lepenies: 2013, S. 113
[134] Vgl. Sauerland: 2014
[135] Vgl. Pesch: 1998, S. 28
[136] Vgl. Treue: 1959a
[137] Vgl. Wehler: 2003, S. 693
[138] Vgl. Finger, Keller, Wirsching: 2013, S. 253
[139] Hitler: 1936, o. S., zit. n. Treue: 1959b, S. 210

Hitler skizziert in diesem Zusammenhang ein Programm, in dem die deutsche Gesellschaft stärker auf Selbstversorgung ausgerichtet ist und in dem er von der Wirtschaft große Leistungssteigerungen erwartet. Das in den Folgejahren zu beobachtende Wirtschaftswachstum hat seinen Ursprung in der Artikulation der Erwartungshaltung Hitlers und in dem oftmals bedingungslosen Vollzug durch große Teile des deutschen Volkes.

Hitler verdeutlicht seine Position, wenn er schreibt: „Das Volk lebt nicht für die Wirtschaft oder für die Wirtschaftsführer, Wirtschafts- oder Finanz-Theorien, sondern die Finanz und die Wirtschaft, die Wirtschaftsführer und alle Theorien haben ausschließlich diesem Selbstbehauptungskampf unseres Volkes [gemeint sind Lebensraum, Selbstversorgung etc., d. Verf.] zu dienen."[140]

Die Verantwortung für die Umsetzung des Vierjahresplans liegt zunächst beim späteren Reichsmarschall Hermann Göring. Zur Erledigung dieser Aufgabe schafft Göring eine Oberste Reichsbehörde, die Vierjahresplanorganisation genannt wird. Eine eigene Fachzeitschrift sorgt für die kontinuierliche Kommunikation von Zielen und Erfolgen des Vierjahresplans.[141]

Görings Behörde trägt jedoch nicht die alleinige Verantwortung für die als rüstungs- bzw. kriegs- und lebensnotwendig betrachteten Betriebe. Konflikte und Zuständigkeitsstreitigkeiten treten zumindest mit dem Reichsministerium für Bewaffnung und Munition, dem Oberkommando der Wehrmacht und der SS, welche die Verantwortung für Unternehmen in eroberten Gebieten trägt, auf, da oftmals eine willkürliche, teilweise sogar betriebsinterne, Teilung und Zuordnung vorgenommen wird. Zudem gibt es mit dem Reichswirtschaftsministerium eine weitere Behörde, welche die Produktion von Gütern des zivilen Bedarfs verantwortet.[142]

3.3.1.4 Quantitative Aussagen zur Wirtschaft während der NS-Zeit

Die quantitative Beschreibung der Wirtschaftsleistung in der NS-Zeit steht vor der Herausforderung, dass sich die Qualität und Verlässlichkeit verfügbarer Daten spätestens mit dem Beginn des Krieges nicht mehr ohne weiteres sicherstellen lässt und sie im Zeitverlauf stärker propagandistische Züge annehmen.

Für die Vorkriegszeit in ihren Ausprägungen als Friedens- und Wehrwirtschaft lassen sich jedoch verschiedene Entwicklungen aufzeigen:

---

[140] Hitler: 1936: o. S., zit. n. Treue: 1959b, S. 206
[141] Vgl. Gritzbach: 1940
[142] Vgl. Pesch 1998, S. 33-35 oder auch Spoerer, Streb: 2013, S. 157-161

- Abbau der durch die Wirtschaftskrise, die mit dem Börsencrash in New York am Schwarzen Donnerstag (24. Oktober 1929) beginnt, entstandenen Massenarbeitslosigkeit bis 1936.[143]
- Verlagerung der Investitionen von der Konsumgüterindustrie (Anteil in 1928: 34,3 %, 1938: 18,9 %) in die Produktionsgüterindustrie (Anteil in 1928: 65,7 %, 1938: 81,1 %), zugunsten der Rüstungsindustrie.[144]
- Erhöhung der Rüstungsausgaben von 1,5 % des Bruttosozialprodukts in 1932 auf 23 % in 1939, was bei einem Anstieg des Bruttosozialprodukts von 58 Mrd. Mark in 1932 auf 130 Mrd. Mark in 1939 einem Volumenanstieg von 0,87 Mrd. Mark (1932) auf 29,9 Mrd. Mark (1939) entspricht.[145]
- Erhöhung der deutschen Eigenversorgungsquote mit Nahrungsmitteln von 1928 bis 1939 (Angaben in Prozent), z. B. bei Brotgetreide von 79 auf 115, bei Kartoffeln von 96 auf 100, bei Zucker von 100 auf 101, bei Fleisch von 91 auf 97 sowie bei Fetten von 44 auf 52.[146]

Während des Krieges haben neben im Inland zur Arbeit verpflichteten Menschen auch viele ausländische Arbeitskräfte als Zwangsarbeiter unter dem Nationalsozialismus gearbeitet:[147]

- Das Bundesarchiv folgt der wissenschaftlichen Diskussion und unterscheidet folgende Zwangsarbeitergruppen: Ausländische Zivilarbeiter, Kriegsgefangene und Häftlinge.
- Zwangsarbeit kann durch rechtliche (Unauflösbarkeit des Arbeitsverhältnisses), soziale (geringe Möglichkeit, signifikanten Einfluss auf den Arbeitseinsatz zu nehmen) und versorgungstechnische Merkmale (überdurchschnittliche Belastung verbunden mit einer unter dem Bedarf liegenden Versorgung) charakterisiert werden.
- Im Zweiten Weltkrieg werden insg. 13,5 Mio. ausländische Zwangsarbeiter eingesetzt. Insgesamt gibt es ca. 8,4 Mio. Zivilarbeiter, 4,6 Mio. Kriegsgefangene und 1,7 Mio. Häftlinge.[148, 149]

Es kann festgehalten werden, dass Zwangsarbeiter einen signifikanten Beitrag zur Leistungsfähigkeit der deutschen Kriegswirtschaft tätigen.

In Deutschland gibt es während der NS-Zeit zudem eine deutliche Verschiebung der Eigentümerstrukturen. So ist an dieser Stelle die Verdrängung von

---

[143] Vgl. Wehler: 2003, S. 691
[144] Vgl. Wehler: 2003, S. 696
[145] Vgl. Wehler: 2003, S. 699
[146] Vgl. Wehler: 2003, S. 705
[147] Vgl. Bundesarchiv: 2014
[148] Notiz: Durch Statuswechsel und dadurch bedingte Doppelzählungen übersteigt die Summe der Einzelwerte die Gesamtzahl.
[149] Ergänzend dazu geht Wehler (2003, S. 716, 770) davon aus, dass in einer Zeitpunktbetrachtung über Jahre hinweg circa 8 Mio. Menschen – dies entspricht ca. zehn Prozent der Reichsbevölkerung – Zwangsarbeit geleistet haben.

Juden aus dem Wirtschaftsprozess und insbesondere die Arisierung, d. h. die Übertragung von jüdischem Besitz durch Enteignung oder Zwangsverkauf in arischen Besitz, zu nennen.[150] Gibt es zu Beginn der NS-Zeit noch circa 100.000 jüdische Firmen in Deutschland, so sinkt ihre Zahl bis 1938 auf circa 40.000; die restlichen Firmen werden Ende 1939 arisiert.[151] Den Enteignungen steht zwar offiziell eine Entschädigung gegenüber, die jedoch – ebenso wie bei den Zwangsverkäufen – regelmäßig deutlich geringer ist, als ein marktkonformer Kaufpreis es verlangen würde.

3.3.1.5   Reflexion und Aufarbeitung

In der Rückschau zeigt sich, dass die Wehr- und Kriegswirtschaft in der NS-Zeit final nicht erfolgreich war bzw. das „Ziel der Gesamtsteuerung der Wirtschaft, unabhängig von seiner moralischen Komponente, vor allem aufgrund von Unzulänglichkeiten im Bereich der Planung und Steuerung letztlich nicht zu erreichen war."[152]

Unbeschadet der gesamtwirtschaftlichen Erfolgslosigkeit der Kriegswirtschaft gibt es jedoch auf individueller Ebene vielfältige Nutznießungen. Zu nennen sind einzeln oder in Kombination unter anderem:

▪ Zugriff auf günstige Arbeitskräfte, sog. Zwangsarbeiter
▪ Allgemein günstige gesamtwirtschaftliche Lage (vgl. das oben bereits genannte BSP-Wachstum von durchschnittlich jährlich 12,2 %) und insb. die Aufträge aus der Rüstungs-, Kriegs- und lebensnotwendigen Industrie
▪ Vorteilnahme aus Arisierungen und Enteignungen
▪ Diskreditierungen von Randgruppen bzw. Bevorzugung von Nationalsozialisten

Die Rolle der Wirtschaft, ihre moralische Position und in Teilen ihr Beitrag zu Kriegsverbrechen wird nach dem Zweiten Weltkrieg mit wechselnder Intensität betrachtet:

▪ Direkt nach dem Krieg wird für alle Mitglieder der NSDAP, Helfer und Nutznießer das sog. Entnazifizierungsverfahren gestartet.[153] Über Kriegsverbrecher wird in den Nürnberger Prozessen verhandelt. Insgesamt 51 Personen aus dem Wirtschaftsleben werden als Kriegsverbrecher angeklagt, u. a. Gustav Krupp von Bohlen und Halbach und Friedrich Flick, davon neun als Hauptkriegsverbrecher.

---

[150] Vgl. zum Thema Geschäft und Moral im Nationalsozialismus auch Spoerer, Streb: 2013, S.192-202.
[151] Vgl. Wehler: 2003, S. 662 und Petzina, Abelshauser, Plumpe: 1989, S. 163 – dort auch mit Daten für Österreich für die Zeitpunkte 1938 und 1939.
[152] Pesch: 1998, S. U4 (im Original mit Hervorhebungen)
[153] Es erfolgt eine Einordnung in fünf Kategorien: Hauptschuldige, Belastete, Minderbelastete, Mitläufer, Unbelastete bzw. Entlastete.

- In der Zeit des Wiederaufbaus und Wirtschaftswunders wird der Blick vermehrt in die Zukunft gerichtet, Fragen nach dem persönlichen Verhalten in der NS-Zeit werden oftmals nicht gestellt bzw. abgetan. Dabei setzt eine allgemeine „Elitekontinuität"[154] ein, d. h. Teile der sich in der Nachkriegszeit in führenden Positionen befindenden Personen waren auch während der NS-Zeit und teilweise während der Weimarer Republik in herausgehobener Funktion tätig.

- Erst während der Studentenproteste Ende der 1960er Jahre kommt es wieder zu kritischem Hinterfragen und Protesten in allen gesellschaftlichen Bereichen, welche die Grundlage für eine breite Durchdringung einer Vergangenheitsbegegnung und -aufarbeitung bilden.

- Mit dieser Durchdringung und geht eine Periode der grundsätzlichen Ruhe einher, die von gelegentlichen Diskussionen unterbrochen wird, z. B. im Zuge der deutschen Wiedervereinigung, bei der Veröffentlichung des Berichts über das Auswärtige Amt in der NS-Zeit im Jahr 2010[155] oder bei der Aufarbeitung der Rolle der Firma Dr. Oetker in 2013[156] und der Auto Union als Vorgängerorganisation von Audi in 2014[157].

Neben der moralischen Aufarbeitung wird auch regelmäßig über eine finanzielle Entschädigung diskutiert und laufend umgesetzt, die selbstverständlich nicht alles erfahrene Leid ersetzen, wohl aber eine materielle Wiedergutmachung darstellen kann, sowie Achtung und Anerkennung symbolisieren will.[158]

Nicht verschwiegen werden soll an dieser Stelle jedoch auch, dass es eine Vielzahl von individuellen Positionen innerhalb des bzw. zu dem NS-Regime gegeben hat, die von einer fanatischen Unterstützung hin zu aktivem Widerstand reichten; als Positivbeispiel mag Berthold Beitz herangezogen werden (vgl. auch Kapitel 3.5.2.3), der 1973 den Ehrentitel ‚Gerechter unter den Völkern' der israelischen Gedenkstätte Yad Vashem für seinen Einsatz gegenüber verfolgten Juden zu seiner Zeit als Betriebsführer im polnischen Boryslaw verliehen bekommt.

---

[154] Finger, Keller, Wirsching: 2013, S. 411
[155] Vgl. Conze et al.: 2010
[156] Vgl. Finger, Keller, Wirsching: 2013
[157] Vgl. Kukowski, Boch: 2014
[158] Vgl. exemplarisch Adenauer: 1966, S. 132-162 und Claims Conference: 2014

3.3.2 Unternehmensbeispiel: Dr. Oetker

3.3.2.1 Vorbemerkung

Das Unternehmen Dr. Oetker[159] eignet sich, um als Beispiel für den Umgang mit der Rolle in der NS-Zeit und ihrer Aufarbeitung herangezogen zu werden: Zum einen ist der Bekanntheitsgrad der Marke Dr. Oetker hoch, zum zweiten war – ohne den weiteren Inhalten vorgreifen zu wollen – die Identifikation des Unternehmens und führender Persönlichkeiten des Unternehmens mit dem Nationalsozialismus groß, zum dritten ist Dr. Oetker, anders als die Rüstungskonzerne von Flick oder Krupp, kein sehr offensichtliches Beispiel für eine Reflexion und vermeidet daher eine gewisse Wiederholung und schließlich reicht viertens die Aufarbeitung bis in die jüngste Vergangenheit, was wiederum dem Beispiel eine hohe Aktualität verleiht.

Dabei muss konstatiert werden, dass der öffentliche Druck und Aufklärungswunsch nicht so intensiv ist, wie bei anderen Industrievertretern, z. B. Flick, Quandt und die Verantwortlichen bei der IG Farben – vermutlich, weil Puddingpulver nur eingeschränkt geeignet ist, den Verlauf eines Krieges signifikant zu beeinflussen oder Menschen Leid zuzufügen.[160] Eine breitere Öffentlichkeit interessierte sich nur in Einzelfällen intensiver für die Rolle von Dr. Oetker in der NS-Zeit.

In den folgenden Abschnitten soll zunächst die Entwicklung des Unternehmens Dr. Oetker skizzenhaft dargestellt werden, bevor anschließend die Positionen des Unternehmens, maßgeblich gesteuert durch die jeweils an der Spitze stehenden Personen, zum Nationalsozialismus betrachtet werden.

3.3.2.2 Unternehmensentwicklung

3.3.2.2.1 Anfänge

Die Anfänge des Unternehmens reichen in das Jahr 1891 zurück, als der Apotheker Dr. August Oetker eine Bielefelder Apotheke übernimmt und das Backpulver Backin entwickelt. Backin zeichnet sich gegenüber Konkurrenzprodukten dahingehend aus, dass es gebrauchsfertig in Beuteln zu 20g für 500g Mehl portioniert ist, eine hohe Lagerfähigkeit aufweist und geruchsneutral ist. Zudem wird eine Gelinggarantie ausgesprochen und auf den Papiertüten sind Backrezepte abgedruckt.[161]

---

[159] Wenn im Folgenden von *Dr. Oetker* die Rede ist, so wird hiermit das Familienunternehmen unbeschadet der konkreten (Konzern-) Firmierung angesprochen. Bei Personen werden Vornamen hinzugefügt, soweit es nicht aus dem Kontext erkennbar ist, bei Unternehmen erfolgt analog die vollständige Firmierung inkl. Rechtsform.

[160] Vgl. Finger, Keller, Wirsching: 2013, S. 16-17; Toppik, Wells: 2012, S. 602

[161] Vgl. Dr. Oetker: 2008, S. 2; Dr. Oetker: 2013a, S. 2; Finger, Keller, Wirsching: 2013, S. 25; Oetker: 2004

Ein weiteres Abgrenzungsmerkmal gegenüber der Konkurrenz und Neuigkeit bei Lebensmitteln ist, dass auf den Produkten ein Markenname und ein Logo abgebildet wurden. Der sog. Hellkopf findet sich seither auf allen Verpackungen der Marke Dr. Oetker.[162]

Dr. Rudolf Oetker, der Sohn von Dr. August Oetker, fällt 1916 im Ersten Weltkrieg. Vor Kriegsbeginn hat er seinen Studienfreund Dr. Richard Kaselowsky gebeten, sich im Todesfall um seine Frau Ida und um seine beiden Kinder Ursula und Rudolf-August zu kümmern. Nach dem Tod von Dr. August Oetker 1918 und nach einer kurzen Interimszeit führt Dr. Richard Kaselowsky, zwischenzeitlich mit der verwitweten Ida Oetker verheiratet, das Unternehmen ab 1920, welches zu dem Zeitpunkt über 600 Mitarbeiter hat.[163]

3.3.2.2.2 Weimarer Republik und Zeit des Nationalsozialismus

In offiziellen Unternehmenspublikationen wird die Zeitperiode, in der Dr. Richard Kaselowsky die Leitung von Dr. Oetker inne hatte, nur kurz erwähnt. Wörtlich heißt es knapp: „Nach Überwindung der großen Herausforderungen der Nachkriegszeit [des Ersten Weltkrieges, d. Verf.] wird die Werbung weiter intensiviert und um damals neuartige Mittel ergänzt: Informationsmobile, Filmvorführungen und Vortragsveranstaltungen bringen Dr. Oetker überall dem Verbraucher näher. Außerdem entwickelt Dr. Kaselowsky das Auslandsgeschäft weiter."[164] Durch die Tatsache, dass das Unternehmen als NS-Musterbetrieb ausgezeichnet wird, ist dem Grunde nach bekannt, dass es relativ enge Verbindungen zum NS-Regime gibt[165] – Details sind jedoch lange Zeit nicht publik. Dr. Richard Kaselowsky verstirbt 1944 kurz vor Kriegsende. Sein Stiefsohn Rudolf-August Oetker übernimmt die Geschäftsführung. Erst die 2013 vorgelegte Studie „Dr. Oetker und der Nationalsozialismus"[166] beleuchtet die Situation detailliert. Vorteilsnahmen aus Arisierungen sowie dem Einsatz von Zwangsarbeitern in Beteiligungsunternehmen habe es gegeben, so das Ergebnis. Hierbei geht es um die geschäftsmäßige Wahrnehmung guter Gelegenheiten, welche unter Wahrung der korrekten Form durchgeführt werden. Der mögliche eigene Vorteil wird weder möglichst rücksichtslos (z. B. im Zusammenspiel mit Organen des NS-Regimes) maximiert, noch wird sich dabei exponiert.[167]

---

[162] Vgl. Mielke: 2012. Der Überlieferung nach handelt es sich dabei um die Silhouette der Tochter eines Grafikers.

[163] Vgl. Finger, Keller, Wirsching: 2013, S. 420-421; Oetker: 2008, S. 2-3

[164] Dr. Oetker: 2008, S. 3. Die Selbstdarstellung aus dem Jahr 2013 wird noch knapper: „Intensive Werbung, darunter Informationsmobile, Filmvorführungen und Vortragsveranstaltungen, bringen die Produkte der Marke Dr. Oetker überall dem Verbraucher näher." (Dr. Oetker: 2013a, S. 2)

[165] Vgl. o. V.: 1968a, insb. S. 80

[166] Finger, Keller, Wirsching: 2013

[167] Vgl. Finger, Keller, Wirsching: 2013, insb. S. 249-250

3.3.2.2.3   Nachkriegszeit

In der Zeit nach der Währungsreform 1948 hat Rudolf-August Oetker das Unternehmen durch Diversifikationen und Internationalisierung zu einem weltweit operierenden Konzern[168] ausgebaut. Die Zahl der produzierten und vertriebenen Backpulverpäckchen übertrifft 1950 den in 1941 aufgestellten Rekord von 1,2 Mio. Stück[169] um 50.000 Päckchen.[170] Zusätzlich werden die Geschäftsfelder Seeschifffahrt, Chemieindustrie und Hotels dem Familienunternehmen hinzugefügt.[171]

Die Akquisitionsaktivitäten der Familie Oetker und des Unternehmens Dr. Oetker sorgen für vielfältige Gerüchte. Einzelne Unternehmen, z. B. der Kaffeehersteller Haag oder das Spirituosenunternehmen Chantré, sehen sich gezwungen, offen zu publizieren, dass das Bielefelder Unternehmen nicht an ihnen beteiligt sei.[172] Dass die Besorgnis nicht unbegründet ist, zeigt die Zahl von rund 100 Unternehmen, die Ende der 1960er Jahre zum Konzern gehören.[173]

Der wirtschaftliche Erfolg ist so beeindruckend, dass Oetker (und an dieser Stelle wird nicht zweifelsfrei klar, ob die Person Rudolf-August Oetker oder das Unternehmen Dr. Oetker gemeint ist) verniedlichend-ehrerbietend zunächst als Pudding-Prinz (1957) und später als Puddingkönig (2007 und 2012) bezeichnet werden.[174]

Als eines der ersten Unternehmen strahlt Dr. Oetker Werbefilme im Fernsehen aus und machte u. a. Marie-Luise Haase als Leiterin der Versuchsküche von Dr. Oetker bekannt.[175]

Aufsehen erregt die Entführung von Richard Oetker, einem Sohn von Richard-August Oetker im Jahr 1976. Für die Freilassung von Richard Oetker wird das damalige Rekordlösegeld von 21 Millionen Mark gezahlt.[176, 177]

---

[168] Interessant ist, dass weder die Familie, noch das Unternehmen von einem Konzern, sondern von einer Gruppe spricht.

[169] Der Verkaufserfolg war seinerzeit unterstützt durch den allgemein eingeschränkten Konsum und die Ausgabe von Lebensmittelkarten, auf denen Backpulver mit eigenen Marken vertreten war.

[170] Vgl. Finger, Keller, Wirsching: 2013, S. 404

[171] Vgl. o. V.: 1957a

[172] Vgl. o. V.: 1957a, S. 26

[173] Vgl. o. V.: 1967

[174] Vgl. o. V.: 1957a, S. 22, Grothues: 2012

[175] Vgl. o. V.: 2007

[176] Vgl. o. V.: 2001

[177] Notiz: Die Entführung von Richard Oetker ist kein Einzelfall. Weitere, in der Wirtschaft an herausgehobener Position tätige Personen bzw. ihre direkten Angehörigen, die entführt worden sind, waren: Theo Albrecht (Mitgründer von Aldi, 1971), Hanns Martin Schleyer (Präsident des BDI sowie der Arbeitgeberverbände, 1977), Nina von Gallwitz (Tochter eines Bankiers, 1981-1982), Lars und Meike Schlecker (Kinder des Drogeristen Schlecker, 1987), Jan Philipp Reemtsma (seinerzeit Schriftsteller, Sohn des Zigarrenherstellers Philipp Fürchtegott Reemtsma, 1996), Jakob von Metzlar (Sohn eines Bankiers, 2002).

In den 1980er Jahren erfolgt der Umbau des Unternehmens, in dessen Rahmen mehrere rechtlich selbständige Unternehmenseinheiten zur heutigen Konzernstruktur zusammengeführt wurden.[178]

3.3.2.2.4 Aktuelle Situation

Durch die in den letzten Jahrzehnten erfolgte Diversifizierung ist das Unternehmen Dr. Oetker zu einem Familienkonzern geworden.[179] Als Holding fungiert die Dr. August Oetker KG (Oetker-Gruppe). Sie hat circa 26.400 Beschäftigte und einen Umsatz von knapp 11 Mrd. Euro. Die Oetker-Gruppe besteht aus sechs Geschäftsbereichen:

- *Nahrungsmittel:* Kern des Geschäftsbereichs Nahrungsmittel ist die Dr. Oetker GmbH, welche die Produkte mit der Marke Dr. Oetker, bekannt durch den sog. Hellkopf, produziert und vertreibt. Neben den Produkten für Endverbraucher sind hier auch Unternehmen gebündelt, deren Produkte für Großverbraucher bestimmt sind. Der erzielte Umsatz beträgt insgesamt 2,5 Mrd. Euro.
- *Bier und alkoholfreie Getränke:* Die Oetker-Gruppe erwirtschaftet in diesem Geschäftsbereich 1,8 Mrd. Euro Umsatz und bündelt hier verschiedene Biermarken, z. B.: Jever, Radeberger, Schöfferhofer Weizen, Berliner Kindl und Binding. Zusätzlich ist die Mineralwassermarke Selters Teil dieses Geschäftsbereiches.
- *Sekt, Wein und Spirituosen:* 670 Mio. Euro werden in diesem Geschäftsbereich erzielt. Bekannte Marken sind Wodka Gorbatschow sowie verschiedene Sektmarken, die unter dem sog. Leitunternehmen Henkell & Co. in allen Marktsegmenten präsent sind: Fürst von Metternich und Adam Henkell im oberen Segment, Henkell Trocken im Traditionssegment, Söhnlein Brillant im Mittelpreissegment sowie Rüttgers Club, mit dem das Portfolio nach unten abgerundet wird.
- *Schifffahrt:* Unter der Leitung der Reederei Hamburg Süd ist dieser Geschäftsbereich mit 5,4 Mrd. Euro Umsatz die größte Sparte der Oetker-Gruppe. Die Flotte umfasst 153 Schiffe, davon 42 eigene. Die Reederei agiert als modernes Logistikunternehmen, d. h. der Ladungstransport wird über den gesamten Transportweg abgewickelt.
- *Bank:* Zu diesem Geschäftsbereich gehört u. a. die Privatbank Bankhaus Lampe mit einer Konzernbilanzsumme von 3,1 Mrd. Euro.
- *Weitere Interessen:* 450 Mio. Euro Umsatz erwirtschaften die in diesem Geschäftsbereich zusammengeschlossenen Aktivitäten. Zu nennen sind

---

[178] Vgl. Dr. Oetker: 2013a, S. 3
[179] Der nachfolgende Abschnitt orientiert sich an den Eigenangaben des Konzerns in: Dr. Oetker: 2013b.

die Chemische Fabrik Budenheim, vier Spitzenhotels in Deutschland und Frankreich sowie der Dr. Oetker Verlag. Eine kritische aktuelle Bestandsaufnahme attestiert dem Unternehmen wirtschaftliche Stagnation. So wird der Stillstand in der Schifffahrt ebenso bemängelt, wie die Aktivitäten in gesättigten Lebensmittelmärkten und die unerfüllten Expansionsziele im Teilgeschäftsbereich Bier.[180] Offen bleibt jedoch, ob für das Familienunternehmen Umsatzwachstum die zentrale, d. h. kritische, Erfolgsgröße ist – oder ob nicht Kontinuität der familiären Unternehmensführung, Stabilität, nachhaltige Rentabilität etc. im Vordergrund stehen, was wiederum die geäußerte Kritik zunichtemachen würde

3.3.2.3 Positionen zum Nationalsozialismus entlang ausgewählter Führungsären[181]

3.3.2.3.1 Dr. Richard Kaselowsky

Die Position von Dr. Richard Kaselowsky zum Nationalsozialismus kann als uneingeschränkt aktiv beschrieben werden. Wirsching fasst sie knapp, aber aussagekräftig zusammen: „Zwischen Oetker und dem NS-Regime passte kein Blatt Papier. Das gilt für die Familie wie für das Unternehmen."[182] Dr. Richard Kaselowsky sucht die Nähe zum NS-Regime, kritische Äußerungen von ihm sind nicht bekannt.[183] Ihm geht es darum, die Ideologie der Nationalsozialisten pragmatisch anzuwenden und sich z. B. durch die Auszeichnung von Dr. Oetker als NS-Musterbetrieb in Wirtschaft und Gesellschaft zu positionieren.[184] Im Laufe der Zeit übernimmt Kaselowsky als Wirtschaftsführer quasi-politische Ämter. So wird er auf lokaler Ebene zum IHK-Vizepräsidenten bestellt und wird in den Kreis der Bielefelder Ratsherren berufen. Auf nationaler Ebene ist er Teil von Ausschüssen der Reichsgruppe Industrie, er war Mitglied der Wirtschaftsgruppe Lebensmittelindustrie und Mitglied des sog. Freundeskreis Reichsführer-SS.[185] Die letzte Position ist besonders auffällig und gewährte Kontakt mit Parteigrößen und vor allem Zugang zu einem Netzwerk führender deutscher Wirtschaftslenker.[186]

---

[180] Vgl. Brück, Hansen: 2014
[181] Hinweis: Die prägenden Personen der ersten sowie der laufenden Ära, Dr. August Oetker und Richard Oetker, werden nicht näher betrachtet, da die Ära Dr. August Oetkers zeitlich vor der NS-Zeit lag und Richard Oetker (noch) nicht durch eine dedizierte Position aufgefallen ist; in seine Führungszeit fällt ‚nur' die Veröffentlichung der von seinem Bruder in Auftrag gegebenen Studie.
[182] Wirsching: 2013
[183] Vgl. Finger, Keller, Wirsching: 2013, S. 132
[184] Vgl. Finger, Keller, Wirsching: 2013, S. 115, 171, 176
[185] Vgl. Finger, Keller, Wirsching: 2013, S. 133-135, 141, 168, 192
[186] Vgl. Finger, Keller, Wirsching: 2013, S. 192 ff.

Ideologisch unterstützt Dr. Richard Kaselowsky den Nationalsozialismus, er stellt aber gleichzeitig sein Unternehmertum[187] sowie seine Verantwortung im Sinne eines Verwalters des Unternehmensvermögens für seinen Stiefsohn Rudolf-August Oetker ideologischen Aktivitäten voran. So werden Manager, die zwar überzeugte Nationalsozialisten sind, aber für das Unternehmen nicht mehr tragbar scheinen, ohne Rücksicht auf Parteiinteressen entlassen. Zudem findet er einen Ausweg aus dem Zwang zu vielfältigem gesellschaftlichen, parteipolitischen und vereinsgetriebenen Engagement, welche seine unternehmerische Position notwendigerweise mit sich bringt. Er fokussiert selber auf ausgewählte Aktivitäten und installiert seinen Bruder Theo Kaselowsky als Scharnier zwischen Familie und Partei und Politik. Seien Außenwahrnehmung, z. B. bei seinen Mitarbeitern steuerte er zudem geschickt: So soll die Belegschaft den Eindruck haben, dass Dr. Richard Kaselowsky mit dem nationalen Staat in jede Richtung geht, zuvorderst aber für die eigenen Mitarbeiter sorgt. Auch unterstützt Dr. Richard Kaselowsky die Nationalsozialistische Partei zwar verschiedentlich und ist bspw. bereit, mit den Westfälischen Neuesten Nachrichten eine etablierte Lokalzeitung an die NSDAP zu verkaufen, deren Parteiblatt relativ erfolglos ist. Dieses jedoch nicht zu einem Preis, der die Wirtschaftlichkeit des Zeitungsstammhauses gefährdet und die Zukunft langjähriger Mitarbeiter infrage stellen würde.[188]

Als Fazit zur Position von Dr. Richard Kaselowsky kann festgehalten werden, dass die „Identifikation mit dem Nationalsozialismus [...] genuin [war], und Kaselowsky übersetzte sie in unternehmerische Handlungen. Das wusste das NS-Regime zu würdigen."[189] Er ist also ein überzeugter Nationalsozialist, bei dem das Familienunternehmen jedoch im Vordergrund steht.

3.3.2.3.2 Rudolf-August Oetker

Die Position von Rudolf-August Oetker zum Nationalsozialismus kann ebenfalls als uneingeschränkt aktiv beschrieben werden. Seine Position zur Aufarbeitung der Rolle von Dr. Oetker in der NS-Zeit ist ablehnend.

Rudolf-August Oetker kommt, sicherlich geprägt durch seinen Stiefvater, als Mitglied eines Reitervereins in die Reiter-SA und meldet sich später zur Waffen-SS gemeldet. Hier bekleidet er als Offizier den Rang eines Untersturmführers. Im Rahmen seiner Ausbildung besucht er die Verwaltungsführerschule der SS im Konzentrationslager Dachau.[190]

---

[187] So hat er schon 1920, also direkt nach der Verantwortungsübernahme in dem Unternehmen Rationalisierungs- und Modernisierungsmaßnahmen durchgeführt. Vgl. Finger, Keller, Wirsching: 2003, S. 48, 63
[188] Vgl. Finger, Keller, Wirsching: 2013, S. 76, 80, 84, 182-184, 412
[189] Finger, Keller, Wirsching: 2013, S. 135
[190] Vgl. Jungbluth: 2013a, Oetker: 2013, S. 24

Nach Kriegsende bleibt Rudolf-August Oetker nach Aussagen seines Sohns weiterhin anfällig für rechtes Gedankengut, will jedoch über die NS-Zeit weder öffentlich noch innerhalb der Familie sprechen.[191] Rudolf-August Oetker ist es wichtig, das Andenken an seinen Stiefvater zu schützen. 1968 wird die Bielefelder Kunsthalle eingeweiht. Circa 80 % der 13,8 Mio. DM Baukosten hat Rudolf-August Oetker gestiftet und er will den Namen „Richard-Kaselowsky-Haus – Kunsthalle der Stadt Bielefeld" verwendet sehen. Dies führt zwar zu Konflikten mit größeren Teilen der Bielefelder Bevölkerung und Diskussionen im Stadtrat. Die Namensgebung erfolgt schließlich, eine größere Einweihungsfeier wird hingegen kurzfristig abgesagt. 1998 streicht der Stadtrat den Namen Kaselowsky aus der Bezeichnung der Kunsthalle. Aus Protest hiergegen fordert Rudolf-August Oetker die getätigten Kunstleihgaben zurück.[192]

3.3.2.3.3   Dr. h. c. August Oetker

Die Position von Dr. h. c. August Oetker zur Rolle von Dr. Oetker in der NS-Zeit kann als offen und um Aufklärung bemüht beschrieben werden.
Er bemüht sich nach eigenen Angaben schon früh um die Aufarbeitung der Rolle von Dr. Oetker in der NS-Zeit, scheitert aber am Veto von Rudolf-August Oetker. Nach dem Tod seines Vaters in 2007 schlägt er 2008 der Familie erfolgreich vor, eine Untersuchung über die Rolle des Unternehmens in der NS-Zeit in Auftrag zu geben.[193]
Diese Untersuchung dauerte von 2009 bis 2012 und wird von einem Team rund um den Historiker Wirsching durchgeführt. Die Ergebnisse liegen in der Form von zwei für die Familie bzw. das Unternehmen erstellten Berichten vor, die wiederum als Grundlage für eine deutlich erweiterte Studie dienen, welche in 2013 der Öffentlichkeit vorgestellt wird. Die Forscher berichten von einer Auftragsvergabe, bei der die erwarteten Befunde unklar sind sowie, dass von Seiten des Unternehmens bzw. der Familie keinerlei Einfluss auf die Ergebnisse genommen wird.[194]

3.3.3   Aufgaben und Diskussionsstellungen

1. Sie haben den Begriff der Kriegswirtschaft kennengelernt. Bitte beschreiben Sie in eigenen Worten, was Sie hierunter verstehen! Wie unterscheidet sich die Kriegswirtschaft von der zurzeit vorherrschenden Wirtschaftsordnung?

---

[191] Vgl. Oetker: 2013, S. 24
[192] Vgl. o. V.: 1968a; o. V.: 2007; Oetker: 2013, S. 24
[193] Vgl. Oetker: 2013, S. 24
[194] Vgl. Finger, Keller, Wirsching: 2013, S. 9

2. Die Umstellung auf die Kriegswirtschaft war nicht final erfolgreich. Was ist mit dieser Aussage gemeint? Warum war sie nicht erfolgreich, was waren Hinderungsgründe?

3. Regelmäßig wird von einem „nationalsozialistischem Wirtschaftswunder" gesprochen. Was ist mit dieser Aussage gemeint? Bitte nehmen Sie kritisch Stellung!

4. Die Oetker-Gruppe hat viele Beteiligungen und Tochterunternehmen. Warum firmieren nicht alle unter der bekannten und erfolgreichen Marke „Dr. Oetker"?

5. Welches Interesse hat Dr. h. c. August Oetker daran, die Rolle des Unternehmens und einzelner Personen in der NS-Zeit nicht nur familien- und unternehmensintern aufbereiten zu lassen, sondern auch der Öffentlichkeit umfassend Gelegenheit zur Informationsnahme zu bieten?

6. Die Familie Oetker hat sich erst spät entschlossen, ihre Rolle und Position während der NS-Zeit aufzubereiten bzw. aufbereiten zu lassen. Welche Auswirkungen könnten die Untersuchungsergebnisse auf die Marke haben?

7. Übe die Beschäftigung einer größeren Zahl von Zwangsarbeitern in den direkt kontrollierten Betrieben von Dr. Oetker ist nichts bekannt. Aber hätte Dr. Richard Kaselowsky nicht auf sie zugreifen sollen oder gar müssen, da es seinerzeit durchaus üblich war – z. B. um zum Kriegsdienst eingezogene Männer in den Fabriken oder in den Ställen der Bauernhöfe zu ersetzen?

8. Bitte vergegenwärtigen Sie sich nochmals der Rollen von Dr. Richard Kaselowsky und Rudolf-August Oetker in der NS-Zeit. Welche Gründe könnte es geben, um die Produkte (oder Teile der Produktpalette) von Dr. Oetker zu boykottieren? Welche Gründe sprechen dagegen? Bitte diskutieren Sie!

9. Unter welchen Voraussetzungen würden Sie heute ein Unternehmen boykottieren? Bitte finden Sie Pro- und Contra-Argumente!

3.4 Überholen, ohne einzuholen – Planwirtschaft in der DDR

3.4.1 Übersicht und ausgewählte Aspekte der Planwirtschaft

3.4.1.1 Grundlegung: Ausgewählte Nomenklatur

Als Planwirtschaft oder Zentralverwaltungswirtschaft wird „eine Wirtschafts-ordnung, in der die ökonomischen Prozesse einer Volkswirtschaft, insbeson-dere die Produktion und die Verteilung von Gütern und Dienstleistungen planmäßig und zentral gesteuert werden [bezeichnet]. Eine P[lanwirtschaft] ist hierarchisch aufgebaut, d. h. die Einzelpläne der Wirtschaftssubjekte (Haushalte, Betriebe) müssen sich dem (politisch beschlossenen und i. d. R. als Gesetz verkündeten) Gesamtplan unterordnen. Dieser wiederum über-nimmt sowohl die Zuteilung der Waren an die Wirtschaftsteilnehmer als auch die vielfältigen Abstimmungen zwischen ihnen."[195]

Als Vorteile der Planwirtschaft können gesehen werden:[196]

- Möglichkeit der Konzentration des Mitteleinsatzes auf entscheidende Aufgaben
- Umsetzung von Innovationen, die zum einen volkswirtschaftlich rele-vant sind und zum anderen einen hohen Ressourceneinsatz benötigen
- Öffentlich Daseinsvorsorge und Infrastrukturen können zentral gesteu-ert und gezielt verbessert werden
- Verbesserung der Bedingungen, um das Arbeitsvermögen einer Gesell-schaft und ihre materiellen Guthaben umfassend zu nutzen

Die damit verbundenen Nachteile, insbesondere die Einschränkung der Indi-vidualität werden von den Befürwortern der Planwirtschaft regelmäßig negiert beziehungsweise akzeptiert.

Ein wesentliches Grundprinzip der Zentralverwaltungswirtschaft ist die volkswirtschaftliche Quersubventionierung von Gütern des täglichen Bedarfs durch nicht lebensnotwendige Güter. Letztere werden überteuert verkauft und die hier entstehenden Gewinne dann genutzt, um z. B. Brot, Milch, Bücher und Wohnraum günstig anbieten zu können.[197]

Der Sozialismus im Allgemeinen und die Planwirtschaft (hier: der Deutschen Demokratischen Republik) im Besonderen hat Begrifflichkeiten herausgebil-det, die für das Verständnis des Betrachtungsgegenstands hilfreich sind, aus dem aktiven Sprachschatz aber teilweise zu verschwinden scheinen. Nachfol-

---

[195] Schubert, Klein: 2011, Schlagwort ‚Planwirtschaft'
[196] Vgl. Steinitz, Walter: 2014, S. 26-27
[197] Vgl. Wörl: 1997, S. 190-191

gend werden daher ausgewählte Schlagworte und Terminologien aufgeführt und kurz *aus der Sicht des Sozialismus* erläutert:[198]

- BGL: Betriebsgewerkschaftsleitung, eine Beschäftigtenvertretung, die an die Stelle der früheren Betriebsräte getreten ist
- BPO: Betriebsparteiorganisation, die Vertretung der SED in den Betrieben; andere Parteien durften sich nicht in Betrieben organisieren
- Brigade: „Arbeitsgruppe (im Wettbewerb)", in der Regel die unterste Struktureinheit eines Betriebs
- DDR: Deutsche Demokratische Republik (1949-1990)
- HO: Handelsorganisation, Einzelhandelsunternehmen des Staates. Im HO-Spezialhandel gibt es für ausgewählte Personenkreise auch importierte und hochwertige Waren, die nicht im normalen Handel erhältlich sind
- Imperialismus: „Herrschaft des Monokapitalismus, sein schrankenloses Ausdehnungs- und Machtergreifungsstreben durch Unterdrückung des eigenen Volkes und der fremden Völker, nach Lenin: das höchste und letzte Stadium des Kapitalismus"
- Kollektiv: „Arbeits- und Herstellungsgemeinschaft in allen Zweigen des Arbeitsprozesses einschließlich Kunst und Literatur"
- Kombinat: „[I]ndustrielle Fertigungsgemeinschaft produktionsmäßig zusammengehörender Betriebe, dadurch vereinfachte und wirtschaftlich günstige Abwicklung eines Produktionsvorgangs", d. h. alle charakteristischen Tätigkeiten zur Herstellung eines Haupterzeugnisses (z. B. Produktion, Forschung & Entwicklung, Instanthaltung), oftmals verteilt in verschiedenen VEB, sind in einer Organisation vereinigt
- LPG: Landwirtschaftlich Produktionsgenossenschaft; Bezeichnung für die kollektive Arbeitsform der Landwirte bzw. Landwirtschaftsbetriebe
- NSW: Nichtsozialistisches Wirtschaftsgebiet
- PGH: Produktionsgenossenschaft des Handwerks, Bezeichnung für die kollektive Arbeitsform der Handwerker bzw. Handwerksbetriebe
- RGW: Rat für gegenseitige Wirtschaftshilfe; Wirtschaftsverbund sozialistischer Länder in Osteuropa
- SBZ: Sowjetische Besatzungszone (alternativ: Sowjetisch besetzte Zone; 1945-1949), das Gebiet der späteren DDR[199]
- SED: Sozialistische Einheitspartei Deutschlands

---

[198] Gute Erklärungen der systemtypisch verwendeten Begriffe finden sich an verschiedenen Stellen. Vgl. für die Erläuterungen exemplarisch Roesler: 2003, die Beiträge in HdG: 1997 oder Abelshauser: 2001 sowie insb. Amt für Information der Regierung: 1951, S. 77-79 für die nachfolgenden eingefügten wörtlichen Zitate.
[199] Die übrigen drei Besatzungszonen wurden mit ABZ, BBZ und FBZ, für Amerikanische bzw. Britische bzw. Französische Besatzungszone (alternativ auch: Amerikanisch bzw. Britisch bzw. Französisch besetzte Zone) abgekürzt.

- VdgB/BHG: „Vereinigung der gegenseitigen Bauernhilfe / Bäuerliche Handelsgenossenschaft"
- VEB: Volkseigener Betrieb; Bezeichnung für die kollektive Arbeitsform für Industriearbeiter und -betriebe
- ZK: Zentralkomitee

Die gesellschaftliche Struktur im Allgemeinen kann als „eine staatssozialistische Gesellschaft mit einem administrativ-zentralistischen Planungs- und Leitungssystem, das seine Legitimation daraus ableitet, dass der Staat bzw. die führende Partei der einzig legitime Vertreter der Interessen der Gesellschaft sei"[200] beschrieben werden.

3.4.1.2 Ordnungsmechanismen und Struktur der Wirtschaft in der DDR

Der *Leitungsaufbau der Industrie* in der DDR besteht grob aus drei Ebenen (vgl. Abbildung 9). Auf der obersten Ebene befinden sich u. a. der Ministerrat, verschiedene Industrieministerien und die Staatliche Planungskommission. Ausgehend vom Ministerrat gibt es zwischen den Organen Abstimmungs- bzw. Zusammenarbeitsbeziehungen.

Korrespondierend hierzu gibt es auf der mittleren Ebene den Rat des Bezirks, der dem Ministerrat unterstellt ist, verschiedene Vereinigungen Volkseigener Betriebe und sog. direkt unterstellte Kombinate, die alle ihre Weisungen von den Industrieministerien erhalten. Die Bezirksplanungskommission ist der Staatlichen Planungskommission unterstellt.

Auf der untersten Ebene gibt es die Räte der Kreise, Städte und Gemeinden, die den Räten der Bezirke unterstellt sind. Die Volkseigenen Betriebe und Kombinate sind regelmäßig den Vereinigungen Volkseigener Betriebe untergeordnet. Die Kreisplankommission schließlich ist der Bezirksplankommission unterstellt. Örtliche Versorgungs- und Handwerksbetriebe sind den Räten der Kreise, Städte und Gemeinden zugeordnet.[201]

Die *Einbettung eines einzelnen Betriebes* in den Geld- und Güterkreislauf der Planwirtschaft der DDR kann vereinfachend dahingehend beschrieben werden, dass der Betrieb das für seine Aufgaben notwendige Kapital entweder aus eigenen Fonds, von der Bank als Kredit oder aus dem Staatshaushalt als planmäßige Zuführung erhält. Den Selbstkosten, im Kern Materialkosten, Löhne und Abschreibungen, stehen die Erlöse aus der abgesetzten Warenproduktion gegenüber. Die Differenz bildet den sog. Bruttogewinn (auch: einheitliches Betriebsergebnis). Vom Bruttogewinn führt der Betrieb Zuführungen in die oben genannten eigenen Fonds (z. B. für Investitionen, für Betriebsprämien oder für die Tilgung von Krediten) und in einen staatlichen

---

[200] Steinitz, Walter: 2014, S. 95
[201] Vgl. Petzina, Abelshauser, Plumpe: 1989, S. 195

Produktionsfond ab, so dass der Nettogewinn übrig bleibt. Diesen Nettogewinn leitet der Betrieb schließlich wieder dem Staatshaushalt zu.[202]

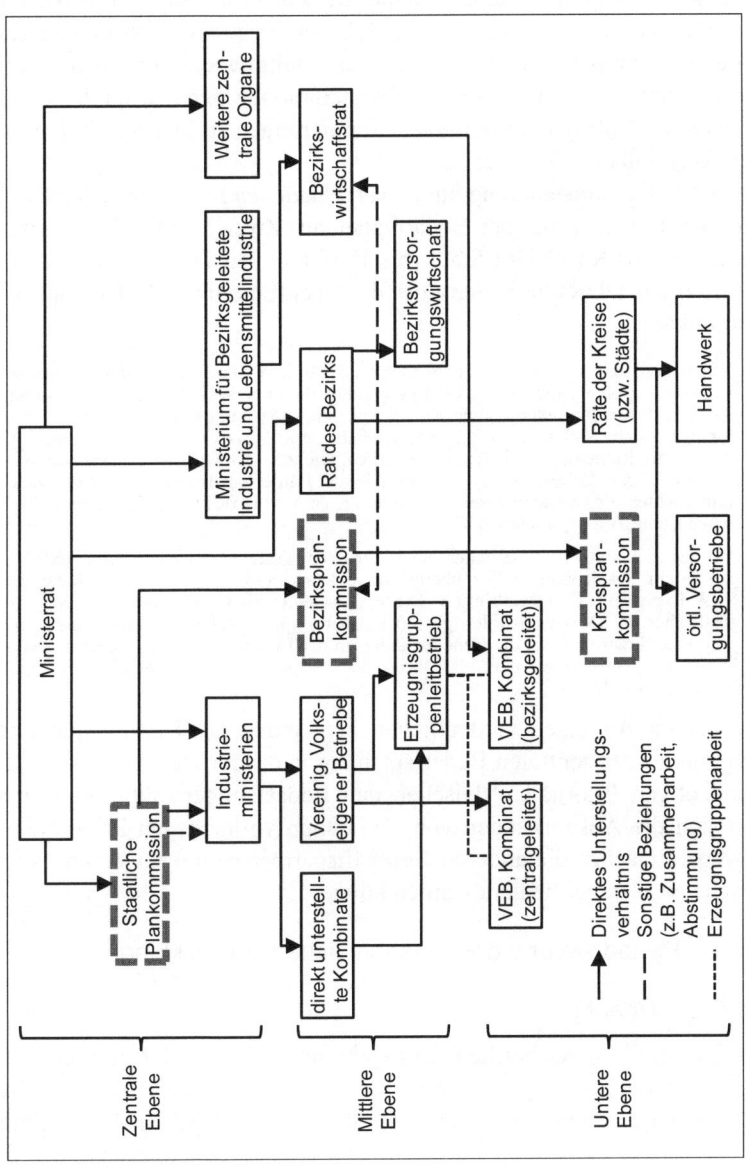

Abbildung 9: Ebenen der Leitung[203]

---

[202] Vgl. Gustmann, Kuhlmann, Wolff: 1980, S. 21, zit. n. Knortz: 2004, S. 168

Aus wirtschaftlicher Perspektive liegt die Besonderheit des planwirtschaftlichen Systems nun in der starken Abhängigkeit des Betriebs vom Staat (vgl. den gerade gezeigten Mittelkreislauf), die wiederum notwendig ist, um die wirtschaftliche Gesamtsteuerung durchführen zu können. In der DDR setzt sich der Machtapparat des Staates i. W. aus Mitgliedern der regierenden Partei zusammen, wobei auch andere Konstellationen denkbar sind: So können z. B. auch das Militär oder religiöse Gruppierungen an Stelle einer politischen Partei als Quellbereich dienen.

Die zentrale Gesamtsteuerung hat zu *verschiedenen praktischen Herausforderungen* geführt, u. a. bei der Bedarfsplanung. Zwei leitende Mitarbeiter von Kombinaten aus Karl-Marx-Stadt (bis 1953 und seit 1990: Chemnitz; Industriezentrum der DDR) berichten über die Nachfrage und den Umgang mit ihren Produkten:

> [Wir hatten] selbst nach „Dringlichkeiten" auszuliefern. Dazu gab es ständig überarbeitete Rangfolgen, die vom LVO-Bedarf, d.h. für Organe der Landesverteidigung, über den Bedarf für Unternehmen, die im Anlagenexport und im NSW-Export, also im Export mit dem Nichtsozialistischen Wirtschaftsgebiet, tätig waren, bis hin zu speziellen von der Regierung festgelegten Vorhaben, wie z.b. den Bau des Palastes der Republik oder das Wohnungsbauprogramm oder die Förderung der Konsumgüterproduktion, reichten. Zeitweise mussten wir Verteilungen mit bis zu 15 verschiedenen Dringlichkeitskategorien vornehmen.[204]

> Auf den Außenmärkten, besonders im Nichtsozialistischen Wirtschaftsgebiet (NSW), gab es für das Kombinat fast übermächtige Konkurrenz [...]. Trotzdem hatte der NSW-Export die höchste Priorität. Die Ertragskennzahlen waren zwar oft ungenügend, aber die Devisen wurden gebraucht. Der Export ging vorrangig an die BRD [...], nach Frankreich, in die Beneluxländer. In der Lieferpriorität folgten dem NSW-Export die Sowjetunion, dann das übrige SW (Sozialistische Wirtschaftsgebiet) und schließlich das Inland.[205]

Diese beiden Aussagen verdeutlichen zum einen die Komplexität und die Schwierigkeit der zentralen Bedarfsplanung und ihrer Deckung, wenn es keine eindeutigen Prioritäten zwischen den Bedarfsträgern gibt. Zum anderen lassen sich die Auswirkungen von schließlich vorhandenen Prioritäten ablesen, wenn zunächst alle anderen Geschäftspartner beliefert werden, bevor inländische Nachfrager bedient werden können.

3.4.1.3   Periodisierung der wirtschaftlichen Entwicklung

3.4.1.3.1   Übersicht

Ein Versuch, die wirtschaftliche Entwicklung der DDR in Zeitabschnitte einzuteilen, könnte wie folgt aussehen (vgl. auch Abbildung 10): Wesentlich ist die Zeit der Besatzung von 1945-1949, da hier die Weichen für die Entwick-

---

[203] Hüttenberger: 1986, S. 1392, zit. n. Petzina, Abelshauser, Plumpe: 1989, S. 195, Hervorhebungen der Weisungsbeziehungen der Plankommissionen und kleinere Anpassungen durch d. Verf.
[204] Das Zitat ist entnommen aus Thießen: 2001, S. 74, zit. n. Roesler: 2003, S. 12
[205] Das Zitat ist entnommen aus Thießen: 2001, S. 141, zit. n. Roesler: 2003, S. 36

lung der beiden zukünftigen deutschen Staaten und die Grundprinzipien ihrer Wirtschaftsstrukturen gelegt wurden. Anschließend lassen sich die Perioden der durch den Klassenkampf nach innen hervorgerufenen Grundorganisation von 1949-1958, die Zeit der Reorganisationen und Reformen von 1958-1971, die Rückkehr zur zentralen administrativen Steuerung von 1971-1989 sowie den Zusammenbruch der Wirtschaft, der insbesondere in 1989 und 1990 sichtbar wurde, unterscheiden.[206]

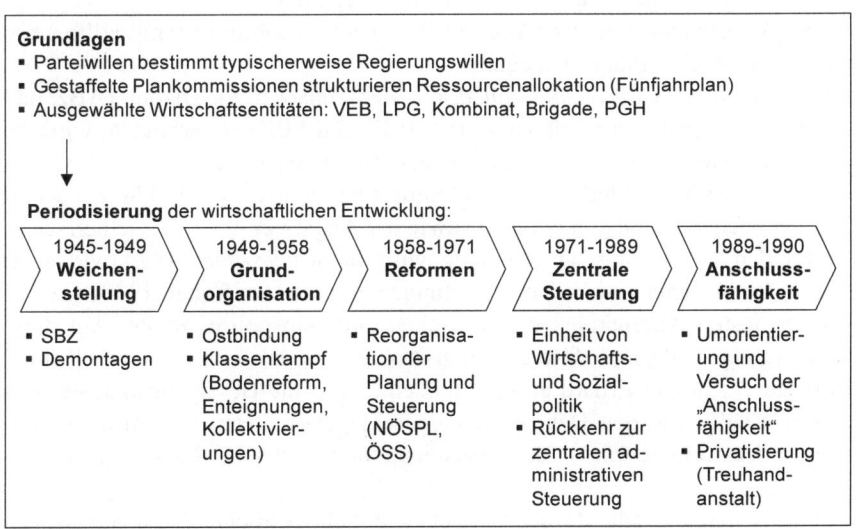

Abbildung 10: Perioden der wirtschaftlichen Entwicklung der DDR im Überblick

3.4.1.3.2 1945-1949: Wirtschaft in den Besatzungszonen – Weichenstellungen

Nach dem Ende des Zweiten Weltkriegs 1945 und dem Zusammenbruch der deutschen Wirtschaft gehen die Ansichten, wie diese wieder aufgebaut werden soll und welche Steuerungsmechanismen in Zukunft eine Rolle spielen sollen, auseinander.[207] Dabei oszilliert die Diskussion zwischen den beiden Polen der laissez-faire Marktwirtschaft (auch: freie Marktwirtschaft, Manchester-Kapitalismus) und einer planwirtschaftlich-sozialistischen Ordnung, die als Vorstufe zum Kommunismus gesehen wird.[208]

---

[206] Diese Einteilung greift die Phasenstruktur von Petzina, Abelshauser, Plumpe: 1989, S. 190-197, insb. S. 190 auf, erweitert sie um die beiden Randphasen und fasst ihre Phasen der Reorganisationen und Reformen zu einer zusammen.

[207] Vgl. Herbst: 1997, S. 20-21

[208] Nicht vergessen werden darf, dass auch im klassischen Liberalismus der Staat immer über Steuerungsmöglichkeiten verfügt. Zu nennen sind hier Möglichkeiten der Gesetzgebung (z. B. Zoll- und Steuergesetze), in der Verwaltung (z. B. Infrastruktur, Schulwesen), als Unternehmer

Hierbei gibt es in den einzelnen Besatzungszonen unterschiedliche Vorstellungen über die Rolle von Plänen für die Wirtschaftssteuerung:[209]

- Sowjetisch besetzte Zone (SBZ): Umfassende zentrale Steuerung über Pläne favorisiert
- Britisch besetzte Zone (BBZ): Sparta-Pläne (d. h. vierteljährliche Produktions- und Zuteilungsplanung in der Landwirtschaft und Industrie)
- Französisch besetzte Zone (FBZ): Pläne lediglich für Schwerpunktbereiche, die ihrer eigenen Wirtschaft zuarbeiten
- Amerikanisch besetzte Zone (ABZ): Kaum Ambitionen, mit Hilfe umfangreicher Pläne zu steuern

In den *westlichen Besatzungszonen*, die sich zunächst zur Bizone (ABZ und BBZ)[210] und später zur Trizone (ABZ, BBZ und FBZ)[211] verbinden, wird die freie Marktwirtschaft von Besatzern und Besetzten gleichermaßen i. W. als durch die Weltwirtschaftskrise diskreditiert betrachtet und die Planwirtschaft mit der soeben beendeten NS-Zeit sowie der Angst vor einer Sowjetherrschaft verbunden.[212] Ein sog. Dritter Weg wird in der Sozialen Marktwirtschaft (auch: Rheinischer Kapitalismus) gefunden, die seit den frühen 1930er Jahren zu den festen Alternativen der deutschen Ordnungspolitik zählte. Auf diese Überlegungen, die auf Alfred Müller-Armack zurückgehen, können Konrad Adenauer, Ludwig Erhard et al. aufbauen.[213] Für die Besatzungsmächte wiederum ist die von den Deutschen vorgeschlagene Alternative ein unkomplizierter Weg, um zeitraubende Experimente und politische Risiken zu vermeiden.[214]

Als Entscheidungsjahr für die Wirtschaft in den westlichen Besatzungszonen kann 1947 betrachtet werden.[215] Bis hierhin ordneten die USA ihre Beziehung zu Deutschland denen zur Sowjetunion nach. Die dann stärker werdende Befürchtung, dass auch Westdeutschland kommunistisch werden könne und damit der sowjetische Einfluss Westeuropa dominieren würde, führt zu einem Umdenken dahingehend, dass zunächst die amerikanische und britische Be-

---

(z. B. Staatsbergwerke, staatliche Banken) sowie in der Rolle des Nachfragers (z. B. Verwaltungs- oder Militärbedarfe); vgl. Schäfer: 1989b, S. 62.

[209] Vgl. Abelshauser: 2011, S. 88-89
[210] Vgl. Milward: 1997, S. 55-56
[211] Vgl. Milward: 1997, S. 56-57
[212] Vgl. Abelshauser: 2011, S. 87
[213] Vgl. Abelshauser: 1991, insb. S. 28-29; Abelshauser: 2011, S. 90, 97
[214] Vgl. Abelshauser: 2011, S. 98
[215] Andere Meinungen datieren den Umschwung auf circa 1951, da zu dem Zeitpunkt die westlichen Alliierten im Rahmen ihrer nationalen Produktion vermehrt für den Koreakrieg (1950-1953) Rüstungsgüter produzieren und die BRD als Mittel zum Zweck betrachten, die wegbrechende Produktion von zivilen Investitions- und Konsumgütern auszugleichen. Dafür müssen in der BRD aber die Produktionsmittel wieder in die Hände von Unternehmern, z. B. Krupp, gelangen; vgl. hierzu Knoop: 2004, S. 263.

satzung, später auch die französische, die Wirtschaft wieder ankurbeln wollen und z. B. Demontagen Förderungen und Wiederaufbau weichen.[216] In der östlichen *Sowjetischen Besatzungszone* wurden unmittelbar nach Kriegsende die Grundlagen für eine Planwirtschaft in der Ausprägung einer Zentralverwaltungswirtschaft gelegt.[217] Hierbei gibt es kaum zu Diskussionen über die zu wählende Wirtschaftsordnung innerhalb der SBZ, vielmehr gibt die Sowjetische Militäradministration in Deutschland (SMAD) durch verschiedene Befehle die weitere Ausgestaltung vor. So wird die Kreditvergabe verstaatlicht; eine Entwicklung, die typischerweise privates Engagement unterbindet. Bereits Ende 1945 werden die Behörden in der SBZ verpflichtet, für die einzelnen Quartale des Folgejahres Wirtschaftspläne mit Produktionskennzahlen aufzustellen.[218] Detaildiskussionen über die richtige Methode der Lenkung halten bis 1948 an. In diesem Jahr wird die Währung reformiert und die zentrale Planwirtschaft schrittweise eingeführt.[219] Die Voraussetzungen für die Etablierung einer Planwirtschaft sind zu dem Zeitpunkt günstig, da auf die gelebten Strukturen in der NS-Zeit zurückgegriffen werden kann.[220] SED und SMAD setzen, ebenso wie es in allen anderen sozialistischen Ländern Osteuropas geschieht, die zentrale Verwaltungswirtschaft durch.[221] Weiter oben (vgl. Kapitel 2.3.4) wurden bereits die drei Bestimmungsfaktoren für Betriebe in planwirtschaftlichen Systemen eingeführt: Das Organprinzip, das Prinzip zur Planerfüllung sowie das Prinzip des Gemeineigentums.[222]

3.4.1.3.3   1949-1958: Grundorganisation: Ostbindung nach außen und Klassenkampf nach innen

Die ersten Jahre nach Gründung der DDR sind planwirtschaftlich geprägt von zunächst Halbjahrplänen (ab Mitte 1948), einem Zweijahrplan (1949-1950), bevor dann Fünfjahrpläne[223] (der erste erstreckt sich über den Zeitraum von 1951-1955) folgen.[224] Wesentliche Aufgaben der DDR sind zunächst der Umgang mit Reparationsforderungen und Demontageverlusten[225] sowie anschließend die Stabilisierung und der Aufbau der Wirtschaft.[226]

---

[216] Vgl. Abelshauser: 2011, S. 113-115
[217] Vgl. Weber: 1997, S. 45
[218] Vgl. Knortz: 2004, S. 47-48
[219] Vgl. Abelshauser: 2011, S. 87
[220] Vgl. Herbst: 1997, S. 28
[221] Vgl. Knortz: 2004, S. 47-48
[222] Vgl. hierzu nochmals Wöhe, Döring: 2010, S. 35-36
[223] Der Fünfjahrplan wird tlw. auch Fünfjahresplan genannt; im Folgenden werden beide Varianten synonym verwendet. Für das Vorgehen zum Erstellen eines Fünfjahrplans und ausgewählte Inhalte, vgl. Kapitel 3.4.1.4 weiter unten)
[224] Vgl. Weber: 1997, S. 40
[225] Zum Vergleich: In der SBZ wurden ca. 30-50 % der Industriekapazitäten abgebaut, in den westlichen Besatzungszonen hingegen nur ca. 3-5 %; vgl. Herbst: 1997, S. 22. Wehler konkretisiert dies für die SBZ bzw. DDR für ausgewählte Industrien: Die Automobilindustrie verlor 80 %, der Werk-

Auf *internationaler Ebene* schließt sich die DDR dem Wirtschaftsraum anderer sozialistischer Länder an und tritt dem Rat für gegenseitige Wirtschaftshilfe (RGW) bei.[227]

Auf *nationaler Ebene* steht die Kollektivierung von Produktionsbesitz im Fokus. Die Umsetzung führt zu Kontroversen innerhalb der DDR, bei denen kollektivierende Kräfte die Oberhand behalten.[228] Das Augenmerk liegt zunächst auf der Schwerindustrie, um die Grundlagen für eine industrielle Produktion von Gütern zu schaffen. Diese Schwerpunktbildung führte zu einer Reduktion z. B. bei der Produktion von Konsumgütern.[229]

In der *Landwirtschaft* kommt es (seit 1945 und) bis 1950 zu Enteignungen von Großgrundbesitzern, Neuverteilungen von Land und schließlich bis 1960 zu Kollektivierungen der Landwirtschaft.[230] Mit den Volkseigenen Gütern (VEG) und der Landwirtschaftlichen Produktionsgenossenschaft (LPG) entstehen zwei unterschiedliche Betriebsformen: Bei den ersteren befindet sich der Boden im Besitz des Staates, bei den letzteren befindet er sich zunächst noch in der Hand der Mitglieder.[231] Dies wird sich ab 1960 ändern.

Im Bereich der *Industrie* werden Volkseigene Betriebe (VEB) und Produktionsgenossenschaften des Handwerks (PGH) gebildet.[232] Hierbei werden auch Unternehmen bzw. Unternehmensteile kollektiviert, deren Unternehmenszentralen in den westlichen Besatzungszonen liegen. Als Beispiel können die Bayerischen Motoren-Werke (BMW) herangezogen werden, deren Eisenacher Werk als VEB Automobilwerk Eisenach Motorräder, die auf Vorkriegsentwicklungen basieren, unter der Typkennung EMW und mit einem rotblauen Signet, statt des ursprünglichen blau-weißen Signets, ausstattet.[233]

Am 17. Mai 1953 versucht die Regierung, durch die Heraufsetzung der individuellen Arbeitsnormen (durchschnittlich um 10 %) die Produktivität der DDR zu steigern und sich derjenigen der BRD anzunähern. In der Bevölkerung herrscht hierüber großer Unmut, der sich – gepaart mit weiteren emp-

---

zeugmaschinen- und Lokomotivbau 75 %, die Elektrotechnische, Optische und Chemische Industrie jeweils 50 %, die Braunkohle- und Pharmaindustrie je 33 % und die Textil- und Lebensmittelindustrie je 20 % ihre Bestandes vor 1945; vgl. Wehler: 2008, S. 90.

[226] Vgl. Petzina, Abelshauser, Plumpe: 1989, S. 190

[227] RGW: Rat für gegenseitige Wirtschaftshilfe, im Westen als Comecon (Council for Mutual Economic Assistance) bekannt. Gründungsmitglieder im Januar 1949: Bulgarien, CSSR, Polen, Rumänien, UdSSR, Ungarn; Beitritt von Albanien im Februar 1949 und der DDR im September 1950. Politisch motivierte (Gegenmaßnahme zum Marshall-Plan), aber in weiten Teilen ökonomisch unzureichend-effektive Gründung bzw. Handlung. Vgl. Machaowski: 1987, S. 15; Dangerfield: 2008, insb. S. 349-355; Petzina, Abelshauser, Plumpe: 1989, S. 190; Cameron, Neal: 2003, S. 371-377.

[228] Vgl. Petzina, Abelshauser, Plumpe: 1989, S. 190-191

[229] Vgl. Petzina, Abelshauser, Plumpe: 1989, S. 191

[230] Vgl. Weber: 1997, S. 37-38

[231] Vgl. Petzina, Abelshauser, Plumpe: 1989, S. 191

[232] Vgl. Petzina, Abelshauser, Plumpe: 1989, S. 192

[233] Vgl. Buchheim: 1997, S. 76-77

fundenen Missständen – in Arbeitsniederlegungen und schließlich dem Aufstand vom 17. Juni ausdrückt. Der Aufstand wird von sowjetischen Militärs niedergeschlagen.[234] Die Vorgaben in den 1950er Jahren werden vor dem Hintergrund der Illusion getätigt, dass eine erfolgreiche DDR als Magnet auf die BRD wirken würde – tatsächlich tritt ein umgekehrter Effekt ein und die DDR wird ein Auswanderungsland.[235]

Die Wirtschaftsleistung der DDR, durch die oben beschriebene Fokussierung auf Landwirtschaft und Industrie als *Arbeiter- und Bauernstaat* beschrieben, wird regelmäßig mit derjenigen der BRD verglichen. Hierbei herrscht typischerweise eine gewisse Uneinigkeit über die Ergebnisse vor, die sich mit unterschiedlichen persönlichen Standpunkten der vergleichenden Personen, Differenzen in den Rechenmodellen etc. begründen lässt. Für die Arbeitsproduktivität[236] der DDR in den 1950er Jahren wird geschätzt, dass sie 44 % bis 78 % der westdeutschen Arbeitsproduktivität entspricht.[237]

3.4.1.3.4   1958-1971: Reorganisationen und Reformen

In den Folgejahren von 1958 bis 1971 finden verschiedenen Veränderungen statt, welche die gesellschaftliche und wirtschaftliche Realität in der DDR stärker ins Kalkül der Planung ziehen wollen.

1958 wird eine *Staatliche Planungskommission* installiert. Sie soll die Volkswirtschaft der DDR planen, leiten und über die Einhaltung der Pläne wachen. Als Leiter des Zentralkomitees der SED ruft Walter Ulbricht die Losung des ‚Überholens, ohne einzuholen' aus, damit die Versorgungslage mit und der Verbrauch von Lebensmitteln und Konsumgütern in der DDR derjenigen in der BRD bis 1961 übertreffen könne.[238, 239]

Ab 1959/1960 werden Masseneintritte in die LPG gefördert, so dass die Kollektivierung der Landwirtschaft vorangetrieben wird.[240]

1963 wird das *Neue Ökonomische System der Planung und Leitung der Volkswirtschaft* (NÖSPL, auch: NÖS) eingeführt, welches von dedizierten Einzelanweisungen abrückt und sich stärker hinwendet zu einem System miteinander in Verbindung stehender wirtschaftlicher Hebel. Mit dem NÖSPL

---

[234] Vgl. Petzina, Abelshauser, Plumpe: 1989, S. 191. Der Bundestag der BRD greift diese Ereignisse auf und bestimmt wenige Wochen später zum Gedenken an den Aufstand den 17. Juni als gesetzlichen Feiertag (Tag der deutschen Einheit).

[235] Vgl. Walger: 2008, S. 91 und 43 ff.

[236] Als Arbeitsproduktivität wird das Verhältnis von gesamtwirtschaftlicher Produktion zum Arbeitseinsatz bezeichnet.

[237] Vgl. Ritschl: 1995, S. 16

[238] Vgl. Petzina, Abelshauser, Plumpe: 1989, S. 192

[239] Ein ähnlicher Versuch wird auch Ende 1968 nochmal gestartet, wenn die BRD bis 1975, spätestens aber 1977/1978 in der Produktivität einzuholen sei; vgl. Steinitz, Walter: 2014, S. 91.

[240] Vgl. Kluge: 1997, S. 89-91; Petzina, Abelshauser, Plumpe: 1989, S. 192

soll das Wirtschaftssystem modernisiert und rationalisiert werden.[241] Dabei speist sich die theoretische Grundlage des NÖSPL aus entsprechenden russischen Materialien und Vorlagen, ohne jedoch zu berücksichtigen, dass die historische Entwicklung und aktuelle Situation in der DDR anders gelagert ist und das Theoriegebäude damit in weiten Teilen veraltet und unpassend ist.[242] 1967 wird das *Ökonomische System des Sozialismus* (ÖSS) eingeführt und damit das NÖSPL reformiert, das jetzt auch für Landwirtschaft, Handel und Banken gilt.[243]

3.4.1.3.5   1971-1989: Rückkehr zur zentralen administrativen Steuerung

Nach dem Rücktritt von Walter Ulbricht 1971 wird Erich Honecker Leiter bzw. Erster Sekretär des Zentralkomitees der SED.[244] Einzelne Erzeugnisse der Wirtschaft sind zu diesem Zeitpunkt noch international wettbewerbsfähig, z. B. aus dem Maschinenbau.[245]

In einem Resümee „bemerkte Erich Honecker [...] im Bericht des ZK an den VIII. Parteitag der SED im Juni 1970 [...] ‚Genossen, das ökonomische System des Sozialismus entwickelt sich gut, nur allzu viele *außerplanmäßige Wunder* kann es nicht verkraften.'"[246]

Die Arbeitsproduktivität der DDR im Vergleich zu derjenigen der BRD beträgt in den 1960er Jahren 34 % (niedrige Schätzung) bis zu 67-78 % (hohe Schätzungen).[247]

Über materielle Anreize versucht der Staat verschiedene Bereiche des gesellschaftlichen Lebens zu beeinflussen. So werden Wohnungsdarlehen, Geburtenbeihilfen oder eine Erhöhung der Anzahl der Urlaubstage ausgelobt, um eine Erhöhung der Geburtenrate zu erreichen. Trotzdem wird die Bevölkerungszahl in den kommenden Jahren weiter absinken.[248] Erfolge im Außenhandel gehen zu Lasten des Inlandes: Der private (Real-) Verbrauch geht zurück.[249] Der Beginn des Niedergangs der Wirtschaft der DDR wird nach h. M. auf die zweite Hälfte der 1970er Jahre datiert.[250] Infolgedessen muss die DDR vermehrt Kredite im westlichen (kapitalistischen) Ausland aufnehmen, z. B.:[251]

---

[241] Vgl. Petzina, Abelshauser, Plumpe: 1989, S. 190, 193
[242] Vgl. Steinitz, Walter: 2014, S. 50-52
[243] Vgl. Petzina, Abelshauser, Plumpe: 1989, S. 190, 193
[244] Vgl. Petzina, Abelshauser, Plumpe: 1989, S. 194
[245] Vgl. Roesler: 2003, S. 30
[246] Rösler: 2003, S. 8, mit dem Zitat von Honecker
[247] Vgl. Ritschl: 1995, S. 16
[248] Vgl. Petzina, Abelshauser, Plumpe: 1989, S. 194-197
[249] Vgl. Petzina, Abelshauser, Plumpe: 1989, S. 196
[250] Vgl. Roesler: 2003, S. 53
[251] Vgl. Petzina, Abelshauser, Plumpe: 1989, S. 196-197

- 1983: 1 Mrd. DM von einem westdeutschen Bankenkonsortium
- 1984: 400 Mio. US-Dollar von einem internationalem Konsortium
- 1985: 600 Mio. US-Dollar von einem internationalen Konsortium

In der betrachteten Periode verfolgt die Wirtschaftspolitik der DDR drei große Ziele, die in einer nicht lösbaren Konkurrenz zueinander stehen:[252]

- Der Lebensstandard der Bevölkerung soll beibehalten bzw. verbessert werden.
- Ausländischen Gläubigern gegenüber soll der Schuldendienst getätigt werden.
- In die nationale Wirtschaft soll stärker investiert werden.[253]

Trotz dieser Gegensätze wird den 1980er Jahren plakativ die *Einheit von Wirtschafts- und Sozialpolitik* propagiert.[254]

Für die Arbeitsproduktivität der DDR in dieser Periode im Vergleich zur BRD wird für die 1970er Jahre 33-46 % (niedrige Schätzungen) bis zu 63-70 % (hohe Schätzungen) und für die 1980er Jahre 13-47 % (niedrige Schätzungen) bis zu 61-103 % (hohe Schätzungen) angenommen.[255]

3.4.1.3.6 1989-1990: Umorientierung und Versuch der Anschlussfähigkeit

Für den Niedergang der DDR können vielfältige gesellschaftliche Ursachen identifiziert werden. Aus wirtschaftlicher Hinsicht sind vor allem vier Punkte relevant:[256]

- Die mangelnde internationale Konkurrenzfähigkeit schließt die DDR von den sich auf den Weltmärkten ergebenen Chancen aus.
- Die von der Parteispitze aus Gründen der Machterhaltung gewollten Ziele von Wohlstandssteigerung und sozialpolitischen Leistungen überforderten das System, dem gleichzeitig Subventionen entzogen werden.
- Die DDR ist nicht in der Lage, globale Veränderungen, z. B. im Energiesektor (Stichwort: Ölpreissteigerung) aus eigener Kraft und elastisch zu bewältigen.
- Die SED-Wirtschaftspolitik wirkt sich schließlich selbstverstärkend auf die systemimmanente Inflexibilität der Planwirtschaft aus.

Ende der 1980er Jahre wuchs schließlich der Unmut in der Bevölkerung über die gesellschaftliche und wirtschaftliche Situation – für 1989 wird der Rückstand der DDR-Elektroindustrie im Bereich der Nachrichtentechnik gegen-

---

[252] Vgl. Martens: 2010, S. 3

[253] Das dieses Ziel nicht ausreichend bedient werden kann, lässt sich daran erkennen, dass in den 1980er Jahren keine Berufsgruppe in den Kombinaten schneller wächst, als die des Instandhalters. Vgl. Roesler: 2003, S. 45

[254] Vgl. Petzina, Abelshauser, Plumpe: 1989, S. 197

[255] Vgl. Ritschl: 1995, S. 16

[256] Vgl. Wehler: 2008, S. 98-101

über westlichen Ländern auf 13 Jahre geschätzt – und es kommt zu Massenprotesten und Aufständen, die im Gegensatz zu 1953 nicht niedergeschlagen werden und zu einem Systemsturz führen. Die Zeit nach dem Zusammenbruch des sozialistischen Systems in der DDR im Oktober und November 1989 und vor der Wiedervereinigung im Oktober 1990 ist geprägt von zwei Diskussionen: Erstens über eine neue Wirtschaftsordnung und die Rolle des Staates bei der Transformation von der alten in die neue[257] und zweitens von der Vorbereitung und Umsetzung der Währungs-, Wirtschafts- und Sozialunion zum 1. Juli 1990. Es wird versucht, eine sozial und ökologisch orientierte Marktwirtschaft einzuführen. Als ein Schritt hierzu werden alle Eigentumstitel der Volkseigenen Betriebe ab März 1990 der sog. Treuhandanstalt übergeben. Die Treuhandanstalt wandelt dann zunächst alle VEB in Kapitalgesellschaften (GmbH, AG) um und privatisiert diese anschließend.[258]

Prägend in dieser Zeit ist Arbeit des sog. Runden Tisches, ein aus einer Initiative der Bürgerbewegungen hervorgegangenes Arbeitsgremium, an dem Vertreter verschiedenster Parteien, Bürgerbewegungen, Kirchen sowie der alten, aber noch existierenden staatlichen Behörden vertreten sind. Der Runde Tisch beeinflusst die Arbeit des Regierung Hans Modrows.[259]

3.4.1.4   Fünfjahrplan: Aufstellung und ausgewählte Inhalte

Die Erstellung des Fünfjahrplanes in der DDR folgt einem zentralistischen Ansatz, bei dem die herrschende Partei dem Gesetzgeber einen Vorschlag unterbreitet. Das entsprechend verabschiedete Gesetz wird anschließend auf Gebiete, Bereiche, Industrien etc. aufgeteilt und im weiteren Zeitverlauf weiter detailliert. Abbildung 11 zeigt die Abfolge der einzelnen Schritte auf.

Im Gesetzestext wird aufgeführt, wie sich Produktionsmengen, Forschung und Entwicklung, das Gesundheitswesen, der Lebensstandard oder auch der Bereich Kultur und Gesellschaft vom Beginn der Planperiode bis zu ihrem Ende entwickeln werden. So wird z. B. im ersten Fünfjahrplan für die Jahre 1951-1955 festgelegt, dass die Produktion von Elektroenergie für das Jahr 1955 177 % der Produktionsmenge des Basisjahres 1950 betragen soll. Für die Rohbraunkohle wird eine Steigerung von 164 %, für Elektrotechnik von 189 %, für Personenkraftwagen des Typs DKW von 427 %, für Fleisch von 212 % und für Benzin eine Steigerung von 204 % festgesetzt.[260]

---

[257] Vgl. Roesler: 2003, S. 58
[258] Vgl. Roesler: 2003, S. 70. Die *Anstalt zur treuhänderischen Verwaltung des Volkseigentums* wurde im allgemeinen Sprachgebrauch kurz *Treuhandanstalt* genannt.
[259] Vgl. Roesler: 2003, S. 7, Abelshauser: 2011, insb. S. 446
[260] Vgl. Amt für Information der Regierung: 1951, insb. S. 18-19

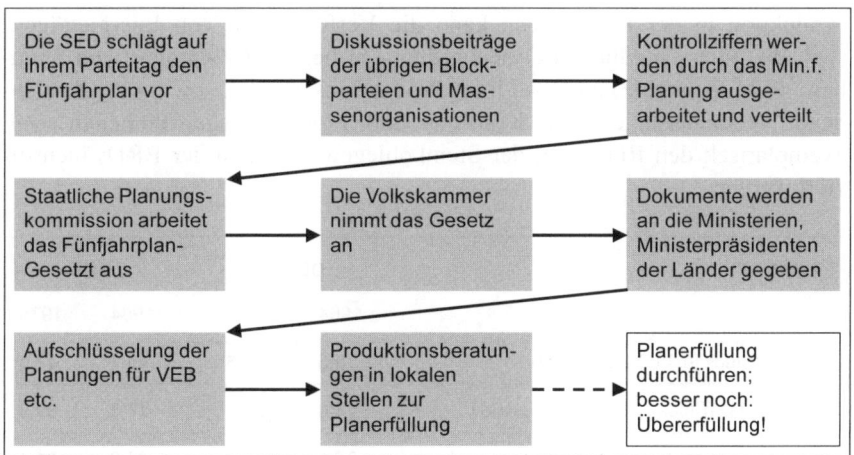

Abbildung 11: Ablauf zur Erstellung des ersten Fünfjahrplan 1951-1956[261]

Die Planungsorganisationen realisieren dabei klar die Koexistenz verschiedener Wirtschaftssysteme und die Grenzen ihrer Möglichkeiten Vorschriften zu
erlassen, wenn sie zur Entwicklung des innerdeutschen Handels festhalten,
dass „[b]eim Abschluß von Außenhandelsverträgen der Deutschen Demokratischen Republik [...] die Vorschläge westdeutscher Betriebe zu berücksichtigen"[262] sind und nicht vorab zentral fixiert werden können.
In der Retrospektive wird von verantwortlichen Planungsmitarbeitern der
DDR festgehalten, dass sich die Planwirtschaft zur Bündelung von Ressourcen nach Kriegen und Krisen eignet, sie aber gleichzeitig zum Hemmschuh
für Kreativität und Innovationen.[263]

3.4.1.5 Wirtschaftsleistung in Zahlen

Weiter oben wurde schon auf die Schwierigkeiten bei der Betrachtung von
quantitativen Aussagen zur Wirtschaftsleistung der beiden deutschen Staaten
hingewiesen. Vor diesem Hintergrund sollen nachfolgend Produktionskenn-
ziffern für ausgewählte Erzeugnisse verglichen werden (vgl. Abbildung 12).
Gegenübergestellt wird jeweils die Produktion je Einwohner der DDR bzw.
der BRD in den Jahren 1964 und 1975.
Gut zu erkennen sind beispielsweise die Produktionsfortschritte der DDR zur
Zeit des NÖSPL und ÖSS in den 1960er und 1970er Jahren bei z. B. der Steigerung der PKW- oder Radiogeräteproduktion, ebenso wie die nur geringe
Steigerung der bereits auf relativ hohem Niveau funktionierende PKW-

---

[261] Vgl. Eigene Darstellung auf Basis von: Amt für Information der Regierung: 1951, S. 75
[262] Amt für Information der Regierung: 1951, S. 62
[263] Vgl. Steinitz, Walter: 2014, S. 10

Produktion in der BRD. Auch kann die Verfügbarkeit von Energieträgern (vgl. die unterschiedlichen Größenordnungen bei der Gewinnung von Stein- bzw. Rohbraunkohle) an Hand ihrer Produktionsmengen, sowie sich abzeich- nende Veränderungen von Konsum- und Produktionsgewohnheiten (vgl. exemplarisch den Rückgang der Steinkohlegewinnung in der BRD) identifi- ziert werden.

	DDR		BRD	
	1964	1975	1964	1975
PKW (Stück je 1.000 Einwohner)	5,5	9,5	45,7	47,0
Fahrräder (Stück je 1.000 Einwohner)	24,8	31,7	17,5	39,9
Radiogeräte (Stück je 1.000 Einwohner)	36,9	63,5	67,3	71,4
TV-Geräte (Stück je 1.000 Einwohner)	34,8	30,3	39,7	54,3
Armbanduhren (Stück je 1.000 Einwohner)	117,5	225.3	111,3	131,3
Elektroenergie (kWh je Einwohner)	3.002	5.024	2.843	4.881
Steinkohle (kg je Einwohner)	138	k.A.	2.453	1.494
Rohbraunkohle (kg je Einwohner)	15.113	14.667	1.913	1.995

Abbildung 12: Wirtschaftsleistung im Vergleich[264]

3.4.1.6   Vergleich: Management in Ost und West

Die unterschiedlichen Gesellschafts- und Wirtschaftsordnungen in der BRD und der DDR wirken sich zwangsläufig auch auf die Betriebsführer bzw. Ma- nager aus. Der angestellte Manager in einer Kapitalgesellschaft und die Ent- scheidungsstrukturen in Kombinaten weisen dabei einige Ähnlichkeiten auf. Gleichzeitig bestehen aber auch Unterschiede, insbesondere bei der Inhaber- schaft der Nutzungsrechte, den Hauptakteuren, ihren Motiven sowie der Kon- trolle.[265]

In Abbildung 13 werden die verschiedenen Kriterien in ihren Ausprägungen, wie sie für Manager in Kapitalgesellschaften in der BRD bzw. für das sozia- listische Kombinat in der DDR typisch sind, dargestellt.

---

[264] Vgl. für die Aufbereitung der statistischen Daten Thalheim: 1978, S. 130
[265] Vgl. Knortz: 2004, S. 248

	DDR	BRD
Inhaber der Nutzungsrechte	Partei (de facto) Staat (de jure)	Eigentümer
Hauptakteure	Sozialistische Manager und SED-Bezirksleitungen	Manager
Motive	Planerfüllung, Machterhalt, Expansion des bürokratischen Budgets	Gewinn- bzw. Nutzenmaximierung
Sonstiges	Kontrolle faktisch durch Partei, dadurch Aufwertung der Planerfüllung als Gradmesser politischen Erfolgs	Indirekte Kontrolle durch marktwirtschaftliche Mechanismen

Abbildung 13: Management in der DDR in Abgrenzung zur BRD[266]

3.4.1.7 Propaganda

3.4.1.7.1 Übersicht

Mit dem Sozialismus in der DDR und der Sozialen Marktwirtschaft in der BRD stehen sich zwei Gesellschaftsordnungen gegenüber, die beide für sich beanspruchen, die erfolgreichere und bessere zu sein.[267] Ein direkter Vergleich erscheint beiden Seiten latent notwendig, da die jeweilige Ausgangssituation („geteiltes Deutschland') zwar nicht identisch (vergleiche die oben genannten Demontagestrategien der Besatzungsmächte), aber mit Blick auf z. B. Bildungsniveau, gesellschaftliche und wirtschaftliche Historie usw. recht ähnlich ist.[268] Um die eigene Position als überlegen und besser, bzw. die des anderen Systems als unterlegen und unzureichend darzustellen, wird auf vielfältige Weise Propaganda betrieben. Nachfolgend ist jeweils ein Versuch exemplarisch dargestellt. Als Zwischenfazit kann im Vorgriff festgehalten werden, dass nicht behauptet werden kann, dass beide Länder bzw. Systeme im Rahmen ihrer Propaganda umfangreichen Falschaussagen getätigt haben.

---

[266] Vgl. Knortz: 2004, S. 248, eigene Darstellung

[267] Vgl. Rieger: 1997

[268] Der Vergleich bzw. Wettkampf zwischen beiden Systemen hat in der DDR sogar Eingang in die Losung *Überholen, ohne einzuholen* gefunden. Bereits 1958 hat Ulbricht in einer Ansprache auf dem V. Parteitag der SED verkündet, dass „in 1200 Tagen, also, in einer geschichtlich kurzen Zeit, die Herkulesarbeit zu bewältigen [sei], die Produktion so zu steigern, dass der Prokopfverbrauch unserer werktätigen Bevölkerung den der Bevölkerung in Westdeutschland erreicht und übertrifft.", zit. n.: Heckmann-Janz 2008. Nachdem Chruschtschow 1964 verkündet hat, die UdSSR wolle die USA überholen, hat Ulbricht die Formulierung *Überholen, ohne einzuholen* genutzt und sein Ziel wiederholt; vgl. Honecker: 1970, zit. n.: Fischer, Hildebrand, Hofmann: 2002, S. 757-758.

Jedoch haben sie Teile der Realität ausgeblendet und nur die jeweils günstigen Inhalte in einer genehmen Form kommuniziert.

3.4.1.7.2 Bundesrepublik Deutschland über die Deutsche Demokratische Republik

Das Bundesministerium für gesamtdeutsche Fragen der Bundesrepublik Deutschland veröffentlicht ein Heft mit dem Titel *Das Paradies der Werktätigen*. Hierin wird aus der Sicht des fiktiven DDR-Werktätigen Gustav Schulze berichtet, wie sich die Arbeitssituation in der DDR gestaltet. Bereits zu Beginn wird festgestellt, dass er nicht in der Lage wäre, einen Brief mit den tatsächlichen Arbeitsbegebenheiten im Inhalt aufzugeben, da er durch Zensurbehörden untersucht und vermutlich nicht befördert würde. Weiterhin wird darauf hingewiesen, dass es in der DDR kein Mitbestimmungsgesetz o. ä. gibt, dass die Betriebsräte abgeschafft wurden, dass es Einheitslöhne gibt und Lohnerhöhungen zu einer Bestrafung der Betriebsleitung führen würden usw. Das leicht lesbare Heftchen mit dem ironischen Titel (auf der Titelseite ist ein als Fabrik verkleideter Drache sichtbar, in dessen Maul die Werktätigen wie durch ein Fabriktor eintreten) hat 36 Seiten, ist in einem kumpelhaften Plauderton geschrieben und mit Witzen gespickt.[269]

3.4.1.7.3 Deutsche Demokratische Republik über die Bundesrepublik Deutschland

Wissenschaftler der Parteihochschule Karl Marx der Deutschen Demokratischen Republik argumentieren 1980, dass die DDR in wirtschaftlichen Fragen der BRD deutlich überlegen ist.[270] Hierbei schreiben sie bewusst unwissenschaftlich und bedienen sich der traditionellen Klassenkampfrhetorik: „Es vergeht kaum ein Tag, ohne daß üble Greuelmärchen über die sozialistische Welt erfunden und verbreitet werden. Sie dienen dazu, den Kapitalismus als die bessere Gesellschaftsordnung hinzustellen, die Menschen für Rüstungskurs und Aggressionspolitik des Imperialismus willfährig [sic!] zu machen und ein abstoßendes Bild des Sozialismus zu zeichnen."[271]
Die Autoren greifen die in der BRD verbreitete Meinung über die DDR als ineffizientes System auf beschreiben sie als untauglichen Versuch, den beobachtbaren Fortschritt des Sozialismus zu verneinen. Ihre Position versuchen sie zudem mit Statistiken zu belegen. So wird z. B. das wirtschaftliche Endprodukt je Einwohner der DDR mit dem der BRD verglichen. Während 1950 die BRD mit 4.100 Mark noch deutlich vor der DDR mit 1.550 Mark lag, so ist die Differenz in den nächsten Dekaden den Autoren zufolge deutlich ge-

---

[269] Vgl. o. V.: ca. 1952
[270] Vgl. Möller, Reibetanz, Schilling: 1980
[271] Möller, Reibetanz, Schilling: 1980, S. 5

schrumpft: 1960 beträgt das Endprodukt je Einwohner 6.200 Mark in der BRD und 4.350 Mark in der DDR, 1970 9.245 bzw. 7.179 Mark und 1979 11.467 bzw. 11.269 Mark. Der Unterschied in der Wirtschaftsleistung beträgt 1950 also noch 60 % und 1979 nur noch 2 %, d. h. er ist de facto verschwunden, da die DDR ihren Produktivitätsrückstand ausgeglichen hat. Der Blick in die Fußnote verrät jedoch, dass für die Zahlen der DDR das gesamte Nationaleinkommen berücksichtigt wurde, für die BRD jedoch das Bruttosozialprodukt minus der Bruttowertschöpfung der Dienstleistungsunternehmen (die ja in der BRD einen stetig steigenden Anteil an der BSP-Entwicklung haben) als Grundlage herangezogen wurde.[272]

3.4.2 Szenen ausgewählter Betriebe in der DDR

3.4.2.1 Vorbemerkung

Die folgenden drei Szenen speisen sich aus drei unterschiedlichen Quelltypen und werden dementsprechend hier auch unterschiedlich wiedergegeben. Der Ursprungstext für den Abschnitt über die LPG Altkirchen ist redaktionell als innerstaatliche Propaganda aufbereitet worden und zeichnet eine Zeitpunktbetrachtung aus Mitte der 1960er Jahre. Der Text, der als Quelle für den zweiten Abschnitt dient, stammt aus einer Habilitationsschrift, die 2004 erschienen ist – hier war also schon klar, dass das Wirtschaftssystem der DDR nicht erfolgreich geblieben ist. Der gesamte Lebenszyklus des VEB wird in der Habilitationsschrift wissenschaftlich-neutral wiedergegeben. Einen kompletten VEB-Lebenszyklus deckt auch der dritte Text ab. Hier wird er jedoch aus der Sicht eines Beteiligten geschildert. Das hier gewählte Format des Langzitats gibt dann auch gut die dem Vernehmen nach unpolitische Haltung des Ingenieurs und seine Verzweiflung gegenüber staatlichen Anordnungen, welche seiner professionellen Denkweise entgegenstanden, wider.

3.4.2.2 LPG „Roter Stern" Altkirchen

Altkirchen ist eine Gemeinde im (ehemaligen) thüringischen Kreis Schmölln, heute im Landkreis Altenburger Land. Partei- und Betriebsorganisationen haben 1964 über die Umsetzung des Entwicklungsplans als Teil eines Fünfjahrplans 1965-1970 erste Beratungen angestellt. Die Ergebnisse sind von der Kommission für Agrarpropaganda schriftlich fixiert worden und bilden die Grundlage für die folgenden Ausführungen.[273]

---

[272] Vgl. Möller, Reibetanz, Schilling: 1980, S. 113
[273] Vgl. LPG Altkirchen: 1964

Die LPG „Roter Stern"[274] Altkirchen besteht 1964 aus 395 Genossenschafts-
bäuerinnen und -bauern, die eine landwirtschaftliche Nutzfläche von 1.983,55
ha bewirtschaften. In den Jahren zuvor sind die Erträge pro Hektar Nutzfläche
sowie die tierische Produktion bereits erhöht worden. Dies soll Grundlage
sein, um einen allmählichen Übergang zur industriellen Landwirtschaft zu
schaffen. Grundlage dafür ist ein Entwicklungsplan, der auf 47 Seiten zunächst Oberziele für die pflanzliche Produktion nennt, anschließend ein
Sechs-Punkte-Programm zur Erreichung dieser Ziele aufstellt und jeden Punkt
im Anschluss erläutert.

Das für die Umsetzung des Programms benötigte technische Material wird auf
den Folgeseiten ebenso beschrieben, wie die Einsatzplanung der Maschinen
(„Weiterhin wird es so sein, daß 4 schwere Traktoren die Arbeit des Pflügens
übernehmen werden."[275]) und Mengengerüste menschlicher Arbeit. Die LPG
plant hierbei bis zu fünf Jahre im Voraus sowohl für z. B. die Getreideproduk-
tion, wie auch für die Zucht von Tieren.

Neben der landwirtschaftlichen Planung erfolgt zudem eine Integration bzw.
eine Zusammenarbeit mit der Gemeinde. So wird die Losung „Das ganze
Dorf hilft der LPG Altkirchen durch die Stellung von zusätzlichen Arbeits-
kräften und Erntehelfern bei der Durchführung der landwirtschaftlichen Arbeiten"[276] ausgegeben, es wird über die Einrichtung zusätzlicher Verkaufsstel-
len zur besseren Versorgung der Bevölkerung und über die Einrichtung weiterer Kühlmöglichkeiten diskutiert.

Ebenfalls wird die geplante Entwicklung des geistig-kulturelle Lebens, die
Volksbildung, das Gesundheitswesen sowie des sportlichen Lebens detailliert
beschrieben.[277]

In Summe bilden diese Überlegungen die Grundlage für die notwendige
Schulbeschickungsplanung und Kaderbedarfsaufstellung. Die LPG Altkirchen
verfolgt 1964 ihre Viehwirtschaft mit einem Diplom-Landwirt (allerdings
noch ohne Abschluss), zwei staatlich geprüfte Landwirten (davon einer ohne
Abschluss), zwei Meistern und sechs Facharbeitern. Der Bedarf im Jahr 1970
ist wie folgt geplant: Ein Diplom-Landwirt, drei staatlich geprüfte Landwirte,
17 Meister und 50 Facharbeiter. Der Weg zur Schließung der vorhandenen
Personallücken wird ebenfalls aufgezeigt. Für die Meister bedeutet dies, dass
über Delegierungsschlüssel in den Jahren 1965 bis 1968 jeweils drei Rinder-/
Schweinezuchtmeister sowie jeweils ein Geflügelzuchtmeister ausgebildet

---

[274] Der LPG-Beiname ist eine Ehrenbezeichnung, die in vielfältiger Form auch andere Kollektiven
zu Teil wurde.
[275] LPG Altkirchen: 1964, S. 11
[276] LPG Altkirchen: 1964, S. 33
[277] Hinweis: Nicht nur in LPG, sondern auch in VEB wird versucht, die Beschäftigten und ihre
Familien eng an sich zu binden und das Arbeits- mit dem Zivilleben zu verbinden; vgl. Schlief-
Ehrismann: 1997, insb. S. 108-111.

werden – wobei für das Ausbildungsjahr 1968 eine Frau zur Geflügelzucht-
meisterschule delegiert werden wird.

3.4.2.3   VEB Petrolchemisches Kombinat Schwedt

Die Sowjetunion sichert Mitte der 1950er Jahre den sog. RGW-Ländern zu,
sie langfristig mit Erdöl zu versorgen, soweit sie über keine eigenen Förder-
möglichkeiten verfügen. Die SED beschließt daraufhin auf ihrem Parteitag
1958, die chemische Industrie in der DDR forciert zu entwickeln. Zu diesem
Zweck wird ein erdölverarbeitendes Werk in Schwedt/Oder errichtet.[278]
Am 13. Januar 1959 erfolgt die Eintragung ins Handelsregister als VEB Erdölverarbeitungswerk Schwedt und am 11. November 1960 die Grundsteinle-
gung. Zeitgleich wird ein Projekt für eine Erdölfernleitung mit dem Namen
Freundschaft zwischen der Sowjetunion, Polen, Ungarn und der CSSR initi-
iert.

Im April 1964 startet der Probebetrieb zur Erdölverarbeitung und im Juni der
Dauerbetrieb, so dass Rohbenzin, Dieselkraftstoff, Petroleum und Heizöl geliefert werden können. Seit 1968 werden Düngemittel, seit 1969 Faserrohr-
stoffe und seit 1971 n-Paraffine produziert.

Das VEB Erdölverarbeitungswerk Schwedt war Teil der Vereinigung Volkseigener Betriebe (VVB) ‚Mineralöle und organische Grundstoffe'. Um Produktionskapazitäten besser ausnutzen zu können, hat die DDR die Bildung
von Kombinaten angestrengt, die VVB bildeten eine organisatorische Vorstufe des Kombinats. 1970 wird dann das VEB Petrolchemisches Kombinat
(PCK) Schwedt gegründet. Das VEB in Schwedt hat hierbei den Status des
Stammbetriebs, da hier die Hälfte der Warenproduktion realisiert werden, die
modernsten Anlagen vorhanden sind und die höchste Produktivität erzielt
wird. Die übrigen Betriebe des Kombinats sind der VEB Otto Grotewohl
Böhlen, der VEB Hydrierwerk Zeitz, der VEB Mineralölverbundleitung
Heinersdorf sowie (ab 1984) der VEB Wittol Wittenberg.

In den 1980er Jahren, also zum Ende der DDR, übernimmt das Kombinat
Schwedt, welches ca. ein Drittel der gesamten Chemieproduktion der DDR
und verarbeitet ca. 80 % des verfügbaren Erdöls. 1984 ehrt die Deutsche Post
(DDR) den VEB, indem sie eine Fabrikabbildung als Motiv für eine Sonder-
marke auswählt.[279]

1991 wird das Kombinat privatisiert und zunächst als Aktiengesellschaft,
schließlich als PCK Raffinerie GmbH in Schwedt/Oder als ein Gemeinschaftsunternehmen von DEA, VEBA Oel, AGIP, ELF, TOTAL und anderen
betrieben. Die Raffinerie erhält weiterhin Erdöl aus Westsibirien, welches zu

---

[278] Vgl. für die Ausführungen zum VEB Petrolchemischen Kombinat Schwedt Knortz: 2004, S. 89-
164, insb. S. 89-93.
[279] Vgl. Deutsche Post (DDR): 1984

Flüssiggas, Heizöl, Benzin, Dieselkraftstoff etc. verarbeitet wird. Von den 8.700 Mitarbeitern des Stammbetriebs werden bis 1993 ca. 2.000 Mitarbeiter in Fremdfirmen ausgegliedert. Mitte 2003 sind noch ca. 1.400 Mitarbeiter im Unternehmen beschäftigt.[280]

3.4.2.4 VEB Sachsenring Automobilwerke Zwickau

Werner Lang (1922-2013) war einer der Entwickler des Trabbi genannten Trabant 601. In einem persönlichen Bericht schildert er retrospektiv die Entwicklung bzw. Weiterentwicklung des bekannten Automobils der DDR. Dabei wird die Beziehung der Planwirtschaft zu ungeplanten Innovationen (Schwarzentwicklung: ‚das schlimmste Vergehen') plastisch. Über die Unterversorgung der DDR mit PKW, die sich in jahrelangen Wartezeiten zwischen der Bestellung und der Auslieferung äußert, wird zwar keine Aussage getätigt aber es wird deutlich, dass die Staatsführung der DDR bewusst den Bedarf der DDR-Bürger zu steuern (i. e. zu unterdrücken) versucht hat. Bemerkenswert auch das abschließende Eigenbild des Entwicklers.[281]

Hinter den Kulissen: Das Geheimnis der PKW-Entwicklung in Zwickau

1. Mai 1958: die beiden Zwickauer Automobilwerke Horch und Audi fusionieren zum VEB Sachsenring Automobilwerke Zwickau. So entstanden Kapazitäten in allen Fachbereichen, und die Trabantproduktion stieg auf über 650 PKW pro Tag an. […]

Der PKW 601 war eine sogenannte Schwarzentwicklung. Eine Schwarzentwicklung in der Planwirtschaft war das schlimmste Vergehen, das man sich vorstellen kann. Wie konnte es zu so etwas kommen? Der Generaldirektor der VVB Auto hatte die Forderung nach Veränderung der Frontpartie des P 60 [Vorvorgängermodell des PKW 601, TD] aufgestellt. Die Harmonie am Fahrzeug wäre damit verloren gegangen. Das gefiel uns nicht. In Übereinstimmung mit dem Werkleiter H. Uhlmann ließ ich als Chefkonstrukteur ohne Genehmigung der VVB insgeheim den P 601 entwickeln und Funktionsmuster bauen.

Am Tag der Vorstellung beim Generaldirektor Kurt Lang brach es dann über uns beide herein. War gab die Genehmigung, wer gab das Geld? Bestrafen wollte man uns für die Verschleuderung von Volkseigentum. Gehaltskürzung war das Mindeste, was uns erwartete.

Wie gaben aber nicht so schnell auf und kämpften um den P 601. Schließlich blieben wir die Sieger. Das Projekt wurde jetzt offiziell […]. Auf der Leipziger Frühjahrsmesse 1964 wurde das „Geheimnis" P 601 mit neuer Karosserieform präsentiert. Der P 601 wurde schließlich ein dreimillionfach verkauftes Auto.

Die Zwickauer Automobilbauer wollten aber mehr. In der Entwicklung des Automobilwerkers arbeiteten wir an neuen Modellen. Bereits 1960 war unter dem Namen P 504 ein Viertakter entstanden. Er durfte aber nicht in Serie gehen. Das gleiche Schicksal ereilte uns ein Jahr später einen P 100 mit 3-Zylinder-Motor, 5 Sitzen, 4-türig, Ganzstahlbauweise – Nachfolge und Ablöser für Trabant. […]

1967 gelang der große Wurf, der P 603 mit Wankelmotor und vielen technischen Neuerungen entstand, verbunden mit anerkannten Patenten. […]

Der VEB Sachsenring hatte den Wagen als Nachfolger für den Trabant fest eingeplant. 9 Funktionsmuster liefen auf der Erprobungsstrecke mit Erfolg. Vorgestellt wurde das Fahrzeug P 603 einigen Ministern und sie gaben ihre Zustimmung. Aber

---

[280] Anmerkung d. Verf.: Bis 2014 sinkt die Zahl der Beschäftigten auf 1.100, vgl. PCK: 2014
[281] Lang: 2001

der Mann, der in der Wirtschaft allein das Sagen hatte, entschied dagegen – Politbüro-Mitglied Günther Mittag. Mittag damals: „Der Trabant reicht aus, Funktionsmuster vernichten, Entwicklung einstellen, den verantwortlichen Werner Lang sofort nach Ludwigsfelde für die LKW-Entwicklung delegieren".

Ab 1971 war ich dann wieder in Zwickau, und es wurden wieder neue Typen entwickelt. Wir wollten den DDR-Bürgern zeigen, dass nicht nur im Westen neue Autos gebaut werden konnten und sich unsere Produktion nicht zu schämen brauchte. Indes: Die Neuentwicklungen gingen nicht in Serie, es durften auch keine Fotos von Ihnen oder Veröffentlichungen über sie erscheinen, um beim Volk kein Verlangen nach neuen Fahrzeugen zu wecken.

[…] Insgesamt entwickelten wir 16 Typen mit über 30 Funktionsmustern. Immer wieder Hoffnung, vielleicht klappt es diesmal, aber stets kam das Aus!

Am 25. Juli 1990 lief der letzte Trabi 601 vom Band. […]

Heute ist der Trabant ein Kult-Auto geworden, wie es vor ihm der „Käfer" von VW und die Ente von Citroën waren. Von den rund 3 Millionen Trabant, die insgesamt gebaut wurden, liefen Anfang der 90er Jahre noch etwa 600.000.

Trabi-Fanclubs aus ganz Europa pflegen die Trabi-Tradition. Der jährliche Trabi-Wettbewerb in Zwickau ist zum Volksfest geworden […]. Der Trabant ist somit zum Symbol geworden, an dem die Bürger der neuen Länder ihre nostalgischen Erinnerungen an die DDR knüpfen. Schade nur, dass die Autobauer ihre wirklich international anzuerkennende Leistung nicht zeigen konnten und durften.

3.4.3 Aufgaben und Diskussionsstellungen

1. Was verstehen Sie unter Planwirtschaft?
2. Bitte grenzen Sie freie Marktwirtschaft, soziale Marktwirtschaft und Zentralverwaltungswirtschaft bzw. Planwirtschaft voneinander ab!
3. Welche Vorteile und welche Nachteile können Sie bei der Planwirtschaft identifizieren?
4. Sie haben verschiedene Begriffe und Abkürzungen, die in der DDR zum alltäglichen Sprachgebrauch gehörten, kennengelernt: LPG, VEB, Kombinat, Brigade, ÖSS, ZK. Bitte wählen sie vier und beschreiben diese in eigenen Worten!
5. Was wird als ursächlich für den Niedergang der DDR betrachtet?
6. Sowohl die DDR, als auch die BRD haben Propaganda für ihr Wirtschafts- und Gesellschaftssystem betrieben. Bitte finden Sie aktuelle Beispiele aus der Wirtschafts- bzw. politischen Presse, in denen propagandaartige Kommunikation sichtbar wird!
7. Sie haben den Fünfjahrplan kennengelernt. Bitte beschreiben Sie in eigenen Worten!
8. Bitte versetzen Sie sich in die Rolle einer Mitarbeiterin oder eines Mitarbeiters eines VEB zum Zeitpunkt des Zusammenbruchs der DDR. Wie fühlen Sie sich? Bitte recherchieren Sie, wie Ihnen (und vielen anderen) die Zukunft beschrieben wurde und wie sie tatsächlich verlaufen ist! Anschlussfrage: Hätte man, d. h. der alte Staat oder der neue wiedervereinigte Staat, hier anders handeln und kommunizieren können?

3.5   Deutschland AG

3.5.1   Kurzbeschreibung

Der Begriff der *Deutschland AG* hat sich in den Jahren nach dem Zweiten Weltkrieg etabliert und ist eng mit der Periode des Wirtschaftswunders verbunden (vgl. Abschnitt 3.6 zum Wirtschaftswunder sowie Abbildung 14).

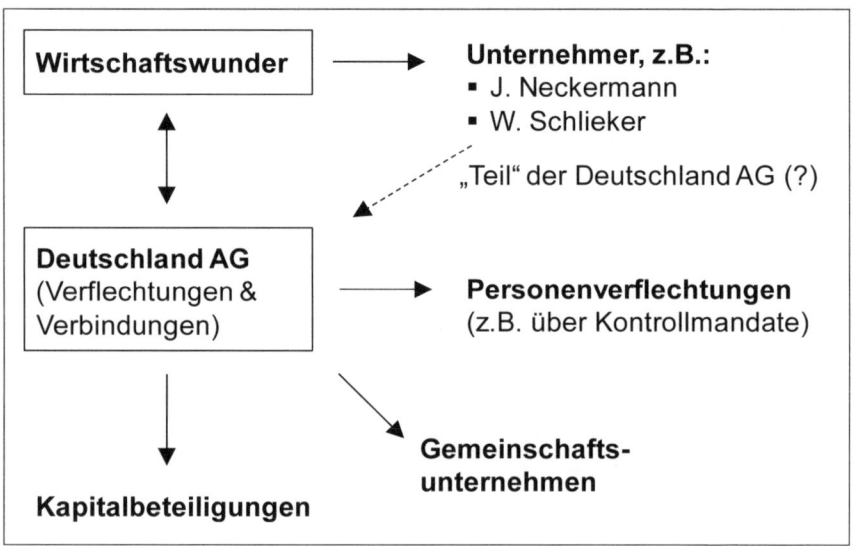

Abbildung 14: Kapitelüberblick und ausgewählte Zusammenhänge zur Deutschland AG

Üblicherweise wird unter der Deutschland AG die Verflechtung von (bundes-) deutschen Unternehmen verstanden. Diese Verflechtung kann mit Hilfe von Kapital, durch Personen oder durch die Bildung von Gemeinschaftsunternehmen erfolgen.[282]
Bei der Kapitalverflechtung hält ein Unternehmen beispielsweise signifikante Anteile an einem oder mehreren anderen. Personelle Verflechtungen können z. B. durch die Übernahme von Aufsichtsratsmandaten in einem Unternehmen durch Führungskräfte aus einem anderen Unternehmen entstehen. Oftmals sind diese Beziehungen nicht nur in eine Richtung ausgeprägt, sondern bidirektional oder auch netzförmig.
Neben dem Wie? der Verflechtung, also der Frage, ob sie durch Kapital, Personen oder Gemeinschaftsunternehmen erfolgt, kann auch noch unterschieden

---

[282] Vgl. MPIfG: 2013

werden, ob die Finanzwirtschaft oder Industrie und Dienstleistungen beteiligt sind. Auch der Staat ist (Mit-) Eigentümer einiger Unternehmen. Neben Gemeinschaftsunternehmen, die z. B. mit E.ON geführt wurden, gab es bei RWE beispielsweise in 2006 folgende Personenverflechtungen.[283] Kontrollmandate wurden durch RWE ausgeübt gegenüber:

- Commerzbank
- Deutsche Post
- Heidelberger
- RAG

Kontrollmandate gegenüber RWE wurden ausgeübt von:

- Allianz
- ThyssenKrupp

Insbesondere Zweifel an der Attraktivität stark verflochtener Unternehmen für ausländische Investoren und eine möglicherweise eingeschränkte Kontrollfähigkeit haben Kritik an der Deutschland AG laut werden lassen. In der jüngeren Vergangenheit scheint die Dichte der Verflechtungen in Deutschland abzunehmen.[284]

3.5.2 Ausgewählte Akteure

3.5.2.1 Einführung

Prominente Einzelpersonen und Akteure der Deutschland AG in den 1960er Jahren waren Hermann Josef Abs und Heinz Osterwind (beide Deutsche Bank) oder auch Hanns Deuss (Commerzbank), die neben ihrer Tätigkeit als Vorstand in einem Großunternehmen parallel Mitglied in verschiedenen Aufsichtsgremien waren.[285] Neben Abs soll nachfolgend auch Berthold Beitz und seine die deutsche Industriepolitik prägende Rolle etwas ausführlicher vorgestellt werden.

3.5.2.2 Hermann Josef Abs

Abs (1901-1994) war Sprecher des Vorstands und später Aufsichtsratsvorsitzender bei der Deutschen Bank und hatte nach eigenen Aussagen 1964 zeitgleich mehr als 30 Aufsichtsratsmandate, z. B. bei BASF, Siemens, Daimler-Benz (heute: Daimler AG), Lufthansa, Deutsche Bundesbahn, Dortmund Hörde Hüttenunion (1966: Übernahme der DHH durch Hösch; 1991: Übernahme von Hösch durch Thyssen; 1999: Übernahme von Thyssen durch

---

[283] Vgl. Krempel: 2012, S. 3
[284] Vgl. auch Beyer: 2002; Höpner, Krempel: 2003; Höpner, Krempel: 2006; Krempel: 2008.
[285] Umgangssprachlich wird hier von einem Multi-Aufsichtsrat gesprochen. Vgl. den Beitrag in DER SPIEGEL von o. V.: 1968b.

Krupp), RWE, inne.[286] Dieses Verhalten ist pointiert als *Abs-olutismus* bezeichnet und kritisiert worden, da Zweifel an der tatsächlichen Kontrollfähigkeit einer Einzelperson aufkamen. Als Reaktion hierauf hat eine „Lex Abs" getaufte Neuordnung des Aktiengesetzes 1965 die Anzahl der inländischen Kontrollmandate auf zehn begrenzt.[287]

3.5.2.3   Berthold Beitz[288]

Nach dem Zweiten Weltkrieg konnte der Industrielle und Inhaber der Firma Fried. Krupp, die in vorherigen Zeiten Lieferant preußischer Könige, deutscher Kaiser und auch Hitlers war, Gustav Krupp von Bohlen und Halbach in den Nürnberger Prozessen auf Grund einer schwerer Erkrankung nicht angeklagt werden. An seiner Stelle stand sein Sohn Alfried Krupp von Bohlen und Halbach vor Gericht und wurde verurteilt. Der Vater verstarb 1950. Im Jahr darauf erhielt Alfried Krupp durch einen Gnadenakt des amerikanischen Hohen Kommissars McCloy seine Freiheit zurück. Krupp sah sich selber nicht in der Lage das übernommene Unternehmen wieder zu alter Größe aufzubauen und hat für die Übernahme dieser Aufgabe 1953 Berthold Beitz (1913-2013) als seinen Generalbevollmächtigten angestellt. Beitz bekam den Auftrag das Unternehmen wieder aufzubauen und ist seit diesem Zeitpunkt dem Unternehmen bzw. Alfried Krupp und seinem Vermächtnis verbunden.[289]

In einem ersten Schritt hat Beitz die Konzernstrukturen reorganisiert und zentralisiert. Hierzu mussten die Befugnisse der einzelnen Abteilungs- und Betriebsleiter[290] stark beschnitten werden. Zur Unterstützung wurden verschiedene Stabsabteilungen aufgebaut, die ausschließlich der Unternehmensspitze zuarbeiteten.[291]

In einem nächsten Schritt expandierte Beitz den Krupp-Konzern sowohl national als auch international. Letzteres erfolgte insbesondere durch den Ausbau des Osthandelsgeschäfts. Dieses hat sich zwar in politischem Prestige, u. a. Kontakte mit Chruschtschow, ausgezahlt, wurde finanziell jedoch als Desaster betrachtet, da die Ostblockländer weder über Produkte verfügten, die auf dem Weltmarkt konkurrieren konnten, noch über genügend Devisen, um die von der Firma Krupp erbrachten Leistungen bezahlen zu können. 1967 war die Finanzlage desolat. Auf Grund der Unternehmensgröße wollte die damalige Bundesregierung den Krupp-Konzern nicht insolvent werden lassen. Unter Vermittlung des Wirtschaftsministeriums kam es zu Verhandlungen, die in

---

[286] Vgl. Abs: 1964
[287] Vgl. Simoneit, Brawand: 1969, S. 42
[288] Vgl. grundlegend und umfassend auch die Biografie über Beitz von: Käppner: 2010.
[289] Vgl. Grunenberg: 2006, S. 139-141
[290] Sie wurden auch in Abgrenzung zu den Eigentümern, den *Ruhrbaronen*, als *Herzöge* bezeichnet.
[291] Vgl. Grunenberg: 2006, S. 142-143

einer „kalten Entmachtung"[292] von Alfried Krupp zu Bohlen und Halbach und
Berthold Beitz mündeten.
Um von Sanierungsmaßnahmen bzw. Bürgschaften des Bundes und des Landes Nordrhein-Westfalen zu profitieren, musste die Unternehmensform geändert werden. Bis 1967 war Krupp ein inhabergeführtes Unternehmen, anschließend wurde das Unternehmen in eine Kapitalgesellschaft umgewandelt,
die einen Vorstand und einen Aufsichtsrat erhielt. Dem Vorstandsvorsitz erhielt Günter Vogelsang, den Aufsichtsratsvorsitz Herman Josef Abs. Beitz
musste sich zurückziehen und gelangte erst 1970 wieder als Aufsichtsratsvorsitzender an verantwortliche Stelle.[293]
Mit dem Tod von Alfried Krupp zu Bohlen und Halbach in 1967 ging sein
Privatvermögen und damit auch die Firma in die extra gegründete Alfried
Krupp zu Bohlen und Halbach-Stiftung über. Mit der Stiftung soll die Familie
Bohlen und Halbach vom Unternehmen Krupp getrennt und die Einheit des
Konzerns gewahrt bleiben.[294] Auch der Schutz der Arbeitnehmer
(Kruppianer) vor renditesuchenden Dritten sollte gewährleistet werden.
Den Vorsitz im Kuratorium der Stiftung übernahm Beitz. Zunächst lagen alle
Firmenanteile an Krupp bei der gemeinnützigen Stiftung, mit deren Vermö-
gen Wissenschaft, Kultur, Bildung und Sport gefördert werden. Nach einem
Verkauf von 25,04 % der Firmenanteile an den Iran in 1976 und der Fusion
mit Thyssen im Jahr 1999 hält die Stiftung 2013 noch 25,3 % der Anteile an
ThyssenKrupp.[295] Da die Stiftung seit 2007 das Sonderrecht hat, drei Mitglieder des Aufsichtsrats direkt zu entsenden,[296] hatte Beitz bis zu seinem Tod im
Jahr 2013 noch „faktisch das Sagen"[297] bei Thyssen-Krupp, z. B. wenn es um
die Besetzung des Aufsichtsratsvorsitzes und indirekt auch um die Bestellung
des Vorstandsvorsitzenden geht.[298] Seit einer Kapitalerhöhung Ende 2013 ist
die Stiftung mit einem Anteil von 23,03 % an der ThyssenKrupp AG beteiligt.[299]

3.5.3 Aufgaben und Diskussionsstellungen

1. Sie haben Vorstand und Aufsichtsrat als Organe einer Kapitalgesellschaft kennengelernt. Welche Aufgaben können Sie ihnen zuordnen?
   Bitte versuchen Sie, diese grob zu skizzieren!

---

[292] Grunenberg: 2006, S. 241
[293] Vgl. Grunenberg: 2006, S. 239-245
[294] Vgl. Murphy, Reuter: 2012
[295] Vgl. Kippenberger: 2010; Knop, Sturbeck: 2013
[296] Vgl. Kaiser: 2013
[297] Tauber: 2013
[298] Vgl. die Diskussion in der Tagespresse Anfang 2013 um den Vorsitz im Aufsichtsrat.
[299] Vgl. ThyssenKrupp: 2014

2. Ist die „Deutschland AG" eher positiv oder eher negativ zu bewerten? Warum?

3. Bitte recherchieren Sie, ob es der „Deutschland AG" ähnelnde Konstrukte im Ausland gibt und stellen ggf. Vergleiche an!

4. Der Krupp-Konzern war seit Gründung ein Familienunternehmen und hatte zuletzt Alfried Krupp von Bohlen und Halbach als alleinigem Inhaber. Anschließend ist das Unternehmen eine Kapitalgesellschaft geworden, in der eine gemeinnützige Stiftung noch heute ein wesentliches Mitspracherecht hat. Welche Motivationen gab wohl es für diese Schritte?

5. In der Deutschland AG lag augenscheinlich viel faktische Macht in den Händen weniger Personen. Wie wird heute innerhalb von Unternehmen kontrolliert, dass es zu keinem Machtmissbrauch kommt?

3.6 Wirtschaftswunder

3.6.1 Kurzbeschreibung

Als *Wirtschaftswunder* wird umgangssprachlich der rasante und für manche überraschende wirtschaftliche Aufschwung in Westdeutschland nach dem Zweiten Weltkrieg bezeichnet.[300] Abbildung 15 gibt einen Überblick zu ausgewählten Aspekten, die im Folgenden diskutiert werden.

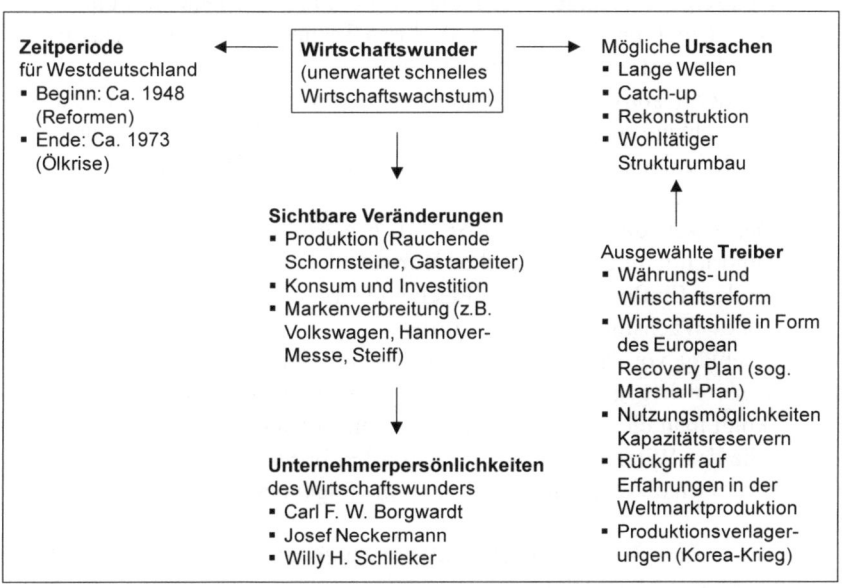

Abbildung 15: Kapitelüberblick und ausgewählte Zusammenhänge zum Wirtschaftswunder

Als Auslöser bzw. als Startpunkt des Wirtschaftswunders kann die Währungsreform 1948 betrachtet werden. In den 1950er Jahren wurde dann auch eine Verbesserung bei verschiedenen Indikatoren sichtbar:
Der Index des Bruttosozialproduktes stieg von 1950 bis 1960 von 100 auf 215. Dies entspricht einem durchschnittlichen jährlichen Wachstum von 7,6 %. Die Industrieproduktion wuchs von 1950 bis 1960 um 149 %, das Teilsegment der Investitionsgüterindustrie produzierte 220 % mehr. Investitionen stiegen im Zeitraum von 1952 bis 1969 um 120 % an.
Das Ende des Wirtschaftswunders kann auf den Zeitpunkt der Ölpreiskrise 1973 datiert werden, in der es zu einer Drosselung der Erdölförderung durch

---

[300] Wobei auch in anderen Staaten ein starkes Wirtschaftswachstum einsetzte, vgl. die Zusammenstellung durch Cameron, Neal: 2003, S. 368-371, insb. S. 369.

die OPEC (Organisation erdölexportierender Länder) kam, welche wiederum eine Ölpreissteigerung sowie Drosselung der Industrieproduktion z. B. in Deutschland zur Folge hatte.
Vier mögliche Ursachen für das Wirtschaftswunder werden von verschiedenen Denkschulen angeboten:[301]

- Bei dem in Frage kommenden Zeitraum handelt es sich um eine Aufschwungphase der Kondratjew-Zyklen, dies sind 50 Jahre dauernde Konjunkturzyklen (sog. *Lange Wellen*).
- Deutschland befindet sich in diesem Zeitraum in einem Aufholprozess (sog. *Catch-up*), in dem es z. B. durch Technologieimporte schnell Wohlstandsfortschritte erzielt werden.
- Bei der *Rekonstruktionshypothese* wird davon ausgegangen, dass in Deutschland so lange ein hohes Wirtschaftswachstum vorzufinden war, bis derjenige langfristige Wachstumspfad erreicht wurde, der ohne einen Krieg vorhanden gewesen wäre.
- Der Ansatz des *wohltätigen Strukturbruchs* führt an, dass die deutliche Umorientierung der deutschen Wirtschaftspolitik nach Kriegsende unter dem Einfluss von neuen Ideen und Organisationen stand und so ein hohes Wachstum gefördert wurde.

Wehler schlägt vor, die beiden letzten Hypothesen nicht als konkurrierend, sondern als sich gegenseitig unterstützend zu betrachten und zu kombinieren.[302] Folgt man diesem Vorschlag, so lassen sich mehrere Elemente identifizieren, die das Wirtschaftswachstum gefördert haben. Ein *Erklärungsversuch* für das Wirtschaftswachstum kann also mit folgenden Treibern gestützt werden:

- Umsetzung der Währungs- und Wirtschaftsreform und Wirtschaftshilfe durch den Marshallplan.
- Nutzung der (trotz Demontagen nach dem Krieg noch vorhandenen) Kapazitätsreserven.
- Vorhandensein einer großen Zahl motivierter und qualifizierter Arbeitskräfte.
- Rückgriffmöglichkeiten auf bereits vorhandene Erfahrungen in der Weltmarktproduktion.
- Verlagerung der Industrieproduktion aus anderen Ländern, die während des Korea-Krieges die Rüstungsproduktion ausbauten, nach Deutschland, wo Rüstungsproduktion verboten war, in Zusammenhang mit einer europäischen und weltwirtschaftlichen Integration Deutschlands.

Zudem ist zu beachten, dass hohe Wachstumsraten gerade dann relativ leicht zu erzielen sind, wenn die Ausgangsbasis eher niedrig ist.

---

[301] Vgl. Wehler: 2005, S. 54
[302] Vgl. Wehler: 2005, S. 55

Auch in anderen Ländern kam es nach dem Zweiten Weltkrieg zu einem relativ starken wirtschaftlichen Aufschwung, jedoch nicht in dem Ausmaße, wie er in Westdeutschland erlebt werden konnte.[303] Vielfach gelang vor diesem Hintergrund ein signifikanter unternehmerischer Aufstieg. Einige Personen bzw. einige Namen sind eng mit dem Wirtschaftswunder verbunden, so z. B. Carl Friedrich Wilhelm Borgward (Automobilhersteller), Friedrich Flick (diverse Industriebeteiligungen), Max Grundig (Unterhaltungselektronik), Hans Lutz Merkle (Bosch, Automobilzulieferer), Josef Neckermann (Versandhandel), Rudolf-August Oetker (Nahrungsmittel und weiteres), Werner Otto (Versandhandel) oder Willy H. Schlieker (Schiffsbau). Politisch wird Ludwig Erhard als Wirtschaftsminister und späterer Bundeskanzler durch seine Umsetzung des von Alfred Müller-Armack entworfenen Bildes der Sozialen Marktwirtschaft als treibende Kraft gesehen. Ebenfalls als Ausdruck des deutschen Aufstiegs können die starke Expansion und Internationalisierung deutscher Unternehmen, ausgedrückt in der internationalen Bekanntheit von Marken wie z. B. Aspirin (Schmerzmittel), Hannover Messe (zunächst Industriegütermesse, später auch IT-Messe (CeBIT)), Demag (Kräne), Steiff (Spielwaren) oder Volkswagen (Automobile) sowie u. a. die gesellschaftliche Entwicklung der im internationalen Vergleich sehr kooperativen Arbeitnehmermitbestimmung und der langfristig ausgewogenen Arbeitszeitvereinbarungen der Tarifparteien (Stichwort: „Samstags gehört Vati mir"[304]) betrachtet werden.[305]

3.6.2 Profile ausgewählter Unternehmer der Wirtschaftswunderzeit

3.6.2.1 Carl Friedrich Borgward

Carl Friedrich Wilhelm Borgward (1890-1963, Sohn eines Kohlehändlers) hat bereits zwischen den Weltkriegen Automobilteile sowie erste Fahrzeuge produziert und ist für sein Verhalten im Zweiten Weltkrieg von den Alliierten als sog. Mitläufer eingestuft worden. Acht Monate seines Entnazifizierungsverfahrens verbrachte er im Kriegsverbrechergefängnis und hat dort US-amerikanische Autozeitschriften lesen können. Nach der Haftentlassung konnte er innerhalb eines Jahres das erste Auto (mit Sperrholzkarosserie) produzieren, von dem 350.000 Stück verkauft wurden.

---

[303] Vgl. für die Übersichtsdarstellung zum Wirtschaftswunder: Bührer: 2002. Notabene: Der Begriff Wirtschaftswunder hat sich als eine der wenigen deutschen Vokabeln auch im angloamerikanischen Sprachgebrauch durchgesetzt.

[304] Kampagnenmotto des Deutschen Gewerkschaftsbundes (DGB, heute Teil von ver.di, Vereinte Dienstleistungsgewerkschaften) 1956 zur Einführung der Fünf-Tage-Woche.

[305] Vgl. beispielsweise die entsprechenden Exponate und Erläuterungen im Haus der Geschichte, Bonn.

Weitere Modelle folgten und 1957 war Borgward Bremens größter Arbeitgeber mit 20.000 Beschäftigten. Der Unternehmer Borgward legte seinen Fokus eher auf die Disziplinen Konstruktion und Entwicklung, weniger auf stetige Verbesserungen, Marktanalysen und Finanzen. Ein als großzügig bezeichnetes Übernahmeangebot von Chrysler lehnte er ab, um seine unternehmerische Unabhängigkeit nicht aufgeben zu müssen.

Technische Fehler machten Nachbesserungen am Kompaktmodell ‚Arabella 1959', das als Konkurrenzmodell zum VW Käfer positioniert werden sollte, notwendig. Dies wiederum führte neben den Kosten für die Nachbesserungen auch dazu, dass fertige Autos nicht ausgeliefert wurden und so Kapital unnötig gebunden wurde. Ergänzend wirkten sich nicht direkt dem Automobilgeschäft zurechenbare Forschungsausgaben, z. B. für zivil nutzbare Kleinhubschrauber, negativ auf die gesamte Finanzsituation aus. Eine Anfrage des damals viertgrößten Autoherstellers Deutschlands an den Bremer Senat über eine Kreditbürgschaft wurde abschlägig beschieden und als Folge hieraus musste 1961 das Konkursverfahren eröffnet werden.[306]

3.6.2.2 Josef Neckermann

Josef Neckermann (1912-1993, Sohn eines Kohlehändlers) konnte Anfang der 1950er Jahre der westdeutschen Bevölkerung eine komplette Alltagsausstattung[307] aus dem Versandkatalog bieten: „Herr Müller trinkt morgens auf seiner Neckermann-Eckbank eine Tasse Neckermann-Kaffee, fährt dann mit dem Neckermann-Motorrad zur Arbeit, seine Frau trocknet sich die Haare mit dem Neckermann-Fön, hört beim Saubermachen beschwingt Musik aus dem Neckermann-Radio, und abends suchen sich die beiden vor dem Neckermann-Fernseher neue Wintermäntel aus dem Katalog aus, während die beiden Kinder schon in ihren Neckermann-Bettchen liegen."[308]

Die Angebote von Neckermann zeichneten sich insbesondere in den ersten Nachkriegsjahren durch eine funktionale Ausstattung und günstige Preise aus. Die Bereitstellung einer Vielzahl von Produkten direkt nach der Währungsreform und ihre Präsentation in Katalogen war eine unterstützende Kraft für den Erfolg des Wirtschaftsprogramms von Ludwig Erhard.

Neckermann hat in dieser Zeit zwei Kataloge jährlich herausgegeben[309] und jeweils eine Festpreisgarantie gegeben. Bei seinen Produkten hat Neckermann wiederholt auf die Preisführerschaft gesetzt und z. B. bei Kleidung, technischen Geräten, Mopeds und Fertighäusern aggressiv den Markt bearbeitet. Hierfür war eine sehr genaue Kalkulation notwendig. Diese wiederum resul-

---

[306] Vgl. Grunenberg: 2006, S. 203-209; Meyer-Larsen: 1999, S. 141; oder den Nachruf von o. V.: 1963.
[307] Die Zukunftsversion lautete dementsprechend auch: „Überall Neckermann."
[308] Neckermann: 1990, S. 227, zit. n. Grunenberg: 2006, S. 172
[309] Die Auflage im Jahr 1958 lag bei 3 Mio. Katalogen.

tierte in einem hohen unternehmerischen Risiko, denn ein kaufmännischer Fehler in der Kalkulation zieht in einem solchen Fall viele unverkaufte Produkte nach sich. Resultierend hieraus wird von einer Umsatzrendite in Höhe von einem bis zwei Prozent berichtet.[310]

Im Gegensatz zu anderen Unternehmern (vgl. z. B. Borgward) hat sich Neckermann bereits Mitte der 1950er Jahre um externes Kapital bemüht. Friedrich Flick hat sich seine Rolle als stiller Teilhaber mit jährlich 15 % Zinsen bezahlen lassen. Anfang der 1960er Jahre ging die Rendite deutlich zurück und Flick forderte Neckermann 1963 auf, mit Horten, einem Waren- und Kaufhausunternehmen, zu fusionieren. Neckermann ist hierauf nicht eingegangen und hat stattdessen das Unternehmen in eine Kapitalgesellschaft umgewandelt, um so in die Lage zu gelangen, Anteile an einen amerikanischen Investor verkaufen zu können. Mit den Verkaufserlösen wiederum konnte Neckermann Flick 1967 auszahlen. Mit dem Ende des Wirtschaftswunders wurde auch für Neckermann das wirtschaftliche Umfeld schwieriger und 1976 erfolgte ein Verkauf des Unternehmens an den Karstadt-Konzern.[311]

Die wirtschaftliche Situation des Unternehmens kurz vor dem Verkauf kann wie folgt zusammengefasst werden:

Nun [1974, d. Verf.] zeigten sich in verhängnisvoller Weise die Schwächen einer nur an der „Spanne" und dem Wachstum ausgerichteten Unternehmenskonzeption mit der Vernachlässigung von Rentabilitätsgesichtspunkten [...]. Die Ertragskraft des Unternehmens war weit hinter dem Umsatzwachstum zurückgeblieben, und bei Umsatzeinbußen trat dies nun zutage. Ein Kurswechsel mit deutlichen Preisanhebungen im Winter 1974/75 scheiterte an der sinkenden Nachfrage der Kunden und an den Maßnahmen der weitaus besser dastehenden Konkurrenz. [...] Durch die jahrzehntelange Niedrigpreispolitik war der Newcomer nie in der Lage gewesen, eine ausreichende Kapitalbasis aufzubauen, Wachstum war wichtiger als Rendite gewesen. Dieses Schneeballsystem, bei dem Lieferanten gelegentlich sogar mit der Tageskasse bezahlt werden mußten, und bei dem ein Nachnahmeinkasso lebenswichtig war, stieß bei sinkenden Umsätzen unweigerlich an die Grenzen der Finanzkraft. [...]

Wie schlimm es um das Unternehmen bereits bestellt war, wurde in den Verhandlungen mit Karstadt deutlich. Die Firma war praktisch pleite. Bei den Banken stand man mit 410 Mill. DM in der Kreide, der Umsatz war in den ersten neun Monaten des Jahres um 7 v. H. abgesackt, so daß daraus 101 Mill. DM in der Kasse fehlten; das Warenlager bestand aus Ladenhütern mit einem Abschreibungsbedarf von ca. 100 Mill. DM: ein wahrhaft gigantischer Bankrott zeichnete sich ab [...]. Um den Fortbestand des Unternehmens zu sichern, mußten die Gläubigerbanken auf 180 Mill. DM Forderungen verzichten und einen Teil der Verluste der kommenden Jahre mit tragen. Neckermann selbst blieben von seinem Aktienkapital nur 5 Mill. DM, die jedoch bereits von den Banken beliehen waren und damit ebenfalls verlorengingen. „Ein paar Pferde wird man ihm wohl lassen", tröstete einer der wenigen Manager mit Überlebenschancen im Konzern. [...] „Meine Reiterei und die Sporthilfe sicherten mir gesellschaftlich das Überleben", so sieht es Josef Neckermann aus der Sicht des Jahres 1990.[312]

---

[310] Vgl. Grunenberg: 2006, S. 172-174; Meyer-Larsen: 1999, S. 141-142
[311] Vgl. Grunenberg: 2006, S. 214-216
[312] Pierenkemper: 1996, S. 243-244

3.6.2.3   Willy H. Schlieker

Willy H. Schlieker (1914-1980, Sohn eines Werftarbeiters und Kessel-schmieds) hat nach dem Krieg zunächst als Stahlhändler Karriere gemacht und das amerikanische Magazin Time kürte ihn zum ‚Wirtschaftswunderkna-be Nr. 1'. Das erworbene Vermögen nutzte Schlieker, um sich als Werftbesit-zer zu betätigen. Allerdings werden ihm die Umgangs- und Verhaltensformen nachgesagt, die den Berufen seines Vaters entsprochen haben sollen. Damit konnte er nur schwer in der eher feinen Hamburger Gesellschaft Anschluss finden, obwohl er hohe Investitionen tätigte, vielen Menschen Arbeit gab und sich so in die Stadt einzubringen versuchte. 1961 hatte er 7.000 Beschäftige und 800 Mio. Mark Umsatz.

Zu dem Zeitpunkt, als Schlieker sein Vermögen in den Schiffsbau investierte, haben sich jedoch die Bezahlungsbedingungen der Schiffskäufer gegenüber den Werften geändert: Direkt nach dem Zweiten Weltkrieg war es üblich, den Schiffspreis in Raten entsprechend dem Baufortschritt zu zahlen. Auf Grund von Überkapazitäten Ende der 1950er und Anfang der 1960er Jahre konnten Reeder auf die Werften Druck dahingehend ausüben, dass letztere deutlich stärker in finanzielle Vorleistung gehen mussten, um zu einem Auftrag zu ge-langen. 1962 kam es zu einer Schiffsbaukrise.

Das Ausbleiben dieser Vorauszahlungen und eher schlecht ausgeprägte kauf-männische Fähigkeiten führten zunächst zu einem Vergleich, dann zu einem Konkursverfahren. Schliekers einschlägiger Ruf in der Geschäftswelt sowie eine ausgeprägte Herr-im-Hause-Attitüde und damit einhergehenden man-gelnden Fähigkeit, Ratschläge anzunehmen, führten nicht dazu, dass er in die-ser Situation z. B. eine angefragte Bankbürgschaft vom Hamburger Senat er-halten oder ihn die Dresdner Bank unterstützt hätte. Der ‚Werftkönig' musste 1962 sein Geschäft aufgeben, obwohl der Konkurs vermeidbar gewesen wäre, wenn seine Geschäftspartner im Rahmen der genannten Anfragen auf ihn ein-gegangen wären.[313]

3.6.3   Aufgaben und Diskussionsstellungen

1. Charakterisierend für das Wirtschaftswunder waren hohe Wachstums-raten z. B. bei der gesamtwirtschaftlichen Leistung, aber auch unter-nehmensindividuell. Welche Länder verfügen heute über hohe Wachs-tumsraten? Warum?

2. Über das Versandhandelsunternehmen Neckermann wurde gesagt, dass die Margen relativ niedrig seien. Ist dies für den Handel typisch? Wel-che anderen Branchen könnten ebenfalls geringe Margen aufweisen und welche hohe?

---

[313] Vgl. Grunenberg: 2006, S. 210-213; Meyer-Larsen: 1999, S. 140-141

3. Bitte beschreiben Sie die finanzwirtschaftlichen Aspekte des Geschäftsmodells von Neckermann mit eigenen Worten! Wo liegen Stärken und Schwächen?
4. Der stationäre Handel in Deutschland hat in den Nachkriegsjahren
   Konkurrenz vom Katalogversandhandel bekommen. Wo sehen Sie heute die größte Konkurrenz? Bitte beschreiben Sie die aktuelle Marktsitu-
   ation! Wie reagieren Handelsunternehmen darauf?
5. Aus welchen Gründen könnte Carl Borgward sich dazu entschieden haben, an die Zukunft von zivilen Hubschraubern für den Privatgebrauch
   zu glauben?
6. Welche Stärken und Schwächen können Sie bei Borgward, Neckermann und Schliecker jeweils identifizieren? Welche Chancen und Risiken ergeben sich aus dem jeweiligen Umfeld?
7. Mit Blick auf die gerade identifizierten Stärken, Schwächen, Chancen
   und Risiken: Wie hätten Borgward, Neckermann und Schlieker (anders) agieren können?

3.7 KMU und Mittelstand

3.7.1 Kurzbeschreibung

3.7.1.1 Einführung und ausgewählte Beispiele

Der Mittelstand bildet einen festen Bestandteil der deutschen Unternehmenslandschaft, in der wirtschaftswissenschaftlichen und populärwissenschaftlichen Fachliteratur erfährt er jedoch erst in den letzten Jahren eine umfangreichere Würdigung.[314] So wird festgehalten, dass „mittelständische Unternehmen nicht als Miniaturausgaben von Großkonzernen betrachtet werden"[315] dürfen und es wird vom „geniale[n] Mittelstand"[316] gesprochen. Abbildung 16 gibt einen Ausblick auf im Folgenden zu diskutierende Aspekte.

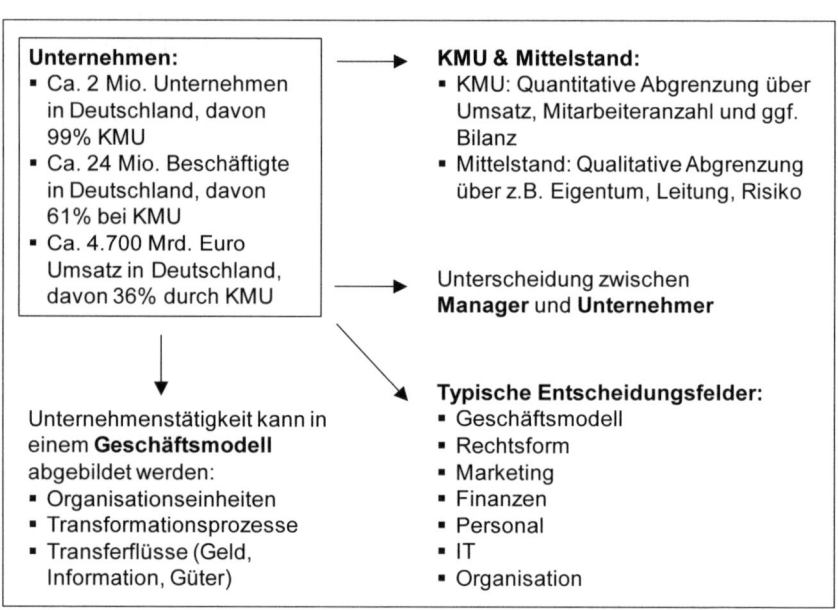

Abbildung 16: Kapitelüberblick und ausgewählte Zusammenhänge von KMU und Mittelstand

---

[314] Konzerne standen und stehen oft im Mittelpunkt von Betrachtungen. Ein Grund hierfür kann sein, dass sie über den Vorteil verfügen, auf Grund ihrer Größe die Funktionsweise von dedizierten Funktionen anschaulich spiegeln zu können.

[315] Reinemann: 2011, S. 1

[316] Rust: 2013

Kleine und mittlere Unternehmen stellen im Vergleich zu Großunternehmen in Deutschland den größten Block der vorhandenen Unternehmen (99,3 %) und beschäftigen den größten Teil der Beschäftigten (60,7 %), erwirtschaften jedoch einen unterproportionalen Teil des Gesamtumsatzes (35,6 %) und erzielen dadurch auch einen deutlich geringeren Umsatz pro Mitarbeiter (113.469 Euro im Vergleich zu 317.295 Euro bei Großunternehmen).[317]

Aus der Masse herausragende mittelständische Unternehmer schaffen es oft, sich mit innovativen Ideen, konsequenter Prinzipienverfolgung und ausgeprägtem Charakter zu positionieren. Unter den deutschen Mittelständlern sind viele Unternehmer zu finden, die es schaffen, ihr Unternehmen zu einem Nischenweltmarktführer (sog. Hidden Champion) zu machen oder ein starkes Größenwachstum herbeizuführen und sich von einem kleinen Unternehmen zu einem mittelgroßen und schließlich zu einem Großunternehmen zu entwickeln. Als Beispiele können Wolfgang Grupp, Karl und Theo Albrecht, Torsten Toeller und Otto Beisheim herangezogen werden:

- *Wolfgang Grupp* ist in dritter Generation Geschäftsführer von *Trigema*, einem T-Shirt- und Tennisbekleidungshersteller. Im Gegensatz zu anderen Bekleidungsproduzenten lässt er nicht im Ausland zu günstigeren Konditionen produzieren, sondern zeigt sich heimatverbunden und stellt seine Produkte in Deutschland her. Grupp wird als einer der bekanntesten Mittelständler Deutschlands bezeichnet. Der heutige Firmenname Trigema stammt aus der Zeit der Unternehmensgründung 1919/1920 und ist die Abkürzung von Trikotwarenfabrik Gebrüder Mayer. Trigema-Werbespots sind durch den eingesetzten Affen bekannt geworden.[318]

- *Karl und Theo Albrecht* haben 1945 das 1913/1914 gegründete Lebensmittelgeschäft ihrer Eltern übernommen und bauten es seit 1948 zum Filialgeschäft aus. 1961 erfolgt eine Teilung des Filialnetzes in Nord (Leitung durch Theo Albrecht) und Süd (Leitung durch Karl Albrecht) und 1962 wurde die erste *Aldi*-Filiale testweise eröffnet. Der Name Aldi steht hierbei für Albrecht Diskont. Im Jahr 2013 gibt es 1.800 Filialen in Deutschland sowie einige Auslandstöchter. Das Unternehmen wird gleichermaßen als erfolgreich und als sehr verschwiegen beschrieben.[319]

- *Torsten Toeller* ist Gründer und Eigentümer der Tierbedarfskette *Fressnapf.* Toeller hat im Rahmen eines USA-Besuchs das Unternehmen Petsmart kennengelernt. Petsmart ist ein Supermarkt für Tierbedarf mit einer großzügigen Raumaufteilung, günstigen Angeboten und

---

[317] Siehe auch Kapitel 2.2.6 und vgl. nochmals Söllner: 2011, insb. S. 1087-1089
[318] Vgl. Kapalschinski: 2012, Eisert: 2013
[319] Vgl. Aldi: 2013

einem großen Sortiment. Das importierte Konzept wurde gegen die klassischen Tierbedarfsläden positioniert und hat zwischenzeitlich weitgehend als Franchise-Unternehmen expandiert. Das erfolgreiche Modell kopiert Toeller mit der Marke *Equiva* auch auf Pferde- bzw. Reiterbedarf. Ein drittes Standbein von Toeller stellen die Wohnheimhäuser *Headquarter* in ausgewählten deutschen Hochschulstädten dar.[320]

- *Otto Beisheim* hat die Firma *Metro* mit Hilfe eines kopierten Konzeptes gegründet und geleitet. Beisheim hat sich bei einem USA-Besuch das Konzept der Cash and Carry-Märkte abgeschaut und in Deutschland etabliert. Das Geschäftsmodell basiert auf der Selbstabholung von Großhandelsware. Beisheim hat sich als Philanthrop und Mäzen u. a. bei der privaten Universität WHU (ehemals Wissenschaftliche Hochschule für Unternehmensführung, jetzt Otto Beisheim School of Management) engagiert.[321]

3.7.1.2   Definitionen für kleine und mittlere Unternehmen

Der Begriff Mittelstand wird oftmals unreflektiert und synonym zur Klasse der kleinen und mittelgroßen Unternehmen (KMU) genutzt und nur vage definiert. Weiter oben ist bereits die Klassifikation des Statistischen Bundesamtes zu Unternehmen entsprechend ihrer Größe vorgestellt worden:[322]

- Ein Kleinstunternehmen hat bis zu 9 Beschäftigte und einen Jahresumsatz von bis zu 2 Mio. Euro.
- Ein kleines Unternehmen hat bis zu 49 Beschäftigte und einen Jahresumsatz von bis zu 10 Mio. Euro und ist kein Kleinstunternehmen.
- Ein mittleres Unternehmen hat bis zu 249 Beschäftigte und einen Jahresumsatz von bis zu 50 Mio. Euro und ist kein kleines Unternehmen.
- Ein Großunternehmen hat mehr als 249 Beschäftigte oder einen Jahresumsatz von mehr als 50 Mio. Euro.

In Praxis und Literatur finden sich weitere gängigen Größeneinteilungen, zum Beispiel die des IfM Bonn:[323]

- Kleine Unternehmen haben bis zu 9 Beschäftigte und einen Jahresumsatz von bis zu 1 Mio. Euro.
- Mittlere Unternehmen haben bis zu 499 Beschäftigte und einen Jahresumsatz von bis zu 50 Mio. Euro und sind keine kleinen Unternehmen.

---

[320] Vgl. Engeser: 2013
[321] Vgl. Schlautmann: 2013
[322] Vgl. nochmals Söllner: 2011, insb. S. 1087-1089
[323] Vgl. Günterberg, Wolter: 2002, S. 14

Verbreitet ist ebenfalls die Definition der Europäischen Kommission für Small and Medium Sized Enterprises (SME), in der neben der Beschäftigten-zahl alternativ auf die Umsatzhöhe oder Bilanzsumme eingegangen wird:[324]

- Kleinstunternehmen haben bis zu 9 Beschäftigten und einen Jahresum-satz von bis zu 2 Mio. Euro oder eine Bilanzsumme von bis zu 2 Mio. Euro und sind keine Kleinstunternehmen.
- Kleine Unternehmen haben bis zu 49 Beschäftigten und einen Jahres-umsatz von bis zu 10 Mio. Euro oder eine Bilanzsumme von bis zu 10 Mio. Euro und sind keine Kleinst- oder kleine Unternehmen.
- Mittlere Unternehmen haben bis zu 249 Beschäftigten und einen Jah-resumsatz von bis zu 50 Mio. Euro oder eine Bilanzsumme von bis zu 43 Mio. Euro.

Aus allen drei Klassifikationen lassen sich durch eine Kombination von Grö-ßenklassen leicht Abgrenzungen für KMU herleiten.

Neben dieser quantitativen Sichtweise auf Unternehmen und Einteilung in bestimmte Größenkategorien lässt sich auch noch eine qualitative Sichtweise auf Unternehmen identifizieren, durch die sogenannte mittelständische Unter-nehmen charakterisiert werden können.

3.7.1.3 Beschreibung und Charakteristika des Mittelstands

Fünf Merkmale werden als charakteristisch für ein mittelständisches Unter-nehmen genannt:[325]

- *Einheit von Eigentum und Leitung:* Der Eigentümer oder ein Mitglied der Eigentümerfamilie leitet das Unternehmen. In diesem Zusammen-hang wird auch von Familienunternehmen gesprochen.
- *Einheit von Eigentum, Risiko und Kontrolle:* Durch die Identität von Eigentum und Leitung wird gleichzeitig auch die strategische und ope-rative Kontrolle übernommen. Oftmals sind Unternehmen als Perso-nengesellschaften organisiert, was wiederum Auswirkungen auf das Ri-siko und die Haftung, z. B. die persönliche Haftung gegenüber der in-stitutionellen Haftung, hat.
- *Flache Hierarchie:* Eine geringe Leitungstiefe ist auf Grund der eher geringen Unternehmensgröße meist automatisch vorhanden. Ceteris paribus wird jedoch unterstellt, dass Eigentümer eine größere operative Kontrolle als angestellte Manager ausüben wollen.
- *Persönliche Beziehung zwischen Unternehmen und Umfeld:* Eigentü-mer mittelständischer Unternehmen sind oftmals in der jeweiligen Heimatregion integriert und engagiert und berücksichtigen bei ihren Entscheidungen das Wohlergehen des lokalen Umfeldes.

---

[324] Vgl. Europäische Kommission: 2003
[325] Vgl. Reinemann: 2011, S. 5-7

- *Konzernunabhängigkeit:* Konstituierende Bedingung ist weiterhin, dass kein anderes Unternehmen mehr als 25 % am Stammkapital des mittelständischen Unternehmens hält, so dass keine Sperrminorität und keine Einflussmöglichkeit Dritter bei strategischen Fragen gegeben ist.

Eine exakte Zuordnung bei Grenzfällen ist in der Praxis auf Grund von Kriterienüberschreitungen, z. B. bei der Leitungsstruktur unter Einbeziehung von Fremdmanagement oder bei der Besitzstruktur unter Berücksichtigung von Fremdbesitz, nicht möglich.

Wird auf diese beiden genannten Parameter (Leitung, Besitz) fokussiert, so können fünf Unternehmenstypen des Mittelstands unterschieden werden:[326]

- Eigentümerunternehmen: Leitung und Besitz liegen bei jeweils einer Einzelperson.
- Familienunternehmen: Leitung und Besitz liegen bei einer Einzelperson oder in der Familie (und es handelt sich nicht um ein Eigentümerunternehmen).
- Fremdgeführter Mittelstand: Leitung obliegt ganz oder teilweise einem Fremdmanagement und Besitz liegt bei einer Einzelperson oder der Familie.
- Mischfinanziertes Unternehmen: Leitung liegt bei einer Einzelperson oder der Familie und der Besitz befindet sich ganz- oder teilweise im externer Hand.
- Publikumsgesellschaft: Leitung und Besitz befinden sich ganz oder teilweise in externer Hand.

3.7.1.4 Gemeinsamkeiten erfolgreicher mittelständischer Qualitätsproduzenten

Die Unternehmensprofile mittelständischer, spezialisierter Unternehmen mit einem Fokus auf hohe Produktqualität sind sehr heterogen. Dennoch lassen sich Gemeinsamkeiten identifizieren:[327]

- Spezialisierung (Technologie, Kunden, Produkte)
- Hochpreisige Positionierung (Preiskämpfe sollen so vermieden werden)
- Exportorientierung (Skalenvorteile sollen durch Internationalisierung realisiert werden)
- Langfristige Kundenbeziehungen
- Hohe Fertigungstiefe (Qualitätsniveaus sollen gesichert und Kompetenzen abgeschirmt werden)
- Langfristorientierung und Nachhaltigkeit
- Vergleichsweise geringes Expansionstempo
- Geringe Diversifikation (Oft nur in angrenzenden Bereichen)

---

[326] Vgl. Denison, Reiß, Greving: 2009, S. 8
[327] Vgl. Berghoff: 2004, S. 118

3.7.1.5   Abgrenzung zum Konzern

KMU und Mittelstand lassen sich neben den genannten quantitativen und qualitativen definitorischen Aspekten auch regelmäßig durch weitere Eigenschaften bzw. Stärken und Schwächen beschreiben und dadurch von Konzernen abgrenzen. In einer weder abschließenden noch allgemeingültigen Aufzählung können für KMU und Mittelstand genannt werden:[328]

- Kurze und unbürokratische Wege
- Schnelle Reaktionsmöglichkeiten auf Marktveränderungen
- Ausgeprägte Vertrauenskultur
- Geringe Fluktuation
- Enge Beziehungen zu Lieferanten und Kunden
- Geringe finanzielle und personelle Ressourcen in der Verfügungsgewalt
- Unternehmenskultur patriarchalisch geprägt
- Hohe Abhängigkeit von wenigen Schlüsselpersonen

Auch das Zielsystem von unabhängigen KMU und Konzernen bzw. Konzernunternehmen differiert. Während die Wichtigkeit von Kunden- und Mitarbeiterzufriedenheit, Ansehen in der Öffentlichkeit sowie die Eigenkapitalrendite und Gewinnmaximierung als Ziel von beiden Unternehmenstypen in fast gleicher Höhe als wichtig angesehen wird, lassen sich auch Unterschiede identifizieren: Unternehmensfortbestand, Unabhängigkeit und soziale Verantwortung wird von unabhängigen KMU höher bewertet, Umsatzwachstum bzw. Marktanteilsziele werden von Konzernen bzw. Konzernunternehmen stärker als Ziel herangezogen.[329]

3.7.1.6   Trend: Chinesische Direktinvestitionen

Geschäftskontakte zwischen chinesischen und deutschen Unternehmen können als durchaus etabliert charakterisiert werden. Als Beispiel lässt sich der Import von in China gefertigten Produkten anfügen. Allerdings entwickeln sich auch die sog. Direktinvestitionen von chinesischen Unternehmen in Deutschland von einer Randerscheinung zu einem häufiger zu beobachtenden Phänomen.[330] Während in den zehn Jahren von 2001 bis 2010 insgesamt 44 Übernahmen oder Beteiligungen chinesischer Unternehmen an deutschen Unternehmen (Umsatz > 5 Mio. Euro) gezählt werden konnten, waren es in den drei darauffolgenden Jahren insgesamt 73 Transaktionen.

Beispiele für die Zielunternehmen sind der Näh- und Schweißmaschinenhersteller Pfaff, das Betonpumpenunternehmen Putzmeister, die Automobilzulie-

---

[328] Vgl. f-bb: 2013
[329] Vgl. Krol: 2009, S. 5
[330] Vgl. für die nachfolgenden Ausführungen: Jungbluth: 2013b, insb. S. 13 sowie Sun: 2014, insb. S. 5

ferer Saargummi, Sellner, KSM Castings und Preh sowie der Verbraucher-elektronikhersteller Medion.
Bei den übernehmenden Unternehmen handelte es sich in den ersten Jahren meist um staatliche Unternehmen, in den letzten Jahren dominierten private. Ein Arbeitsplatzabbau in Deutschland im Zuge solcher Übernahmen wurde zunächst befürchtet, konnte empirisch jedoch nicht festgestellt werden, vielmehr ist ein Arbeitsplatzaufbau sichtbar. Für die übernommenen Unternehmen in Deutschland lassen sich drei wesentliche Vorteile bzw. Nutzen identifizieren:

- Verbesserter Zugang zum chinesischen Markt.
- Zuführung von frischem Kapital.
- Behebung von Nachfolgesorgen, hier durch langfristig orientierte Investoren.

Aus chinesischer Perspektive sind perspektivisch vor allem Unternehmen aus Branchen, welche die lokale Industrialisierung voranbringen und helfen, Herausforderungen, z. B. in den Bereichen Umweltschutz und Energieversorgung, zu meistern, im Fokus. Unternehmen aus Deutschland haben in China den Ruf, herausragende Technologien zu liefern und Chinesen betrachten Ingenieure als wichtige Angestellte.[331]

3.7.2 Geschäftsmodelle mittelständischer Unternehmen am Beispiel der Pralinenbote GmbH

3.7.2.1 Exkurs: Geschäftsmodell

Ein Geschäftsmodell beschreibt, vereinfacht gesagt, wie und womit ein Unternehmen Geld verdient. Das Geschäftsmodell als Analysewerkzeug kann genutzt werden, um ein Unternehmen oder eine andere Organisation zu beschreiben, zu analysieren und ihre Weiterentwicklung zu betreiben. Es besteht aus verschiedenen Elementen:[332]

- Dem betrachteten Unternehmen und seinen eigenen organisatorischen Elemente, seinen Lieferanten, Kunden und Partnern sowie sonstigen Dritten (*Organisationseinheiten*).
- Einem oder mehreren Prozessen, die eine Leistung herstellen bzw. Vorprodukte oder -leistungen in Zwischen- und Endprodukte oder -leistungen transformieren (*Transformationsprozess*).
- Dem Austausch von Produkten und Leistungen, Geld und Informationen zwischen zwei Organisationseinheiten (*Transferflüsse*).

---

[331] Vgl. Qian: 2014.
[332] Vgl. Scheer, Deelmann, Loos: 2003

▪ Soweit notwendig, können noch für die Geschäftstätigkeit wichtige *Hilfsmittel* und *Einflussfaktoren* hinzugefügt werden. Ebenso können Notizen über die *Werte* von Produkten und Leistungen notiert werden.

3.7.2.2 Phase 1: Gründung des Pralinenclubs

Geschäftsgrundlage für die Gründung des Pralinenclubs in 2002 ist die Beobachtung, dass der Markt für hochwertige Genussmittel wächst.[333] Ziel der zunächst als Gesellschaft bürgerlichen Rechts (GbR) gegründeten Unternehmung ist es, Pralinenliebhabern hochwertige (d. h. handwerklich und geschmacklich qualitativ sehr gute) Pralinen von Pralinenmeistern aus ganz Deutschland anzubieten. Hierbei existiert kein starres Sortiment, sondern in z. B. monatlichen Lieferungen erhalten die Kunden per Post eine wechselnde Auswahl von Pralinen.

Der Pralinenclub stellt selber keine Pralinen her, sondern übernimmt ihre Verteilung, das zugehörige Marketing und die Sicherstellung der Qualität der gelieferten Pralinen.

Mit Hilfe des Versandmodells werden monatlich mehrere tausend Kunden erreicht.

3.7.2.3 Phase 2: Wechsel vom Chocolatier- zum Kollektionsmodell

Im Rahmen des initialen Geschäftsmodells wählt der Pralinenclub jeden Monat einen Konditor aus und kürt ihn zum ‚Chocolatier des Monats'. Dieser Chocolatier fertigt die Pralinen und stellt sie bereit, so dass sie der Pralinenclub an seine Mitglieder verschicken kann.

Eine Weiterentwicklung dieses Modells hat dazu geführt, dass nicht mehr für jeden Monat ein Chocolatier ausgewählt wird, der die komplette Lieferung verantwortet (sog. Chocolatiermodell). Vielmehr stellt der Pralinenclub eine Auswahl von Pralinen von verschiedenen Chocolatiers zusammen, sendet sie seinen Mitgliedern und lässt diese abstimmen, welche Pralinés die besten sind (sog. Kollektionsmodell). Es wird also eine ‚Praliné des Monats' ermittelt und die Interaktion zwischen Unternehmen und Kunden intensiviert.

3.7.2.4 Phase 3: Diversifikation und Ausweitung des Geschäfts

Ausgehend von der Basisidee des regelmäßigen Versands handwerklich gefertigter Pralinen deutscher Chocolatiers an Pralinenliebhaber, hat sich das Unternehmen in verschiedenen Bereichen im Zeitverlauf weiterentwickelt:

▪ *Geschäftsmodell:* Neben dem regelmäßigen Versand von *Pralinenkollektionen an Abonnenten* wurde die Möglichkeit geschaffen, Einmalbe-

---

[333] Die Informationen zum Unternehmen sind den Internetauftritten des Pralinenboten (vgl. Pralinenbote: 2013a, 2013b) und persönlichen Gesprächen mit einem der Gründer und Geschäftsführer entnommen.

stellungen von Pralinen oder anderen Schokoladenprodukten z. B. über den *Internetshop* zu tätigen. Mit dem *Pralinenhäuschen* existiert ein Verkaufsstand für den semi-stationären Handel, z. B. auf Wochenmärkten. Als weitere Diversifikationsmaßnahmen werden neben Privatkunden auch *Firmenkunden* angesprochen, die z. B. auf Firmenveranstaltungen und -feiern Pralinen anbieten lassen oder Pralinen als *Präsente* verteilen können.

- *Rechtsform:* Das Unternehmen hat nach seinem Start als *Gesellschaft bürgerlichen Rechts* (GbR) zunächst freiwillig eine Umwandlung zu einer *Offenen Handelsgesellschaft* (OHG) und schließlich zu einer *Gesellschaft mit beschränkter Haftung* (GmbH) vollzogen. Der Wandel der Rechtsformen reflektiert das Wachstum und die Weiterentwicklung des Unternehmens bzw. des Geschäftsmodells.

- *Marketing & Public Relations (PR):* Eine intensive und nachhaltige Marketing- und PR-Arbeit führt zu einer umfangreichen Berichterstattung in *Printmedien* (z. B. Handelsblatt, Prisma, Die Welt, Berliner Tagesspiegel) sowie im *Fernsehen* (z. B. WDR, Vox, NDR, RTL) über das Unternehmen. Die Unterstützung von *renommierten Veranstaltungen*, z. B. dem Sommerfest des Bundespräsidenten oder des Bochumer Steiger Awards, festigen die Reputation des Unternehmens ebenso wie prominente *Pralinenbotschafter*, z. B. Jean Pütz, Rolf Töpperwien, Sarah Wiener oder Friedrich Nowottny.

3.7.2.5   Phase 4: Einführung der Dachmarke Pralinenbote

Zehn Jahre nach der Gründung des Unternehmens wird die Marke *Pralinenbote* in 2012 etabliert und das zwischenzeitlich stark ausgedehnte Angebot des Pralinenclubs sukzessive unter der neuen Dachmarke gebündelt. Auch das Unternehmen wird in Pralinenbote GmbH umbenannt, der Begriff des Pralinenclubs steht aber weiterhin für den Kollektionsversand im Abonnement. Notwendig wurde der Schritt, um einen beobachtbaren geschäftsnachteiligen Kundenverhalten zu begegnen: Mit dem Hinweis auf einen Club wird häufig ein Abnahmezwang assoziiert, der jedoch im vorliegenden Fall nicht zutreffend ist. Diese implizite Begrenzung soll durch den neuen Namen aufgehoben werden.

3.7.2.6   Phase 5: Vom Handel zur Herstellung: Die Pralinenmanufaktur

2013 hat das Unternehmen eine weitere Expansion unternommen und zusätzlich zu den oben skizzierten versand- und eventorientierten Geschäftsmodellen auch einen stationären Handel und eine eigene Kleinherstellung eröffnet. Zusammen mit Partnern wurde in der münsterländischen Stadt Südlohn ein

Pralinen-Erlebnispark eröffnet. Hierin befinden sich eine *gläserne Pralinen-manufaktur* für den lokalen Eigenbedarf, der stationäre Verkaufsstand *Pralinentheke* sowie ein Informationsbereich zum vom Pralinenboten unterstützen nachhaltigen *Kakao-Agroforstkonzept* aus Peru. Von Partnern werden im gleichen Gebäudekomplex ein Restaurationsbetrieb sowie ein Laden mit lokalen landwirtschaftlichen Produkten betrieben.

3.7.3 Aufgaben und Diskussionsstellungen

1. Sie haben verschiedene Möglichkeiten kennengelernt, Unternehmen hinsichtlich ihrer Größe zu unterscheiden. Bitte beschreiben Sie ein Konzept ihrer Wahl!
2. KMU werden oft quantitativ beschrieben. Wie lässt sich nach dem gerade beschriebenen Konzept ein sog. KMU charakterisieren?
3. Mittelständische Unternehmen werden oft qualitativ beschrieben. Mit welchen (fünf) Merkmalen kann ein solches charakterisiert werden?
4. Welche Stärken und welche Schwächen haben KMU bzw. mittelständische Unternehmen im Vergleich zu Großunternehmen bzw. Konzernen?
5. Warum interessieren sich chinesische Unternehmen verstärkt für deutsche Mittelständler?
6. Das vorgestellte Unternehmen Pralinenbote hat mehrfach die Rechtsform gewechselt. Welche konkreten Gründe könnten hierzu geführt haben?
7. Welche Gründe werden im Allgemeinen für die Wahl einer Rechtsform herangezogen?
8. Bitte beschreiben Sie das Geschäftsmodell des Kollektionsversands oder der Pralinenmanufaktur des Pralinenboten unter Zuhilfenahme der eingeführten Elemente!
9. Bitte beschreiben Sie das Geschäftsmodell eines Unternehmens Ihrer Wahl unter Zuhilfenahme der eingeführten Elemente!

3.8 Managementberatung & Mythos McKinsey

3.8.1 Kurzbeschreibung

3.8.1.1 Übersicht und Definition

Organisationale Beratung[334] erfreut sich seit einigen Jahrzehnten einer wachsenden Beliebtheit. So stieg in den letzten gut dreißig Jahren das Marktvolumen für Unternehmensberatungsleistungen um jährlich durchschnittlich 8,6 % an.[335] Gleichzeitig wird an verschiedenen Stellen artikuliert, dass die theoretische Fundierung unzureichend sei und weiterer Bearbeitung bedarf.[336] Dies lässt sich leicht beobachten und drückt sich in einem kaum vorhandenen semantischen Konsens aus. Beispielsweise sprechen Autoren von Fachpublikationen u. a. von Management-, Top-Management- oder Strategieberatung und lassen dies in den allgemeinen Sprachgebrauch übergehen, obwohl lediglich ganz allgemein die Beratung von Unternehmen durch Berater wie z. B. McKinsey, Boston Consulting Group oder Roland Berger Strategy Consultants, um einige Anbieter zu nennen, im Fokus der jeweiligen Ausführungen steht.[337] Über die Gründe dieser semantischen Unsauberkeiten kann an dieser Stelle nur dahingehend gemutmaßt werden, dass es sich entweder um reine Unachtsamkeit handelt oder dass durch den Rückgriff auf Zusätze wie ‚Strategie' oder ‚Top-Management' mehr Aufmerksamkeit für eigene Schriften generiert werden soll.

Für die vorliegenden Ausführungen wird auf die folgende Arbeitsdefinition zurückgegriffen: „Als organisationale Beratung wird ein (1) professioneller, (2) vertraglich beauftragter (3) Dienstleistungs- und Transformationsprozess der (4) intervenierenden Begleitung durch ein (5) Beratersystem bei der (6) Analyse, Beschreibung und Lösung eines (7) Problems des Kundensystems – i. S. einer (8) Arbeit an Entscheidungsprämissen – mit dem Ziel der (9) Transformation verstanden."[338]

---

[334] Unreflektiert und inhaltlich verkürzend oft auch: Unternehmensberatung; kurz: Beratung; englisch: Consulting.

[335] Vgl. Deelmann: 2012, S. 2

[336] Vgl. exemplarisch Mohe, Heinecke, Pfriem: 2002, S. 385; Heuermann, Herrmann: 2003, S. 1-4; Zirkler: 2005, S. 5; Armbrüster: 2006, S. 17 ff.; Nissen: 2007, S. 3, 30-32.

[337] Neben den gerade genannten Beratungsunternehmen soll noch auf zwei Sonderfälle hingewiesen werden: Hier sind erstens die sog. Internen Beratungen zu nennen, die z. B. als Abteilung oder Bereich eines Unternehmens organisiert sind und jeweils nur ihr Mutterunternehmen beraten. Zweitens sind die studentischen Unternehmensberatungen zu nennen, bei denen Studierende bereits im Laufe ihrer Ausbildung die erlernten Inhalte praktisch anwenden wollen. Beide orientieren sich im Aufbau, Vorgehen etc. regelmäßig an den klassischen Beratungsunternehmen.

[338] Deelmann et al.: 2006, S. 6 mit kleineren semantischen Änderungen (ursprünglich ist von Beratungssystem und Klientensystem und nicht von einem Beratersystem und Kundensystem die Rede) und orthographischen Anpassungen durch den Verfasser.

Diese Arbeitsdefinition ist bewusst breit gefasst, denn so kann eine Vielzahl von unterschiedlichen Aktivitäten subsummiert werden. Zur Orientierung stellt Abbildung 17 die zu diskutierenden Inhalte vor.

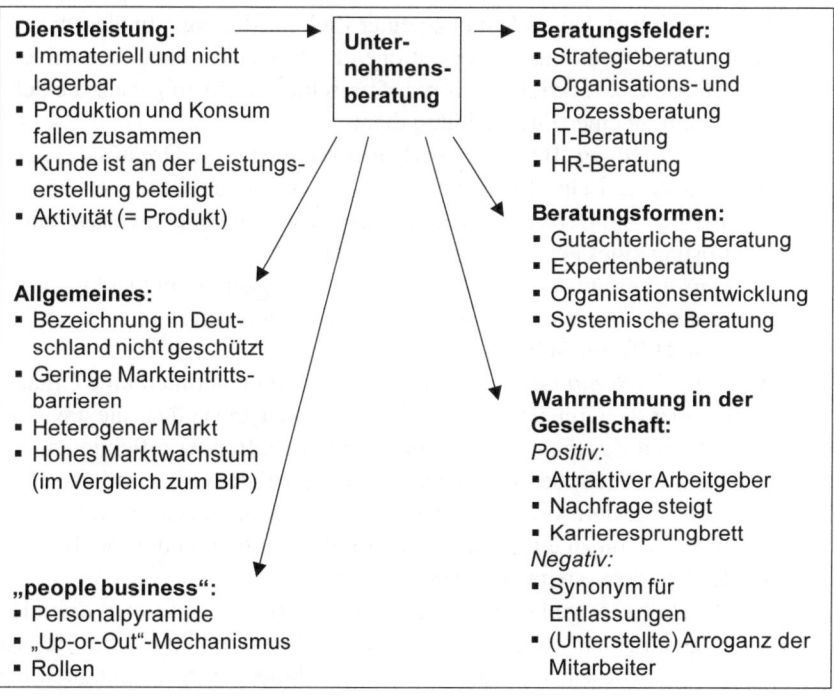

Dienstleistung:
- Immateriell und nicht lagerbar
- Produktion und Konsum fallen zusammen
- Kunde ist an der Leistungserstellung beteiligt
- Aktivität (= Produkt)

Unternehmensberatung

Beratungsfelder:
- Strategieberatung
- Organisations- und Prozessberatung
- IT-Beratung
- HR-Beratung

Allgemeines:
- Bezeichnung in Deutschland nicht geschützt
- Geringe Markteintrittsbarrieren
- Heterogener Markt
- Hohes Marktwachstum (im Vergleich zum BIP)

Beratungsformen:
- Gutachterliche Beratung
- Expertenberatung
- Organisationsentwicklung
- Systemische Beratung

„people business":
- Personalpyramide
- „Up-or-Out"-Mechanismus
- Rollen

Wahrnehmung in der Gesellschaft:
Positiv:
- Attraktiver Arbeitgeber
- Nachfrage steigt
- Karrieresprungbrett
Negativ:
- Synonym für Entlassungen
- (Unterstellte) Arroganz der Mitarbeiter

Abbildung 17: Kapitelüberblick und ausgewählte Zusammenhänge der Unternehmensberatung

3.8.1.2 Markt

Diese gerade getätigte breite definitorische Auslegung ist notwendig, da die Bezeichnung Unternehmensberater in Deutschland nicht geschützt ist und da die entstandene Heterogenität reflektiert werden soll.

2013 waren in Deutschland ca. 98.000 Berater in ca. 15.300 Unternehmen beschäftigt.[339] Das Volumen des Beratungsmarktes wird mit rund 23,7 Mrd. Euro beziffert und teilt sich in vier große *Beratungsfelder* auf:[340]

- *Strategieberatung:* 24,6 %, 5,8 Mrd. Euro
- *Organisations-/Prozessberatung:* 43,6 %, 10,4 Mrd. Euro
- *IT-Beratung:* 21,2 %, 5,0 Mrd. Euro
- *HR-Beratung:* 10,6 %, 2,5 Mrd. Euro

---

[339] Vgl. BDU: 2014a
[340] Vgl. BDU: 2014b, S. 9

Zudem werden verschiedene Interventions- oder *Beratungsformen* unterschieden, die ein Berater anwendet und die determinierend für die Art und
Weise der Interaktion zwischen Berater und Kunde sind:[341]

- *Gutachterliche Beratung:* Die gutachterliche Beratung interpretiert eine
  Organisation als reines Mittel zu einer Zielrealisierung. „In diesem
  Kontext heißt Beratung, Informationen zu beschaffen und Alternativen
  zu bewerten [… sowie] Antwort auf gestellte Fragen zu geben, die der
  Vorbereitung einer Entscheidung dient."[342]

- *Expertenberatung:* Bei der Expertenberatung wird die Organisation als
  ein sozio-technisches System sowie als offene Organisation verstanden.
  Mitarbeiter von Berater- und Klientensystem arbeiten gemeinsam auf
  die Lösung eines gegebenen Problems hin.

- *Organisationsentwicklung:* Leitbild der Organisationsentwicklung ist
  die lernende Organisation. Der Berater reflektiert den Beratenen und
  bietet so Hilfe zur Selbsthilfe an.

- *Systemische Beratung:* Die systemische Beratung definiert eine Organisation über die Grenzen zur jeweiligen Umwelt sowie über die jeweiligen internen Zusammenhänge von Funktionen. Berater reflektieren
  hierbei nicht mehr den Beratenen, wie noch bei der Organisationsentwicklung, sondern versuchen der zu beratenen Organisation eine
  Selbstreflektion zu ermöglichen. Wesentlich ist hierbei die sog. Irritati-
  on des Kundensystems durch den Berater.

Die gewählte Reihenfolge bei der Aufzählung der Beratungsformen orientiert
sich zum einen an einem zunehmenden Grad der Interaktion zwischen Berater
und Beratenem sowie einer für den Berater abnehmenden Notwendigkeit das
Umfeld des Kunden, also z. B. Branchen- oder Organisationsdetails, zu kennen. In der Praxis sind sowohl diese vier idealtypischen Beratungsformen sowie Mischformen hieraus anzutreffen.

Abbildung 18 gibt abschließend einen Überblick zur Gesamtmarktentwick-
lung sowie der Marktaufteilung in Beratungsfelder und -formen.

---

[341] Die folgende Passage ist mit kleinen Anpassungen Deelmann: 2013, S. 13 entnommen. Vgl. für
die folgende Beschreibung der vier Beratungsformen Walger: 1995. Zusätzlich: Heinecke: 2002;
Hübscher, Schneidewind: 2002, S. 272. Canbäck: 1998, S. 5 spricht bei Beratungsformen auch von
Managementtechniken.
[342] Walger: 1995, S. 15

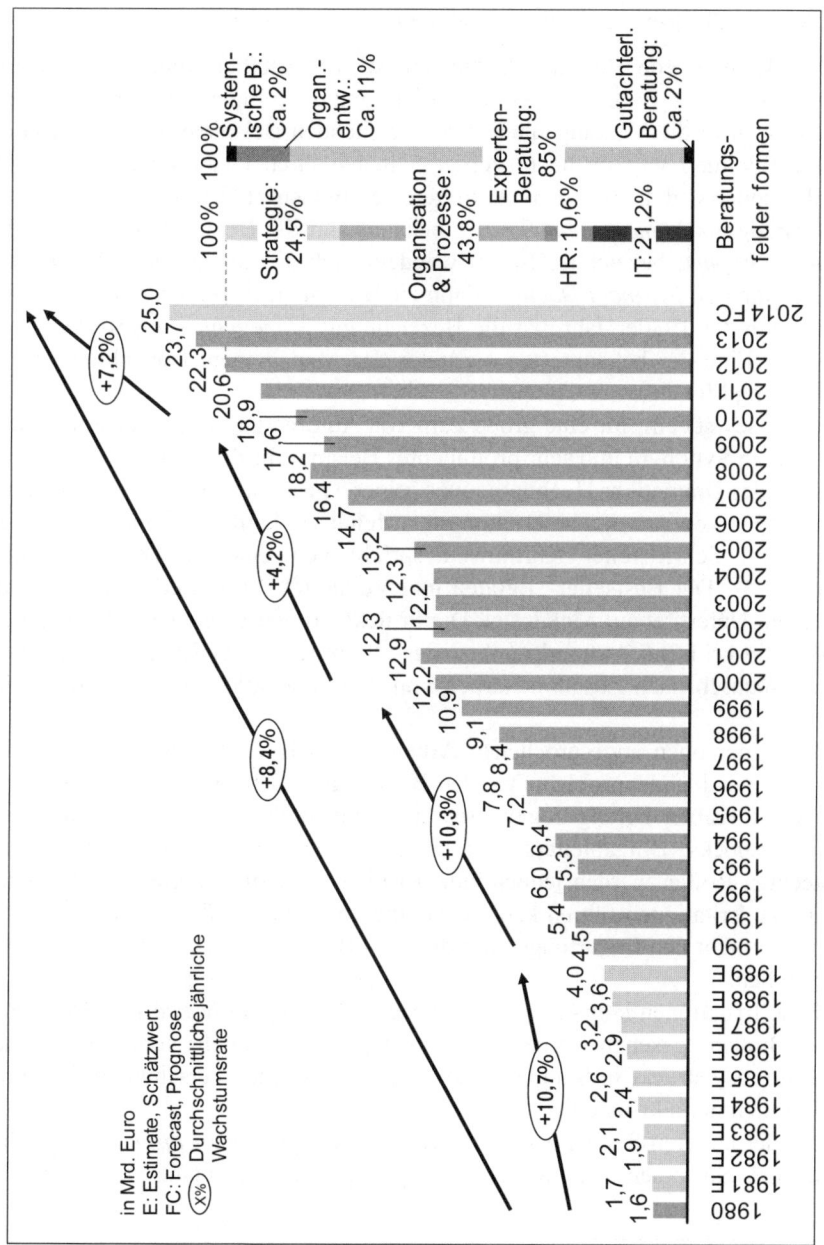

Abbildung 18: Entwicklung des Beratungsmarktes in Deutschland, 1980-2014[343]

---

[343] Aufbauend auf Deelmann: 2012, S. 2 (vgl. auch die Literatur dort) mit eigenen Ergänzungen.

3.8.1.3   Rollen und gesellschaftliche Wahrnehmung

Das Angebot von Beratungsleistungen ist grundsätzlich kein neues Phänomen. So sind z. B. das Orakel von Delphi und die mittelalterlichen Hofnarren
zwei weit in die Vergangenheit zurückreichenden Beispiele. Die organisationale Beratung wie sie heute vorherrscht, hat ihren Ursprung Ende des 19.
Jahrhunderts, d. h. mit dem Auftreten der Industrialisierung. Zunächst war
Beratung als *Management Science* bekannt und die Berater wurden als *Effi-
ciency Experts* bezeichnet. Später wandelte sich die umgangssprachliche Bezeichnung zu *Business Doctors*, dann zu *Management Engineers* und seit circa Ende der 1930er Jahre ist die Bezeichnung *Management Consultants* ge-
läufig. Eine der bekanntesten Vertreter des Management Consulting ist die
Beratung McKinsey & Company.

McKinsey scheint für eine große Zahl von Autoren und Branchenkommenta-
toren ein Synonym und sehr prominentes Beispiel für die Branche zu sein. So
nennt der Dramatiker Hochhuth eines seiner Theaterstücke, in dem es zu Entlassungen von Arbeitnehmern kommt, „McKinsey kommt"[344] und der Journa-
list und Schriftsteller Kurbjuweit spricht von einer „McKinsey-Gesell-
schaft"[345]. Der Bestseller „Beraten und Verkauft"[346] von Leif referenziert in
seinem Untertitel auf McKinsey. Die Projektaktivitäten und Gutachten ziehen
also die kritische Aufmerksamkeit der Öffentlichkeit genauso auf sich, wie
den Wunsch nach Zusammenarbeit von Auftraggebern und auch Arbeitnehmern.

Neben der oben angesprochenen Arbeit an Analyse, Beschreibung und Lösung eines Kundenproblems werden Beratungen auch für verschiedene atypi-
sche Aufgaben herangezogen. Sie übernehmen dann z. B. die *Rolle* eines
Sündenbocks, Blitzableiters oder einer verlängerten Werkbank. Diese ver-
steckten Rollen werden jedoch zumeist nicht explizit artikuliert, was wiederum zu Irritationen führen kann, wenn die von Beratern durchgeführten Aktivitäten nicht den Erwartungen der diversen Beteiligten (auf Kundenseite) entsprechen.

Diese Irritationen können als eine Ursache für einen *teilweise schlechten Ruf*
der Branche gesehen werden. Sie wird regelmäßig für ihr hohes Honorarni-
veau (ausgedrückt in Stunden- oder Tagessätzen), die Verschwiegenheit und
Heimlichtuerei kritisiert.[347]

Auf der anderen Seite existieren aber auch *sehr positive Einschätzungen* des
Sektors. So lassen sich Belege für die sehr hohe Akzeptanz von Unterneh-

---

[344] Vgl. Hochhuth: 2004
[345] Vgl. Kurbjuweit: 2004
[346] Der Untertitel lautet: „McKinsey & Co. – der große Bluff der Unternehmensberater"; vgl. Leif:
2008. Notiz: Die Spiegel-Bestsellerliste führte das Buch in 2006 (vgl. Random House: 2006).
[347] Vgl. Greiner, Olsen, Poufelt: 2005, S. 2

mensberatungen beispielsweise bei jungen Akademikern finden. Bei Studierenden sind Beratungen als (potenzielle) Arbeitgeber seit Jahren sehr begehrt. So sind unter den 50 beliebtesten Arbeitgebern bei Studierenden der Wirtschaftswissenschaften acht Unternehmensberatungen anzutreffen.[348] Mögliche Gründe für diese Beliebtheit können ein überdurchschnittliches Gehalt, eine steile Lernkurve, Reisetätigkeiten sowie gute Aufstiegs- und Karrierechance sein. In einigen Beratungen kann der interne Karriereweg mit dem Schlagwort Rauf-oder-raus (engl.: up-or-out) beschrieben werden. Dies bedeutet, dass einem Berater entweder der Sprung auf die nächste Karrierestufe innerhalb eines definierten Zeitrahmens gelingt, oder er sich außerhalb des Beratungsunternehmens weiterentwickeln kann. Auf Grund der zumeist guten Ausbildung und erworbenen Fähigkeiten gelingt es nicht wenigen Beratern nach einem Wechsel aus der Beratung eine gute Managementposition einzunehmen.

3.8.2 Das Unternehmen McKinsey & Company

James O. McKinsey hat 1926 als Professor für Rechnungswesen an der Universität Chicago ein Unternehmen gegründet, das zunächst Wirtschaftsprüfungsleistungen sowie Unterstützung bei Fragen im Finanz- und Rechnungswesen angeboten hat. Beratungsleistungen auf dem Gebiet der Unternehmensführung und der Organisation kamen im Zeitverlauf hinzu.[349] McKinsey[350] hat seine Beratung (notabene: McKinsey intern wird von der *Firma* gesprochen, Kunden werden als *Klienten* betrachtet und ein einzelnes Beratungsprojekt als *Studie* bezeichnet.) 1935 verlassen, um CEO eines seiner Kundenunternehmen zu werden. Durch diesen Wechsel hat nicht nur Marvin Bower die Leitung übernommen, sondern im Zuge eines Zusammenschlusses mit einem anderen Beratungsunternehmen, der kurze Zeit später wieder gelöst wurde, kam es auch zur Abspaltung einiger Mitarbeiter unter der Leitung von A.T. Kearney, heute ebenfalls eine renommierte Beratung.

In der Zeit von 1939 bis 1951 hat McKinsey weitere Niederlassungen (notabene: McKinsey selber spricht von *Büros*) in den USA eröffnet und in 1959 mit dem Londoner Büro erstmalig den Weg ins Ausland gewagt. 1964 wurde

---

[348] In einer für die Zeitschrift *Wirtschaftswoche* durchgeführten Studie werden im Einzelnen genannt: Auf Platz 12 McKinsey, Platz 16 Ernst & Young, Platz 17 KPMG, Platz 20 PwC, Platz 23 Boston Consulting Group, Platz 35 Roland Berger, Platz 44 Deloitte, Platz 46 Siemens Management Consulting. Notiz: Ernst & Young, KPMG, PwC und Deloitte bieten nicht nur Unternehmensberatungsleistungen an, sondern ebenfalls Wirtschaftsprüfungs- und Steuerberatungsleistungen; vgl. Wirtschaftswoche: 2012.
[349] Vgl. Flesher, Flesher: 1996; McKinsey: 2013a
[350] Für den Firmenüberblick wurde i. W. auf die folgenden Quellen zurückgegriffen, soweit nicht anders vermerkt: Bhide: 1994 (mit einem Fokus auf die Zeit bis 1956); Bhide: 1993 (Fokus auf die Zeit von 1956-1966); Bhide: 1996 (Fokus auf die Zeit bis 1966); Lorsch: 2001 (insb. für die Zeit von 1966-2001); Jones, Lefort: 2012 (u. a. für die Zeit bis 2012) sowie Nanda, Morell: 2005 (nochmal für einen allgemeinen Überblick über die Veränderungen).

Düsseldorf der Standort für das erste Büro in Deutschland. Die Marktbearbeitung erwies sich jedoch als nicht ganz problemlos:

> It took us a while to gain the confidence of German executives. The chief barrier with our early clients was not language. Many of the German executives did speak English and accepted it in working situations. Rather, what slowed our acceptance was that German companies not only had less knowledge of the consulting field and of the firm [gemeint ist McKinsey, d. Verf.] but employed a high degree of secrecy. Even when they did retain us, they were initially reluctant to give us the data needed for solving top-management problems. German companies had other characteristics that created new problems for us: For example, they had an almost insatiable thirst for the details and logic underlying our major recommendations. Clients wanted to know exactly how the analyses were made and the conclusions drawn.[351]

Die Internationalisierung nach dem Zweiten Weltkrieg wurde gefördert von dem Wunsch vieler europäischer Unternehmen, die Management- und Organisationstechniken der US-amerikanischen Unternehmen kennenzulernen und zu übernehmen.

Marketing wurde zurückhaltend betrieben, die Kompetenz der Mitarbeiter sollte überzeugen. Erst 1940 hat McKinsey ein kleines Buch herausgegeben, in dem die neuartige Dienstleistung Management Consulting, das Unternehmen McKinsey und typische Aufgabenstellungen beschrieben wurden.[352] Bower hat seinen Widerstand gegen eine solche Publikation auf den Wunsch anderer Partner unter der Bedingung aufgegeben, dass jedes veröffentlichte Wort die Zustimmung aller Gesellschafter findet. Dieses Vorgehen war langwierig und hat zu vielen Iterationen und einem Erstellungsprozess geführt, der über ein Jahr gedauert hat.[353]

2013 hat McKinsey weltweit 102 Büros und neben dieser regionalen Organisation auch 22 sog. Industry Practices, die einzelne Branchen bedienen, sowie acht sog. Functional Practices, die einzelne betriebliche Funktionen adressieren.[354] In Deutschland gibt es sechs Büros, in denen ca. 2.300 Mitarbeiter arbeiten und ca. 600 Mio. Euro Umsatz generieren, was McKinsey damit zum größten Managementberatungsunternehmen macht.[355]

Unbeschadet dieser weltweiten Verteilung verfolgt McKinsey das sog. One Firm-Konzept: „Now our multinational firm has one very remarkable characteristic and that it is one firm. It's not only one firm in terms of purposes and attitudes and philosophy; it's one firm in terms of legal entity. We are one firm in attitude, and I believe this is a very remarkable development and a great element of strength."[356]

---

[351] Bhide: 1993, S. 11 mit der Wiedergabe eines Interviews mit Marvin Bower, dem langjährigen CEO von McKinsey.
[352] Die Rede ist hier von „Supplementing Successful Management", vgl. McKinsey: 1940.
[353] Vgl. Bhide: 1994, S. 8-9
[354] Vgl. McKinsey: 2013b
[355] Vgl. Lünendonk: 2012
[356] Jones, Lefort: 2012, S. 7 mit der Wiedergabe eines Interviews mit Marvin Bower, dem langjährigen CEO von McKinsey.

Zudem wird McKinsey von einem besonderen Mantra bzw. Kodex geprägt: „Client first, firm second, self third."[357] Die hier anklingenden tradierten Besonderheiten werden auch heute noch gepflegt und gefördert. So hat Frank Mattern in seiner Funktion als Deutschland-Chef von McKinsey folgenden Brief verfasst:[358]

Liebe angehende Berater,

wenn jemand seit 21 Jahren Unternehmensberater ist, dann hat er im Laufe der Zeit viele Ratschläge erteilt und bekommen. Ich bin seit 1990 bei McKinsey. Einen der wichtigsten Hinweise gab mir damals ein Mentor mit auf den Weg: Bleibe Dir selbst treu. Das klang im ersten Augenblick nicht originell und womöglich habe ich zunächst die Relevanz unterschätzt, aber heute weiß ich aus der Zusammenarbeit mit zahlreichen Konzernvorständen: Echte Führungskräfte sind authentische Persönlichkeiten mit Ecken und Kanten. Keine genormten Standardmanager. Wer erfolgreich sein will, darf sich nicht verbiegen.

Das beginnt schon mit dem Start, wenn Sie Unternehmensberater werden wollen. Wir stellen hohe Ansprüche an unsere Einsteiger: Sie müssen analytische Fähigkeiten mitbringen, exzellente Studienleistungen und außeruniversitäres Engagement. Fließendes Englisch setzen wir voraus.

Aber das reicht noch nicht. Menschliche Qualitäten fallen ebenso ins Gewicht. Beratung ist Teamarbeit. Sie werden einen großen Teil Ihrer Zeit in Teamräumen und mit Klienten verbringen, Sie werden präsentieren, interviewen, diskutieren. Wer lieber im stillen Kämmerlein forscht, ist hier fehl am Platz. Wer seine Ellenbogen ausfahren möchte, sollte nicht Berater werden. Unser Beruf bedeutet, sich für Menschen zu begeistern, sich ihre Probleme zu Eigen zu machen und mit ihnen gemeinsam Lösungen zu finden.

Nur wer offen für Neues ist, hat als Berater Erfolg. Dazu gehört es auch, anderen zuzuhören und sie zu respektieren. Sie werden immer wieder in gemischten Teams arbeiten. Das sieht dann etwa so aus: Ihr Projektleiter ist ein koreanischer Ingenieur, mit Ihnen im Team arbeitet eine amerikanische Wirtschaftswissenschaftlerin, Sie selber haben Philosophie studiert. Als Team diskutieren Sie drei gemeinsam über das Markenportfolio eines Unterhaltungselektronikherstellers.

Klingt konstruiert? Keineswegs, das ist keine ungewöhnliche Konstellation in einer internationalen Beratung. Jedes Teammitglied wird seine eigene Perspektive auf die Dinge haben. Da kann es knirschen und krachen, wenn die Argumente aufeinandertreffen.

Hören Sie nie auf, die Dinge zu hinterfragen. Das kann auch heißen, im Sinne der Sache einem Klienten zu widersprechen oder jemandem, der schon länger bei unserer Firma ist und mehr Erfahrung hat. Dazu gehört Mut. Und das kostet Kraft. Aber am Ende wird die Vielfalt an Perspektiven zu einem besseren Ergebnis führen.

Unsere Berater bringen die unterschiedlichsten Biografien mit, aber eines haben alle gemeinsam: Leidenschaft für das, was sie tun. Sie ist unabdingbare Voraussetzung. Denn nur wer überzeugt ist von dem, was er tut, und wer Spaß daran hat, kann die beste Leistung bringen.

Beratung ist kein 9-to-5-Job, die Belastung ist hoch. Wir reisen oft, viele Arbeitstage sind lang. Beraten bedeutet, im Idealfall einen Schritt gründlicher zu analysieren, Aufgaben tief zu durchdringen und aus verschiedenen Blickwinkeln zu beleuchten. Manchmal müssen wir unbequem sein. Für die Leistungsfähigkeit eines Klienten müssen wir Empfehlungen aussprechen, die umzusetzen einschneidende Veränderungen

---

[357] Dieser Dreisprung wird verschiedentlich, z. B. bei Gehrmann: 2002 und o. V.: 2003, wiedergegeben. McKinsey äußert sich hierzu regelmäßig nicht und bestätigt mit dieser zurückhaltenden Haltung indirekt den Kodex.
[358] Mattern: 2011

erfordert. Für diese Vorschläge tragen wir die Verantwortung. Umgekehrt haben wir als Berater die Chance, Großes zu bewegen.

Unser Beruf ermöglicht so viele Wahlmöglichkeiten und so breite Erfahrungen wie kaum ein anderer. Wenn Sie in einer Bank anfangen, lernen Sie eine Bank kennen. Wenn Sie in der Autoindustrie anfangen, lernen sie einen Autohersteller kennen. Wenn Sie in einer Topmanagementberatung anfangen, lernen Sie alle Schlüsselbranchen der deutschen Industrie kennen. Wie weit Sie sich später spezialisieren, das entscheidet jeder für sich. Ich hatte anfangs auch noch nicht geplant, vor allem in der Finanzbranche zu beraten.

Jeden Einzelnen nach seinen Interessen und Stärken zu fördern, ist ein grundlegendes Prinzip in unserer Firma. Wie jeder Partner bin ich Mentor einiger junger Berater. In unseren Gesprächen ermutige ich sie, immer wieder zu prüfen: Was sind meine Stärken? Wo liegt meine Leidenschaft? Welche Ziele möchte ich erreichen?

Auf dem Weg zum Ziel wählt nicht jeder die kürzeste Strecke - das ist gut so. Für die Beraterlaufbahn heißt das: Nicht jeder legt es darauf an, möglichst schnell die Karriereleiter zum Partner zu erklimmen. Wir ermutigen junge Berater, Erfahrungen jenseits ihrer McKinsey-Laufbahn zu sammeln. Jeder Berater hat bei uns die Option, in jedem Jahr drei Monate aus der Beratung auszusteigen, um seine persönlichen Projekte zu verfolgen. Denn nur ausgeprägte Typen mit vielfältigen Erfahrungen haben das Zeug zur Führungskraft.

Eine Kollegin hat sich eine Auszeit für ein Brunnenbau-Projekt in Bangladesch genommen. Ein anderer hat seinen Traum verwirklicht und ist mehrere Monate mit dem Jeep durch die Wüste gefahren. Dass unsere Berater ihren eigenen Weg gehen, nützt nicht nur ihnen, sondern auch ihren Klienten, denen sie gereift und mit neuen Erfahrungen begegnen.

Liebe angehende Berater, ob Sie Ihre Ziele geradlinig verfolgen oder einen Pfad mit spannenden Haken und Abstechern wählen, das ist allein Ihnen überlassen. Wichtig ist nur, dass Sie Ihren eigenen Weg finden und das, was Sie anfangen, mit Leidenschaft umsetzen. Nur so können Sie sich treu bleiben - und das ist es, was am Ende zählt.

Herzlichst,

Frank Mattern

Trotz dieser nachhaltigen Fokussierung auf die persönlichen Eigenschaften, die sich in Attitüde und Philosophie des Unternehmens ausdrücken, hat sich McKinsey als Unternehmen Veränderungen nicht verschlossen:

- Das Angebotsportfolio wurde, wie oben bereits skizziert, inhaltlich zu den heute vorhandenen 22 Industry Practices und acht Functional Practices weiterentwickelt und wird von 102 Büros weltweit vertreten.[359]

- McKinsey hat die angesprochene ursprüngliche Kombination von Steuerberatungs- bzw. Wirtschaftsprüfungsleistungen und Managementberatung aufgegeben,[360] ebenso wie die Personalsuche (Executive Search), die zunächst im Angebotsportfolio zu finden war[361] und stellt seither die Managementberatung in den Mittelpunkt der Aktivitäten.

- Als erste Managementberatung fokussiert McKinsey seit 1953 primär auf die Einstellung von Hochschulabsolventen und nur noch vereinzelt

---

[359] Vgl. nochmals: McKinsey: 2013b
[360] Vgl. Bhide: 1994
[361] Vgl. McKinsey: 1940, S. 27

auf Mitarbeiter mit Berufserfahrung, wie es vorher fast ausschließlich der Fall war (New Hires vs. Experienced Hires).[362]

- 1954 hat McKinsey das Up-or-Out-Prinzip eingeführt.[363]
- 1990 hat McKinsey ein eigenes Forschungsinstitut (McKinsey Global Institute) gegründet, welches sich mit Themen der sich entwickelnden globalen Gesellschaft auseinandersetzt.[364]
- 2011 wurde das McKinsey Capability Center eröffnet, in dem das Beratungsangebot mit Hilfe von Simulationen realer Arbeitsumgebungen auf Trainings für Führungskräfte und Mitarbeiter ausgedehnt wird.[365]
- Zusammen mit Lufthansa Technik hat McKinsey 2013 angekündigt ein Joint Venture zu gründen und Firmen aus der Chemie- und Energiebranche auch verstärkt Rat bei der Reparatur und Wartung von Großanlagen anzubieten.[366]
- Im Jahr 2014 erweitert McKinsey sein Angebotsportfolio um Interim-Management. Im Rahmen der sog. Recovery & Transformation Services werden Restrukturierungsprojekte nicht nur beratend, sondern auch aktiv begleitet.[367]

3.8.3 Aufgaben und Diskussionsstellungen

1. Bitte überlegen Sie, welche typischen Aufgabenstellungen in der Strategieberatung, Prozess- / Organisationsberatung, IT-Beratung sowie HR-Beratung auftreten können!
2. Organisationale Beratung ist eine Dienstleistung. Was zeichnet eine Dienstleistung aus? (Falls hilfreich, dann vergleichen Sie bitte Dienstleistungen mit einem Verbrauchsgut, z. B. einem Liter Milch!)
3. Auf Grund der Dienstleistungseigenschaft ist die Auswahl eines geeigneten Anbieters schwierig. Wie würden Sie, wenn Sie in der Rolle wären einen Berater auswählen zu müssen, vorgehen?
4. Sie haben bereits verschiedene Produktionsfaktoren kennengelernt. Welcher Faktor wird in der organisationalen Beratung vorherrschen? Wie wird eine Beratung versuchen ihn bestmöglich auszunutzen?
5. Neben der Arbeit an Problemen der Kunden werden Berater teilweise auch mit atypischen Aufgaben betraut. Welche können dies sein? Warum werden solche Beauftragungen ausgesprochen?

---

[362] Vgl. Nanda, Morell: 2005, S. 10
[363] Vgl. Nanda, Morell: 2005, S. 11
[364] Vgl. McKinsey: 2013c
[365] Vgl. McKinsey: 2013d
[366] Vgl. Böhmer: 2013; o. V.: 2013b, McKinsey: 2013e
[367] Vgl. McKinsey: 2014

6. Welches Beratungsunternehmen erzielt einen höheren Profit: Eine Strategieberatung mit Tagessätzen von 5.000 Euro für seniore und 1.500 Euro für juniore Mitarbeiter oder eine IT-Beratung mit Tagessätzen von 3.500 Euro für seniore und 800 Euro für juniore Mitarbeiter? Bitte begründen Sie Ihre Einschätzung!

7. Bower hat im Rahmen der Internationalisierung auf die Schwierigkeiten im deutschen Markt hingewiesen. Versetzen Sie sich bitte in die damalige Lage. Mit welchen Mitteln könnten Sie die Geheimhaltung in deutschen Unternehmen bearbeiten?

8. Bitte lesen Sie nochmals den Brief von Mattern. Was für eine Kultur wird bei McKinsey vorherrschen? Bitte versuchen Sie sie, diese mit eigenen Worten zu beschreiben!

9. Stellen Sie sich vor, Sie sind Führungskraft bei McKinsey (Projektleiter o. ä.) und ihre Mitarbeiter sind Ihnen nicht disziplinarisch unterstellt. Welche Möglichkeiten haben Sie zu steuern, Anreize zu setzen oder zu bestrafen?
(Anschlussfrage: Würde sich die Situation ändern, wenn Sie Offizier beim Militär wären und Rekruten befehligen müssten? Wie würde sich die Situation ändern, wenn Sie Teil einer studentischen Lerngruppe sind?)

10. McKinsey gilt vielen als Synonym für Unternehmensberatungsleistungen. Bitte recherchieren Sie, welche positiven und negativen Aspekte der Firma zugeschrieben werden!

11. Bitte recherchieren Sie, welche sog. Guiding Principles McKinsey aufgestellt hat, um die Unternehmenskultur aufrecht zu halten!
(Anschlussfrage: Wofür steht Obligation to Dissent?)

3.9 Mergers & Acquisitions

3.9.1 Kurzbeschreibung

3.9.1.1 Ausgewählte Mergers & Acquisitions-Kurzbeispiele

In der öffentlichen Diskussion wird der Großteil der durchgeführten Mergers & Acquisitions (kurz: M&A; deutsch: Fusionen und Übernahmen) nicht wahrgenommen. Ausgewählten, meist größeren Transaktionen gelingt es dennoch den Weg über die Wirtschafts- in die Tagespresse und damit in die öffentliche Wahrnehmung zu finden. Einige Transaktionen finden ihren Eingang auch in das weiter oben angesprochene kollektive Gedächtnis der Wirtschaftswissenschaftler (vgl. auch Abbildung 19, die zusätzlich ausgewählte, nachfolgend zu besprechende Zusammenhänge von M&A im Überblick darstellt).

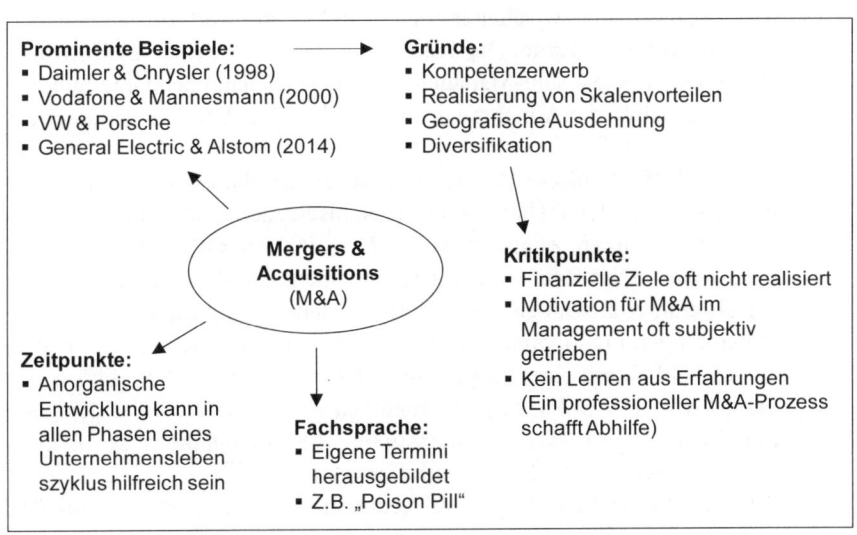

Abbildung 19: Kapitelüberblick und ausgewählte Zusammenhänge von M&A

Drei Deals werden im Folgenden kurz schlaglichtartig beschrieben:

- *VW und Porsche:* Seit 2005 hielt Porsche 20 % der Anteile an der Volkswagen AG und hat diese in den folgenden Jahren sukzessive ausgebaut. In 2007 betrug der Anteil mehr als 30 % und Porsche musste den übrigen VW-Aktionären ein Übernahmeangebot unterbreiten. Die Offerte lag jedoch unter dem damaligen Aktienkurs und wurde nicht angenommen. Porsche wollte nach Eigenangaben zudem keine industrielle Führung bei VW übernehmen. 2009 hatte Porsche dennoch mehr

als 50 % der Aktien und war somit Mehrheitsaktionär. Finanzierungs-
probleme sollen Porsche daran gehindert haben, VW vollständig zu
übernehmen. Volkswagen hat sich im Gegenzug gegen die Übernahme
gewehrt und sah sich im Zeitverlauf aber in der Lage, selber anzugrei-
fen, Porsche zu übernehmen und das Unternehmen im Rahmen seiner
Strategie eines integrierten Automobilkonzerns zu positionieren.

- *Vodafone und Mannesmann:* Das britische Mobilfunkunternehmen Vodafone plc. übernimmt nach einer als Übernahmeschlacht beschriebenen Vorgehensweise den deutschen Mischkonzern Mannesmann AG
Anfang 2000 für ca. 190 Mrd. Euro. Dies ist doppelt so viel wie das
Volumen des ursprünglichen Angebots und bisher die teuerste Übernahme aller Zeiten. Im Rahmen des zunächst feindlichen Übernahme-
versuchs haben beide Managementteams u. a. mit Hilfe von umfangreichen Public Relations-Kampagnen um die Gunst der Mannesmann-
Aktionäre gekämpft. Der Mannesmann-Aktienkurs stieg so stark an,
dass Mannesmann zwischenzeitlich eines der drei wertvollsten Unternehmen weltweit wurde. Die Transaktion fand schließlich die Zustimmung des Mannesmann-Managements, welches dann den Unterneh-
mensaktionären die Annahme des Übernahmeangebots von Vodafone
nahegelegt hat.[368]

- *KKR und RJR Nabisco:* Die Beteiligungsgesellschaft Kohlberg Kravis
Roberts & Co. (KKR) hat 1998 RJR Nabisco nach einem Bieterwett-
streit übernommen. Zunächst wollte der CEO von RJR Nabisco, F.
Ross Johnson, im Rahmen eines Management Buy-Outs die übrigen
Gesellschafter auszahlen. Von KKR und dem Private Equity-
Unternehmen Frostmann Little & Co. gab es Gegenofferten. Johnson
hat schließlich mit einem sog. Golden Parachute in der Rekordhöhe von
fast 54 Mio. US-Dollar das Unternehmen verlassen. Die Berichterstattung in der Tagespresse war intensiv und die Übernahme ist schließlich
verfilmt sowie als Buch ein Bestseller geworden.[369]

Grant führt die 19 größten Mergers & Acquisitions in den Jahren 1990-2012
auf. Die größten sind:[370]

- Übernahme von Mannesmann durch Vodafone in 2000 für ca. 183
Mrd. US-Dollar.

- Übernahme von Time Warner durch America Online (AOL) in 2000
für 165 Mrd. US-Dollar.

---

[368] Für einen gut lesbare Bericht über die Übernahme Knipp: 2007
[369] Vgl. die angesprochene schließlich in Buchform publizierte Darstellung der Übernahme der
Wall Street Journal-Journalisten Bryan Burrough und John Helyar „Barbarians at the Gate"
(Burrough, Helyar: 2004).
[370] Vgl. Grant: 2013, S. 405

- Übernahme von Warner-Lambert durch Pfizer in 1999 für 90 Mrd. US-Dollar.
- Übernahme von ABN-AMRO durch die RBS, Banco Santander und Fortis für 79 Mrd. US-Dollar.
- Übernahme von SmithKline Beecham durch Glaxe Wellcome in 2000 für 76 Mrd. US-Dollar.
- Übernahme von Shell Transport & Trading durch Royal Dutch Petroleum in 2004 für 75 Mrd. US-Dollar.

3.9.1.2 Organische und anorganische Unternehmensentwicklung

Unternehmen sind keine statischen Entitäten, die, einmal gegründet, dauerhaft in einem Zustand verharren. Typische Entwicklungsschritte nach der Gründung sind Wachstum, Reife und Niedergang. Der Umgang mit ihnen wird als *Unternehmensentwicklung* (engl.: *Corporate Development*) bezeichnet.

Die Unternehmensentwicklung kann durch organische und anorganische Aktivitäten gesteuert werden. Als *organisch* werden Aktivitäten bezeichnet, welche die betrachtete Organisation aus sich selber heraus tätigen kann. Beispiele sind die Gründung und der Aufbau eines neuen Geschäftsbereichs, die Eröffnung eines neuen Regionalbüros etc. Bei einer *anorganischen* oder künstlichen Entwicklung wird die betrachtete Organisation um eine andere Organisation erweitert, beispielsweise durch einen Zusammenschluss mit einem Wettbewerber.

Neben den gerade aufgeführten Schritten zur Erweiterung einer Organisation werden auch entsprechende Schritte zur Verkleinerung in organisch und anorganisch unterschieden und sind Teil der Unternehmensentwicklung. Mergers & Acquisitions sind anorganische Aktivitäten der Unternehmensentwicklung.

3.9.1.3 Gründe und Auswirkungen

Unternehmen können verschiedene Gründe haben Mergers & Acquisitions durchzuführen:[371]

- *Zugang zu Ressourcen und Kompetenzen:* Nicht alle Ressourcen und Kompetenzen lassen sich von einem Unternehmen auf ein anderes übertragen oder ohne weiteres erlernen. Hier kann der Kauf eines kompletten Unternehmens helfen, die dort vorhandenen Ressourcen zu erhalten. Für etablierte Unternehmen sind Akquisitionen hilfreich, um Kompetenzen im Bereich neuer Technologien zu erwerben. So haben Microsoft und Google von 2005 bis 2011 71 bzw. 95 Unternehmen gekauft.

---

[371] Vgl. für diesen Abschnitt Grant: 2013, S. 395 ff.

- *Kostenvorteile und Marktmacht:* Im Rahmen einer horizontalen Transaktion, d. h. zwischen Wettbewerbern auf einer Wertschöpfungsstufe, vergrößern sich Produktions- und Absatzmengen etc., was wiederum hilfreich ist, um Skalenvorteile zu realisieren. Auch die Marktmacht gegenüber dem übrigen Wettbewerb, Kunden und Lieferanten steigt.

- *Geografische Ausdehnung:* Die Übernahme oder Beteiligung an einem geografisch entfernten Unternehmen ist eine Möglichkeit des Markteintritts. Hier werden etablierte Strukturen übernommen, eine sog. kritische Masse ist mit der Übernahme vorhanden und Nachteile, die durch Fremdheit (i. S. v. Unkenntnis und Unbekanntheit) entstehen können, werden umgangen.

- *Diversifikation:* Mit Hilfe einer Diversifikation werden unternehmensinterne Mittel so verteilt, dass Risiken minimiert bzw. Wachstumschancen breiter verteilt werden.

Die Konsequenzen von Mergers & Acquisitions sind Gegenstand verschiedenster Diskussionen und regelmäßig wird ihr Erfolg angezweifelt (siehe beispielsweise weiter unten das Beispiel Daimler AG). Zu den finanziellen Auswirkungen existieren inkonsistente Aussagen. Unter Zuhilfenahme einer Daumenregel kann vermutet werden, dass die Hälfte bis zu zwei Drittel aller Transaktionen fehlschlagen und dadurch Werte des übernehmenden Unternehmens vernichtet werden.[372]

Als Gründe für die Durchführung von M&A bei dieser eher geringen Erfolgswahrscheinlichkeit können (i) die Motivation durch die für das Management gesetzten Ziele (z. B. Wachstum), (ii) ein Effekt der Wettbewerbernachahmung (z. B. Internationalisierung von Banken) und (iii) die Überschätzung des Nutzens von M&A bei gleichzeitiger Unterschätzung der damit verbundenen Kosten genannt werden.

Im Ergebnis zeigen sich bei Unternehmen, die eher erfolgreich M&A durchführen, zwei Effekte. Zum einen tritt im Zeitverlauf ein Lerneffekt durch die gewonnenen Erfahrungen ein, zum anderen ist es hilfreich, einen systematischen Ansatz für die Durchführung von Transaktionen zu entwickeln und zu verfolgen.[373]

3.9.1.4 Ausgewählte Mergers & Acquisitions im Lebenszyklus des Unternehmens

Verschiedene Typen von Mergers & Acquisitions können mit Hilfe des Unternehmenslebenszyklus, der in die Phasen Gründung oder Einführung,

---

[372] So berichtet DER SPIEGEL, dass die Aktionäre von Daimler 36 Mrd. DM verloren haben bei dem Versuch des Unternehmens, ein integrierter Technologiekonzern zu werden. Vgl. o. V. 1995, S. 28.

[373] Siehe weiter unten, Kapitel 3.9.1.5.

Wachstum, Reife, Diversifikation und Rückgang oder Unternehmensaufgabe eingeteilt werden kann, geordnet werden. Nachfolgend wird eine (nicht zwingend überschneidungsfreie) Auswahl von Transaktionen kurz erwähnt:[374]

- Neu- und Umgründung (Wesentliche Lebenszyklusphase: Gründung)
  - o Originäre Gründungen, z. B. Spin-Offs, Split-Offs
  - o Derivative Gründungen, z. B. Mangement Buy-Out (MBO), Spin-Out
- Kooperationen (Wesentliche Lebenszyklusphase: Wachstum, Reife)
  - o Joint Ventures
  - o Strategische Allianzen
  - o Operative Kooperationen, z. B. Kartelle, Konsortien und Arbeitsgemeinschaften, Verbände
- Übernahmen und Fusionen, d. h. M&A i. e. S. (Wesentliche Lebenszyklusphase: Reife, Diversifikation)
  - o Akquisitionen, z. B. Share Deal (Kauf von Anteilen), Asset Deal (Kauf von Wirtschaftsgütern)
  - o Einvernehmliche echte Fusion, z. B. durch Aufnahme, durch Neugründung
  - o Hostile Takeover
  - o Leveraged Buy-Out
- Restrukturierung und Sicherung (Wesentliche Lebenszyklusphase: Reife, Diversifikation)
  - o Rechtsformwechsel
  - o Vermögensübertragung
  - o Nachlassverträge
  - o Going Public (Initial Public Offering, IPO)
- Verkäufe und Liquidation (Wesentliche Lebenszyklusphase: Unternehmensaufgabe)
  - o Spaltungen
  - o Totale Zerlegung, sog. Asset Stripping
  - o Portfoliobereinigung
  - o Konkursliquidation

In engem Zusammenhang mit den Transaktionstypen steht ihre Finanzierung. Grob kann hier in Fremdfinanzierung (z. B. Bankkredite, Venture Capital) und Eigenkapitalfinanzierung (z. B. Going Public, Initial Public Offerings, Innenfinanzierung durch Reservenbildung) unterschieden werden.

---

[374] Vgl. Jansen: 2001, S. 46. Siehe auch dort oder bei Behringer: 2013 für eine detailliertere Beschreibung der Typen.

3.9.1.5   Investitions- und Veräußerungsprozess

Weiter oben wurde festgestellt, dass ein strukturierter Ansatz für die Durchführung von Transaktionen empfehlenswert ist. Nachfolgend werden die wesentlichen Aktivitäten eines exemplarischen Prozesses für ein M&A-Investment vorgestellt. Auf die Beschreibung von Rollen, Verantwortlichkeiten, notwendigen Dokumenten etc. wird an dieser Stelle verzichtet.[375] Eine Veräußerung folgt einem ähnlichen, als spiegelverkehrt beschreibbaren, Schema.

Der Investitionsprozess besteht aus den drei Phasen Identifikation des Zielobjekts, Transaktion und Integration. Die letzte Phase, auch Post Merger Integration-Phase genannt, wird nicht im Detail vorgestellt. Die Abfolge der einzelnen Schritte kann mit Blick auf die Einzigartigkeit von Transaktionen im konkreten Einzelfall abweichen.

Phase 1: Identifikation des Zielobjekts

* Im ersten Schritt dieser Phase wird aus einer Unternehmensstrategie und anderen strategischen Richtlinien eine *M&A-Strategie* abgeleitet.
* Auf Basis der Inhalte dieser M&A-Strategie erfolgt im zweiten Schritt ein *Strategisches Screening* von z. B. dem Markt und anderen Wettbewerbern, um so zunächst eine Longlist und später eine Shortlist mit potenziellen M&A-Kandidaten zu enthalten, die den in der M&A-Strategie spezifizierten Kriterien entsprechen.
* Im dritten Schritt wird die *Strategische Übereinstimmung* festgestellt und es werden Pläne für die weitere Geschäftsentwicklung, den Umgang mit identifizierten Risiken etc. abgestimmt. Am Ende dieses Schritts erfolgt der formale Beschluss ein M&A-Projekt i. e. S., d. h. die Transaktion, zu starten.

Phase 2: Transaktion

* Zum Beginn der Transaktionsphase werden im ersten Schritt ein formales *M&A-Projekt gestartet* und das Team formiert, ein Budget allokiert sowie eine spezielle Unternehmenspräsentation für das erste Treffen mit der Gegenseite erstellt.
* Im zweiten Schritt wird die *Gegenseite formal kontaktiert*. Dies erfolgt häufig mit Unterstützung von Investmentbanken oder Unternehmensberatern. Es kommt regelmäßig zum Austausch detaillierter Informationen (sog. Info Memorandum), nachdem eine Vertraulichkeitsvereinbarung (sog. Non-Disclosure Agreement, NDA) unterzeichnet wurde. Eine Absichtserklärung (sog. Letter of Intent, LOI) signalisiert der Gegenseite das nachhaltige Interesse an einer Transaktion. Regelmäßig

---

[375] Der Prozess ist einem unternehmensinternen Prozesshandbuch entnommen, vgl. o. V. 2011. Idealtypische Prozessdarstellungen können aber auch Behringer: 2013, S. 135-172 oder Jansen: 2001, S. 164-239 entnommen werden.

wird in diesem Schritt ein indikativer Kaufpreis ermittelt. Wenn die Aktivitäten im zweiten Schritt erfolgreich verlaufen, folgt ein formaler Beschluss, in eine sorgfältige Prüfung und Analyse des potenziell zu übernehmenden Unternehmens einzusteigen (sog. Due Diligence, DD).

- Diese *Due Diligence* ist Gegenstand des dritten Schritts. Die Käuferseite bereitet sich durch das Aufstellen einer Fragenliste auf den Besuch eines vom Verkäufer bereitgestellten Datenraums vor. Ein solcher Datenraum ist entweder eine Sammlung von physikalischen Unterlagen in einem tatsächlich abgeschlossenen Raum oder aber ein entsprechend gesichertes virtuelles Äquivalent. Neben der reinen Informationsbeschaffung besteht in dieser Phase auch die Möglichkeit, dass sich Management und Fachexperten beider Seiten austauschen. Ein Due Diligence-Report sammelt die gefundenen Ergebnisse.
- Der vierte Schritt besteht in der *Ermittlung des Werts* von dem zu kaufenden Unternehmen. Der Wert kann mit Hilfe von sog. Multiples, Discounted Cash Flow-, Net Present Value-Rechnungen etc. ermittelt werden. Zusätzlich werden Business Cases für das Objekt als eigenständige Entität sowie für das zusammengeschlossene Unternehmen erstellt.
- Anschließend erfolgt die *Definition des Kaufpreises* im fünften Schritt. Hierbei werden die Höhe des Initialangebots, des Maximalangebots, die Verhandlungsstrategie, sog. Big Point- und No Go-Element etc. beschrieben und formal beschlossen.
- Mit diesen Rahmenbedingungen treffen sich dann im sechsten Schritt die Verhandlungsparteien zu *konkreten Verhandlungen* und (gegebenenfalls) zum Abschluss. Wenn sich die Verhandlungsteams einig sind, werden notwendige Gremienbeschlüsse vorbereitet und soweit möglich eingeholt, es kommt zur Vertragsunterzeichnung (sog. Signing) und zu den Vorbereitungen für den Übergang des Objekts (sog. Closing). Je nach Transaktionstyp muss vor dem Closing noch eine Kartellbehörde zustimmen.

Phase 3: Integration, Post Merger Integration

- Oftmals schon während der zweiten Phase starten die Vorbereitungen für die konkrete Integration des Zielobjekts in die aufnehmende Organisation. Diese Vorbereitungen umfassen eine weite Reihe von Themen, wie z. B. die Vorbereitung von Presseinformationen, die Integration von Mitarbeitern, die Integration in Governance-Strukturen und die bilanziellen Wertstellungen.

3.9.1.6 Terminologie: Erläuterung ausgewählter Schlagworte

Die Sprache im Rahmen von M&A-Projekten ist auf Grund der beteiligten und unterstützenden Parteien zum einen häufig Englisch und zum anderen ist der Sprachgebrauch von Schlagworten durchsetzt, deren Verständnis wesentlich und Voraussetzung für eine Projektteilnahme ist. Einige dieser Schlagworte sollen im Folgenden kurz erläutert werden:[376]

- *Asset Deal:* Es werden alle oder ein wesentlicher Teil der Vermögensgegenstände erworben.
- *Friendly takeover:* Eine freundliche Übernahme ist die zahlenmäßig häufigere Übernahmeform. Hierbei stimmt das Unternehmensmanagement dem Übernahmevorschlag zu und unterstützt diesen. Ein Wechsel von einer freundlichen zu einer feindlichen Übernahme im Rahmen eines M&A-Projekts ist nicht unüblich.
- *Golden Parachute:* Goldene Fallschirme bzw. goldene Handschläge sind Abfindungszahlungen, die Manager des übernommenen Unternehmens erhalten.
- *Hostile takeover:* Feindliche Übernahme sind i. d. R. nur bei börsennotierten Unternehmen möglich. Das Management des Zielunternehmens sperrt sich gegen eine Übernahme und kooperiert nur insoweit, wie es gesetzlich dazu verpflichtet ist. Ein Wechsel von einer feindlichen zu einer freundlichen Übernahme im Rahmen eines M&A-Projekts ist nicht unüblich.
- *Pac Man-Strategie:* In Anlehnung an eine Spielsituation im gleichnamigen Videospiel der Firma Nintendo gibt das Unternehmen, das eine Übernahmeofferte erhält, sie aber nicht annehmen will, ihrerseits eine Übernahmeofferte für die Gegenseite ab.
- *Poison Pill:* Eine Giftpille wird zur Abwehr von Übernahmen geschluckt. Sie kann z. B. ein Vertrag sein, der zum Zeitpunkt der Übernahme wirksam wird und den potenziellen Käufer abschrecken soll. Beispiele sind Bezugsrechte für vergünstigte Belegschaftsaktien, vertragliche Zusagen gegenüber Kunden oder ein besonderer Umgang mit Krediten.
- *Roadshow:* Sowohl das Management des zu übernehmenden Unternehmens, als auch das des übernehmenden Unternehmens können durch Roadshows vorhandene oder potentielle Aktionäre von der (Un-) Sinnhaftigkeit und den (Miss-) Erfolgsaussichten der M&A-Transaktion informieren und sie zu überzeugen versuchen.
- *Share Deal:* Die Mitgliedschaftsrechte, d. h. die Anteile an der Gesellschaft sind Gegenstand des Kaufvertrages.

---

[376] Die Erläuterungen basieren i. W. auf Behringer: 2013, S. 86-87, 93-94, 96-99, 106-109, 111.

- *Sperrminorität:* Ein Eigentumsanteil von > 25 % erlaubt es, sich gegenüber Entscheidungen, die mit Drei Viertel-Mehrheit getroffen werden müssen, zu widersetzen.
- *White Knight:* Ein weißer Ritter wird von dem zu übernehmenden Unternehmen gesucht, wenn es sich einer feindlichen Übernahme konfrontiert sieht und eine freundliche Übernahmeofferte von einem Dritten
  einholt, um die feindliche Übernahme abzuwehren.

3.9.2 Daimler AG

In der Nachkriegszeit und bis in die 1980er Jahre hat sich die Daimler-Benz
AG als *breit aufgestelltes Fahrzeugunternehmen* präsentiert. Die Angebotspa-
lette umfasste sowohl Personen- und Lastkraftwagen, wie auch Omnibusse.
Daimler-Benz war zudem gut in die Strukturen der Deutschland AG eingebunden: Großaktionäre waren sowohl die Familie Quandt und Karl-Friedrich
Flick.[377]
Im Nachgang der zweiten Ölkrise Ende der 1970er Jahre unterbreitet Mitte
der 1980er Jahre der damalige Finanzvorstand und spätere Vorstandsvorsitzender (1987-1995) Edzard Reuter den Vorschlag, das Unternehmen unab-
hängiger von Konjunkturschwankungen in einzelnen Sektoren, hier: insbesondere dem Automobilsektor, zu machen. Reuter entwickelte die Idee des
Integrierten Technologiekonzerns und wechselte die Unternehmensstrategie
dementsprechend.[378] Neben der Absicherung von Konjunkturschwankungen
sollten auch Synergieeffekte realisiert werden.
Im Rahmen der Umsetzung der Integrierten Technologiekonzern-Strategie
wurden in den Jahren 1985-1991 verschiedene Unternehmen ganz oder zu
großen Teilen übernommen und das Unternehmen signifikant umgebaut:

- Februar 1985: 100 %-Beteiligung an MTU (Motoren- und Turbinen-
  hersteller).
- Mai 1985: 66 %-Beteiligung an Dornier (Flugzeughersteller).
- Oktober 1985: Einstieg bei AEG (Elektrokonzern), 1988 Aufstockung
  der Anteile auf 80 %.
- Juni und Juli 1989: Gestaltung der Daimler-Benz AG als Holdingge-
  sellschaft für die drei Bereiche Mercedes-Benz AG (Fahrzeuge), Deut-
  sche Aerospace AG (DASA; Luft-, Raumfahrt, Rüstungstechnik) und
  AEG (Elektro-, Büro-, Kommunikations- und Verkehrstechnik). Debis
  kommt 1990 hinzu (s. u.).
- September 1989: 63 %-Beteiligung an MBB (Luft- und Raumfahrt,
  Rüstung).

---

[377] Vgl. Daimler: 2013a
[378] Vgl. für diesen Abschnitt insb. die kritische Berichterstattung in DER SPIEGEL, o. V.: 1995
sowie in Daimler: 2013b

- Juli 1990: Gründung von Debis (Daimler-Benz Inter Services) als viertem Geschäftsfeld.
- März 1991: 10 %-Beteiligung an der Metallgesellschaft (Industriekonglomerat).
- Juli 1991: 34 %-Beteiligung an Cap Gemini Sogeti (Software und IT-Services).

Die Strategie des Integrierten Technologiekonzerns erweist sich in der Rückbetrachtung als nicht tragfähig. So sorgte das Ende des Kalten Krieges für ein Nachlassen der Nachfrage im Rüstungssegment, AEG hatte operative wie strukturelle Probleme, die in Verlusten mündeten und auch Währungsschwankungen führten zu Verlusten. Insgesamt soll die Strategie die Aktionäre 36 Mrd. DM gekostet haben.[379]

Nach dem Rücktritt von Edzard Reuter als Vorstandsvorsitzender übernimmt Jürgen E. Schrempp diese Rolle von 1995-2005. Er sorgt für eine strategische Neuausrichtung des Konzerns, mit deren Hilfe er eine Portfoliobereinigung durchführt. So trennte sich beispielsweise der Konzern von Fokker und Dornier, AEG wurde aufgelöst und das Segment debis Systemhaus erst zu einem Teil, dann komplett an die Deutsche Telekom verkauft.[380]

Ziel dieser Verkäufe war eine Stärkung der Kerngeschäfte, auch auf globaler Ebene, und weniger eine Erschließung neuer Geschäftsfelder. Diese Vision einer *Welt AG* sollte durch die Fusion mit dem amerikanischen Autobauer Chrysler Corporation realisiert werden. Der Zusammenschluss ist als sog. Merger of Equals angekündigt worden. Die DaimlerChrysler benannte Firma hatte 1998 442.000 Mitarbeiter, war an der New York Stock Exchange notiert und hatte dort eine Marktkapitalisierung von ca. 100 Mrd. US-Dollar.

Drei Jahre später betrug die Marktkapitalisierung nur noch 44 Mrd. US-Dollar und da sich auch die erhofften Vertriebs- und Kostensynergien nicht einstellten, wurde 2007 die Mehrheitsbeteiligung an Chrysler von Schrempps Nachfolger Dieter Zetsche wieder aufgegeben. Im Oktober 2007 erfolgte eine Umbenennung der DaimlerChrysler AG in Daimler AG und 2009 gab Daimler auch die verbliebene 19,9 %-Beteiligung an Chrysler auf.

Zetsche verfolgt keine so ambitionierte Vision, wie seine Vorgänger. Vielmehr will er alle Segmente des Unternehmens erfolgreich positionieren, den Automobilbereich beispielsweise als weltweit erfolgreichste Premiummarke mit Blick auf die Menge der abgesetzten PKW.

---

[379] Vgl. nochmals o. V.: 1995
[380] Vgl. für diesen Abschnitt i. W. Daimler: 2013c, aber auch Finkelstein: 2002 für eine frühe Feststellung eines fehlgeschlagenen Zusammenschluss sowie Appel, Hein: 2000 für die Beschreibung des Zustandekommens der Fusion; Grässlin: 1998 und Herles: 1998, S. 137-155 für eine Darstellung der Person Schrempp.

3.9.3   Aufgaben und Diskussionsstellungen

1. Bitte stellen Sie sich vor, dass Sie Inhaber einer kleinen freien Tank-stelle im Iserlohner Süden sind und wachsen wollen. Bitte finden Sie je ein Beispiel für ein organisches und ein anorganisches Wachstum und beschreiben Sie, warum Sie die Zuordnung treffen!
2. Bitte unterscheiden Sie Merger von Acquisitions. Können Sie je ein Beispiel nennen, dass in der jüngeren Tages- oder Wirtschaftspresse diskutiert wurde?
3. Bitte nennen (und beschreiben) Sie drei Gründe, warum Unternehmen M&A durchführen!
4. Die Erfolgswahrscheinlichkeit für M&A ist relativ gering. Trotzdem werden sie regelmäßig durchgeführt. Warum?
5. Welche Phasen hat ein Unternehmenslebenszyklus idealtypisch? Bitte nennen Sie für jede Phase eine (zwei, drei) M&A-Transaktionstypen!
6. Bitte beschreiben Sie mit eigenen Worten, wie ein M&A-Investitionsprozess ablaufen kann, nachdem die Phase zur Identifikati-on des Zielobjekts abgeschlossen wurde!
7. Sie haben die Begriffe White Knight, Poison Pill, Golden Parachute und Roadshow kennengelernt. Bitte beschreiben Sie drei hiervon mit eigenen Worten.
8. Die heutige Daimler AG hat in den letzten knapp 30 Jahren eine Viel-zahl von großen Kauf- und Verkaufstransaktionen durchgeführt. Was könnten die Gründe hierfür gewesen sein?
9. Gesetzt, dass der Aufsichtsrat und der Vorstand, genauso wie verschie-dene Fachabteilungen (z. B. Konzernstrategie, Controlling, M&A), die ja alle an den Transaktionen beteiligt waren oder ihnen zustimmen mussten, mit klugen Personen besetzt sind: Warum werden (wieder-holt) große Übernahmen durchgeführt, deren Erfolgswahrscheinlichkeit ja als eher gering bezeichnet werden kann? Bitte denken Sie an unter-nehmensexterne, unternehmensinterne und persönliche Faktoren!
10. Bereits kurz nach dem Merger of Equals, aus dem DaimlerChrysler hervorgegangen ist, haben externe Beobachter detailliert Kritikpunkte aufgezählt (z. B. Finkelstein: 2003). Genannt werden kulturelle Un-stimmigkeiten und Missmanagement, die finanziellen Auswirkungen sind ebenfalls als nicht so positiv wie erwartet berichtet worden. Wa-rum hat Daimler noch bis 2007 an dem Zusammenschluss festgehalten?
11. Mit welchen Mitteln und Verfahren könnte man die gerade (Aufgaben 9 und 10) identifizierten Schwachstellen beheben?

3.10 Apples legendärer Werbespot „1984" beim Super Bowl

3.10.1 Kurzbeschreibung

3.10.1.1 Apple Computer, Inc. und Apple Macintosh

Apple Computer, Inc. (kurz: Apple) wurde am 1. April 1976 von Steve Jobs, Steve Wozniak und Ronald Wayne[381] gegründet und hat in den ersten Jahren des Bestehens Computerbausätze für Elektronikbastler verkauft.[382] Apple positioniert sich seit seiner Gründung als innovatives Unternehmen. Unbeschadet der vorangetriebenen technologischen Innovationen auf dem Markt der Personal Computer durch Apple war Anfang der 1980er Jahre jedoch IBM der dominierende Anbieter in diesem Marktsegment und IBM-kompatible PC besaßen gegenüber Apple-Geräten einen überragenden Marktanteil.

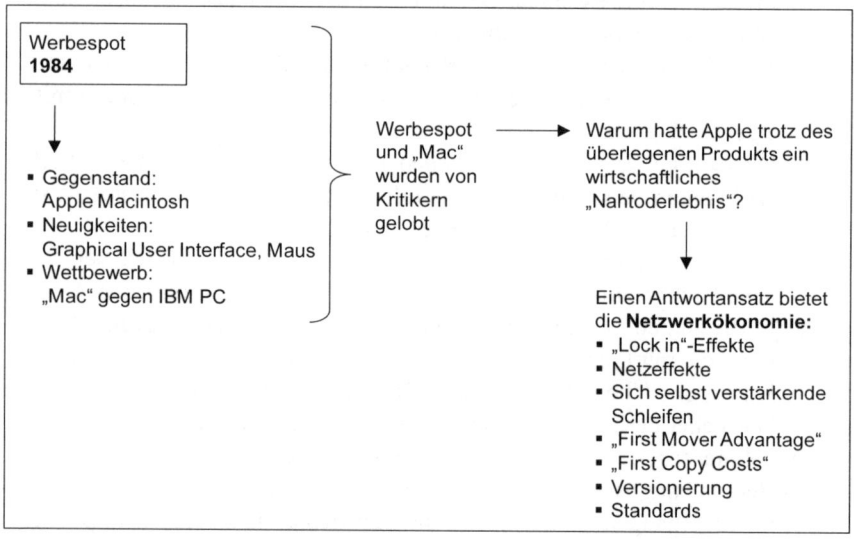

Abbildung 20: Kapitelüberblick und ausgewählte Zusammenhänge des Apple Macintosh

Vor diesem Hintergrund haben der letzte noch im Unternehmen verbliebene Gründer Steve Jobs und der damalige Chief Executive Officer (CEO) John Sculley mit dem *Apple Macintosh* (kurz: Mac) einen Computer entwickelt

---

[381] Wayne hat Apple wenige Tage nach der Gründung verlassen und wird regelmäßig in einschlägigen Berichten ‚vergessen'.
[382] Vgl. für eine Dokumentation die Autobiographie von Wozniak: 2007.

und 1984 eingeführt, der als erster in größeren Stückzahlen produzierte Mikrocomputer eine grafische Benutzeroberfläche und eine Maus haben sollte. Abbildung 20 stellt ausgewählte Kapitelinhalte in einen Zusammenhang.

3.10.1.2 Exkurs: Ausgewählte Entwicklungen in der Informationstechnik und Informatik

Die Jahre 1981 und 1984 stellen durch die Markteinführung des IBM PC bzw. des Apple Macintosh ausgewählte Meilensteine in der Informationstechnologie und Informatik dar. Dies soll jedoch nicht darüber hinwegtäuschen, dass auch vorher und nachher wichtige Entwicklungen zu beobachten waren. Die nachfolgende Liste führt ausgewählte Entwicklungen auf:[383]

- 1941: Konrad Zuse stellt mit dem *Z3* den ersten Computer nach heutigem Verständnis her.
- 1945: Vannevar Bush stellt das *Hypertext-Konzept* vor.
- 1956: Inbetriebnahme der *PERM* (Programmierbare Elektronische Rechenanlage München) an der Technischen Universität München.
- 1962: Doug Engelbart entwickelt die Computermaus in Stanford/USA.
- 1964: IBM führt den Großrechner (Mainframe) *System/360* ein. S/360 ist das teuerste Computersystem aller Zeiten. Die 5,5 Mrd. USD Entwicklungskosten entsprechen heute ca. 40 Mrd. USD.
- 1960/1970er Jahre: Entwicklung der populären Programmiersprachen *BASIC* und *C*.
- 1972: Gründung von *SAP*.
- 1975: Gründung von *Microsoft*. IBM bringt den *ersten tragbaren Computer* an den Markt; er wiegt 25kg.
- 1976: Gründung von *Apple*.
- 1981 und 1984: Vorstellung des *IBM PC* bzw. *Apple Macintosh*.
- 1982: Der Computer wird vom Time Magazin zum *Man of the Year* gekürt und auf dem Titel abgebildet.[384]
- 1989: Start des *ISDN* in Deutschland (Stichwort: Digitalisierung des Telefonnetzes). Das *World Wide Web* (www) wird entwickelt.
- 1995: *AltaVista* ist als eine der ersten Suchmaschinen für das Internet verfügbar (und bis 1999 die bekannteste Volltext-Suchmaschine).
- 2000: *Y2K-Problem*: Computerproblem, das durch die Behandlung von Jahreszahlen als zweistellige Angabe entstanden ist.
- 1999/2000: *Dot.com-Boom* und platzen der Blase.
- 2005: *Web 2.0* (Stichworte: Social Media, User Generated Content, Web als Plattform).

---

[383] Vgl. Heuser: 2010, die Zeittafel bei Fischer: 2010, S. 210-214 und die Beiträge in Heinrich: 2011.
[384] Vgl. Time Magazin: 1983, S. U1

3.10.1.3 Werbespot 1984

Der für die Markteinführung des Macintosh produzierte Werbespot bekam
den Namen *1984* und bezieht sich inhaltlich auf die 1948 von George Orwell
in Romanform projizierte gleichnamige Zukunftsvision, in der ein totalitärer
Überwachungsstaat getrieben vom sog. Großen Bruder die Handlungen und
Gedanken der Mitglieder kontrolliert.[385]
In dem düsteren Werbespot sind zunächst Arbeiter zu sehen, die im langsa-
men Gleichschritt auf einen großen Bildschirm zulaufen, auf dem der Große
Bruder zu ihnen spricht. Eine junge Frau in einem Sportdress rennt mit einem
Vorschlaghammer bewaffnet durch sie hindurch und auf den Bildschirm zu
und wird dabei von Sicherheitskräften verfolgt. Sie schleudert den Hammer
auf den Bildschirm, dieser zerbricht und der Große Bruder verschwindet. Die
abschließende Botschaft aus dem Off lautet: „On January 24th, Apple Computer will introduce Macintosh. And you'll see, why 1984 won't be like
‚1984'."
Jobs und Sculley haben den Spot von der Agentur Chiat/Day entwickeln und
vom Regisseur Ridley Scott drehen lassen. Der lediglich einmal im Rahmen
des Super Bowls am 22. Januar 1984 gezeigte Film[386] gilt als einer der besten
Werbespots, die bisher produziert wurden. Im Spot selber ist das Produkt
nicht zu sehen, lediglich auf dem Top der jungen Frau ist der Macintosh zu
erahnen, sie steht also für das Unternehmen Apple, während der Große Bruder den Konkurrenten IBM repräsentiert.[387]

3.10.1.4 Resonanz: Werbeerfolg und Vertriebsflop

Der Werbespot hat eine große Resonanz erhalten und ist von Nachrichtensen-
dungen etc. mehrfach wiederholt worden, so dass der indirekte Marketingwert
um ein Vielfachen höher gewesen sein wird, als die direkten Produktions- und
Sendekosten in Höhe von 750.000 US-Dollar bzw. 1 Mio. US-Dollar.[388]
Trotz der innovativen Technologie, eines relativ niedrig angesetzten Ver-
kaufspreises, des Medienechos und der gewonnenen Auszeichnungen für den

---

[385] Der Roman Nineteen Eighty-Four (Titel der deutschen Ausgabe: 1984) wurde von Orwell 1947
und 1948 geschrieben und der Titel entstand durch ein Vertauschen der Jahreszahlen. Erstmalig
erschienen ist der Roman 1949.

[386] Tatsächlich wurde der Spot bereits einmal Ende 1983 von einer kleinen amerikanischen TV-
Station so ausgestrahlt, dass möglichst wenige Zuschauer den Spot sehen. Eine Ausstrahlung in
1983 war notwendig, um den Spot für die Werbefilmwettbewerbe des Jahres 1984 einreichen zu
können. Gleichzeitig sollte er aber noch nicht der breiten Öffentlichkeit gegenüber bekannt werden,
um dem Effekt beim Super Bowl nicht vorzugreifen.

[387] Vgl. Young, Simon: 2005, S. 128-131; Sander: 2009; Scully, Byrne: 1994, S. 236-248.

[388] Der Co-Autor des Drehbuchs spricht von einem Marketinggegenwert von 150 Mio. US-Dollar,
vgl. Hayden: 2011.

Werbefilm blieben die Verkaufszahlen für den Mac mit 5.000 Stück pro Monat weit hinter den Erwartungen von 50.000 Stück pro Monat zurück.[389]

3.10.1.5 Exkurs: Phasen der Marketinggeschichte

Der Stellenwert der Werbung in Betrieben hat sich in den vergangenen Jahrzehnten deutlich erhöht. Als Triebkraft hierfür kann die Verbreitung des Konzepts des Marketings angesehen werden. Der Absatz oder die Leistungsverwertung von erstellten Gütern sollte nicht nur eine betriebliche Funktion von vielen sein, sondern die führende Determinante, da der gesamte Betrieb vom Markt und vom Kunden her geführt werden solle. Die Marketinggeschichte kann an Hand von vier Phasen beschrieben werden:[390]

Phase 1: Fragmentation
- Merkmale
  - o Regional begrenzte Märkte
  - o Hohe Gewinnspannen
  - o Niedrige Umsätze
- Zeit
  - o Bis ca. 1880

Phase 2: Unification
- Merkmale
  - o Ausbildung nationaler und internationaler Märkte
  - o Aufkommen von Markenartikeln
  - o Niedrige Gewinnspannen
  - o Hohe Umsätze
- Zeit
  - o Von ca. 1880
  - o Bis ca. 1920/1950

Phase 3: Segmentation
- Merkmale
  - o Soziale und psychografische Segmentierung
  - o Zielgruppendefinition
  - o Höhere Gewinnspannen (Value Pricing)
  - o Hohe Umsätze
- Zeit
  - o Von ca. 1920/1950
  - o Bis ca. 1980

---

[389] Vgl. Deutschman: 2001, S. 21
[390] Berghoff: 2004, S. 315 auf Basis von Tedlow, 1990, S. XXII, 8.

Phase 4: Hypersegmentation
- Merkmale
  - Mikromarketing (immer kleinere Segmente)
  - EDV-gestützte „Customization"
  - Höhere Gewinnspannen (Value Pricing)
  - Hohe Umsätze
- Zeit
  - Seit ca. 1980

3.10.2 Netzwerkökonomie

Das Auseinanderklaffen von hoher Produktgüte und geringen Verkaufszahlen beim gerade vorgestellten Apple Macintosh ist kein Einzelfall und kann auch bei anderen Produkten beobachtet werden. So war das Beta-Videosystem dem VHS-System technisch überlegen, konnte sich kommerziell jedoch nicht durchsetzen. Gleiches gilt für das Computerbetriebssystem OS/2 von IBM, welches signifikant besser als Microsoft Windows bewertet wurde. Erklärungsansätze für diese Phänomene bietet die Netzwerkökonomie. Ausgewählte Ansatzpunkte sind:[391]

- *Lock-in Effect und Wechselkosten:* Lock-in Effects treten auf, wenn es für einen Kunden oder Nutzer schwierig ist, aus seinem bisherigen Nutzungsverhalten auszubrechen und zu einem alternativen Produkt zu wechseln, da die sog. Wechselkosten zu hoch sind. Als Beispiel kann hier eine vorhandene Sammlung von Langspielplatten erwähnt werden, die es dem Musikhörer schwer macht, zur CD zu wechseln, obwohl sie klangtechnisch besser sind. Der Hörer steht vor der Frage, ob ein Wechsel zu einem neuen System sinnvoll ist, wenn die alte Technik nicht mehr (sinnvoll und bequem, wenn man die Sondersituation von zwei parallelen Systemen ausschließt) betrieben werden kann. Ein weiteres Beispiel ist die sog. QWERTZ-Tastatur, die zwar verbreitet ist, bei der Effizienz aber hinter anderen Tastaturdesigns zurückbleibt. Hier stehen Nutzer vor der Frage, ob sie den Aufwand des Umlernens und den zunächst eintretenden Verlust der Schreibgeschwindigkeit auf sich nehmen wollen. Diese Lock-in-Situation der Nutzer von IBM-kompatiblen PC könnte als Grund für den Marktmisserfolg von Apple in weiten Teilen der 1980er und der 1990er Jahre gewesen sein.
- *Positive und negative Netzeffekte:* Einige Produkte sind wertlos, wenn sie nicht oder nur kaum verbreitet sind. So ist beispielsweise ein einziges Telefon ohne originären Gebrauchswert und gewinnt erst an Wert, wenn ein zweites Telefon vorhanden ist, das angerufen werden kann. Je

---

[391] Vgl. für eine klassische Darstellung und gute Einführung: Arthur: 1996 und Shapiro, Varian: 1999.

mehr Telefone existieren und an das Telefonnetz angeschlossen sind, desto wertvoller ist das Netz. Netzwerke tendieren dazu sich in selbstverstärkenden positiven oder negativen Schleifen zu entwickeln: Je mehr Nutzer zu einem Netzwerk hinzustoßen, desto größer ist das Netzwerk und desto höher ist sein Wert, was es wiederum attraktiv für neue Nutzer macht, die dem Netzwerk beitreten. Unternehmen, die in der Lage sind positive Netzeffekte zu realisieren, können technisch überlegenere Produkte vom Markt ausschließen.

- *First-mover Advantage:* In einer Wettbewerbssituation, in der zwei oder mehr Anbieter ein Produkt, welches für Netzwerkeffekte geeignet ist, auf den Markt einführen wollen, hat derjenige Vorteile, der zuerst agiert und eine kritische Masse erreicht. So war beispielsweise eBay in den USA zwar schon eine etablierte Marke als Marktplatz, hatte jedoch die Befürchtung, dass der deutsche Markt bereits kurz nach dem Marktstart von der eBay-Kopie Alando der Samwer-Brüder uneinholbar besetzt sei. eBay hat 1999 den nur sechs Monate alten Marktführer für mehr als 40 Mio. US-Dollar gekauft, um sich auf dem deutschen Markt zu platzieren.

- *First-copy Cost:* Digitale Güter sind oftmals teuer in der Produktion des ersten Exemplars, dann aber sehr günstig in der Herstellung jedes weiteren Exemplars, da beim Kopieren von digitalen Gütern keine Qualitätseinbußen vorhanden sind. Ein Kinofilm kann in der Produktion mehrere hundert Millionen Euro kosten, für jede weitere Kopie müssen anschließend lediglich die Kosten für eine DVD bzw. Server- und Downloadkosten übernommen werden. Mit einer aggressiven Preispolitik kann hier der Wettbewerb weitgehend ausgeschaltet werden.

- *Versionierung:* Mit Hilfe von unterschiedlichen Versionen eines Produktes, von denen z. B. die einfachste kostenlos abgegeben wird, kann ein Unternehmen ein großes Netzwerk von Nutzern aufbauen. Beispielsweise kann hier die kostenlos erhältliche Software für das Lesen von PDF-Dokumenten von der Firma Acrobat genannt werden. Mit Hilfe des PDF-Formats konnten Autoren sichergehen, dass ihre Dokumente in der Form angezeigt werden, wie es geplant war. (Im Gegensatz hierzu ist das sog. HTML-Format zu nennen, welches keine absolute Anzeige, sondern eine relative Darstellung von Inhalten ermöglicht.) Die weite Verbreitung von kostenloser Lesesoftware war ein gutes Argument für Autoren, die höherwertige und kostenpflichtige Version des Acrobat Writers zu nutzen.

- *Standards:* Adobe hat mit dem gerade skizzierten Vorgehen einen Standard für die Anzeige von Dokumenten geschaffen. Die Microsoft

Office-Produkte können hier als weiteres Beispiel genannt werden. Um diesen Standard auch in neuen Märkten zu setzen, könnte Microsoft auch die nachlässige Verfolgung von Copyright-Bestimmungen in China und die weite Verbreitung von Raubkopien seiner Software akzeptieren. Ist einmal Microsoft Office weit verbreitet und hat sich das Einkommens- bzw. Wirtschaftsniveau in China verbessert, dann steigen auch die Chancen, dass der Anteil von bezahlten Versionen auf Kosten der Raubkopien ansteigt und Microsoft so eine dominierende Rolle in einem großen Absatzmarkt einnehmen kann.

3.10.3 Aufgaben und Diskussionsstellungen

1. Bitte finden Sie Möglichkeiten, den Markt für PCs einzuteilen!
2. Apple hat für den Spot 1984 sehr viel Geld ausgegeben und ist ein großes Risiko eingegangen. Aus welchen Gründen könnte sich Apple hierzu entschieden haben, wenn mit dem Geld auch eine eher flächendeckende Werbekampagne gestaltet hätte werden können?
3. Welche Kundengruppe(n) wird Apple angesprochen haben?
4. Kennen Sie andere Werbekampagnen, die Aufmerksamkeit erregen? Welche sind dies und was zeichnet sie aus?
5. Apple hat vier klassische Dimensionen des Marketings bedient. Welche könnten dies sein?
6. Wie waren diese vier Dimensionen im Jahr 1984 bei Apple ausgeprägt und wie sind sie es heute?
7. Warum sind die technisch besten Produkte, die teilweise auch gut beworben werden, nicht immer die erfolgreichsten? Bitte finden Sie drei Erklärungsversuche bzw. Ansatzpunkte und beschreiben diese mit eigenen Worten!
8. Bitte finden Sie für jeden der vorgestellten Aspekte der Netzwerkökonomie ein weiteres Beispiel!
9. Mit welcher Formel kann man die Werthaltigkeit eines Netzwerkes berechnen, welches aus N Knoten besteht (Annahme: Jeder Knoten ist gleichwertig)?

3.11 Structure follows Strategy

3.11.1 Kurzbeschreibung

Die von Chandler geprägte Aussage *Structure follows Strategy* schlägt vor, die Struktur einer Organisation so zu gestalten, dass sie geeignet ist, eine gegebene Strategie zu unterstützen.[392] Die Struktur kann hierbei einerseits in die sog. Aufbauorganisation (Stichwort: Hierarchie) und andererseits in die sog. Ablauforganisation (Stichwort: Geschäftsprozesse) unterteilt werden (vgl. Abbildung 21).

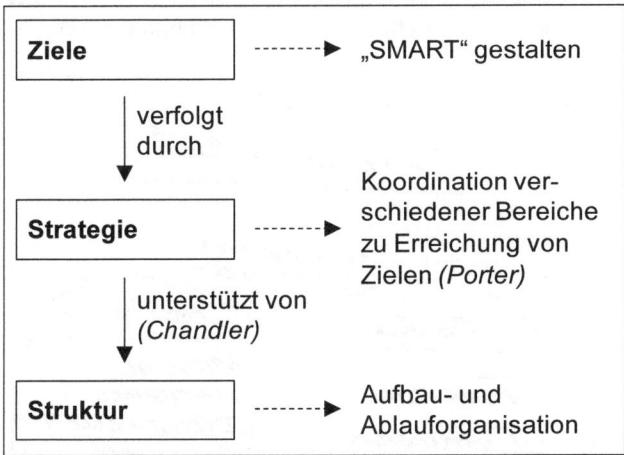

Abbildung 21: Zusammenhang zwischen Zielen, Strategie und Struktur

Chandler sieht also als Ausgangspunkt für unternehmerische Überlegungen die Strategie. Porter definiert sie als die Koordination des Verhaltens (zumindest jedoch der Intentionen) unterschiedlicher Abteilungen zur Erreichung gemeinsamer Ziele.[393] Eine Strategie muss zunächst entwickelt werden, bevor sie kommuniziert und implementiert wird. Die Kontrolle der Strategie, d. h. die Beantwortung der Frage, ob die gesteckten Ziele erreicht werden können, ist ebenfalls notwendig. Strategien können für alle Arten von Organisationen genutzt werden, z. B. Konzerne, Unternehmen, Abteilungen innerhalb von Unternehmen, Non-Profit-Organisationen. Bei der oben angesprochenen Koordination ist es wichtig zu fixieren, wer wann was wie womit macht, damit die Ziele erreicht und die Strategie umgesetzt wird.[394]

---

[392] Vgl. Chandler: 1969
[393] Vgl. Porter: 1999, S. 21
[394] Vgl. Brunken: 2005, S. 235

Bei der Gestaltung von Zielen hilft es darauf zu achten, dass sie SMART gestaltet werden:[395]

- *Specific / Spezifisch:* Ziele müssen eindeutig definiert sein (nicht vage, sondern so präzise wie möglich).
- *Measurable / Messbar:* Ziele müssen messbar sein.
- *Accepted / Akzeptiert:* Ziele müssen von Zielgebern und -nehmern akzeptiert sein.
- *Realistic / Realistisch:* Die Erreichung der Ziele muss möglich sein.
- *Timely / Terminierbar:* Ziele benötigen eine klare Terminvorgabe, bis wann sie erreicht sein müssen.

Ein plakatives Beispiel für Structure follows Strategy kann in der *#1 or #2-Strategie* von Jack Welch gesehen werden (vgl. Abbildung 22).

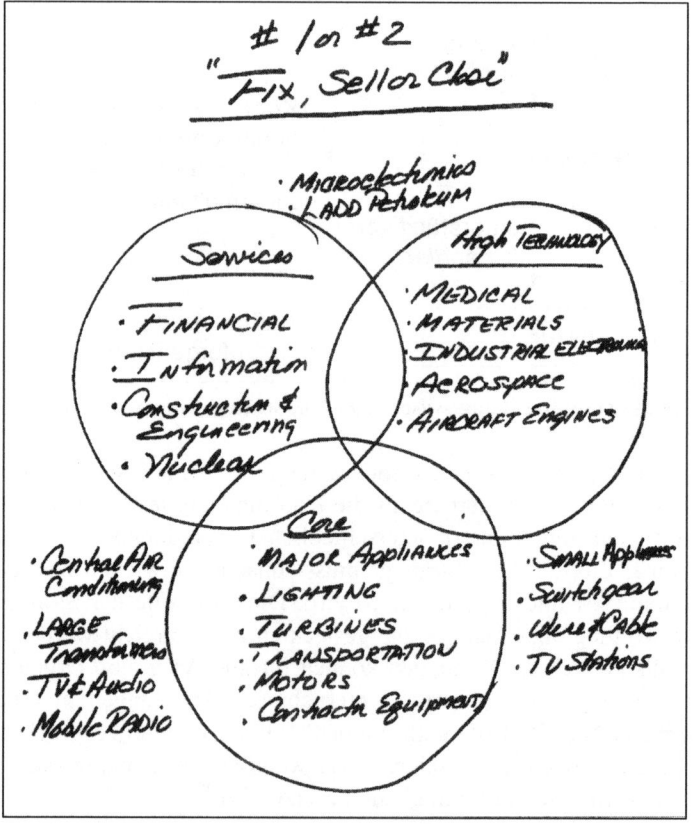

Abbildung 22: Skizze der Strategie für GE von Welch[396]

---

[395] Vgl. Brunken: 2005, S. 232

Welch hat als CEO von General Electric 1981 die Strategie ausgegeben, in jedem Geschäftsfeld die Nummer eins oder zwei sein zu wollen – andernfalls muss es optimiert, verkauft oder geschlossen werden. Aus dieser einfachen Strategie resultieren umfangreichen Struktur- bzw. Organisationsänderungen.[397]

3.11.2 Praxisfall Deutsche Telekom AG

3.11.2.1 Konzern Deutsche Telekom

Um die Zusammenhänge zwischen Strategie und Struktur zu beschreiben, soll als konkretes Beispiel die Deutsche Telekom AG (DT) herangezogen werden. Die *Deutsche Telekom AG* (ca. 230.000 Mitarbeiter, ca. die Hälfte davon in Deutschland, ca. 60 Mrd. Euro Umsatz, davon mehr als die Hälfte im Ausland, mehr als 140 Mio. Mobilfunkkunden, mehr als 30 Mio. Festnetzanschlüsse, in rund 50 Ländern weltweit aktiv[398]) ist 1994 aus der Behörde Deutsche Bundespost (DBP) bzw. der Nachfolgeorganisation Deutsche Bundespost TELEKOM hervorgegangen und privatisiert worden. Der Börsengang 1996 hat auf Grund der vorgeschalteten sehr öffentlichkeitswirksamen Marketingkampagne für Aufsehen gesorgt.

3.11.2.2 Ausgewählte strategische Schwerpunkte der DT (ca. 1996-2012)

Parallel mit der Privatisierung der Deutschen Telekom AG kam es auch zu einer sog. Deregulierung des Telekommunikationsmarktes in Deutschland. So wurden Telefone z. B. nicht mehr vermietet, sondern verkauft, es wurden Wettbewerber zugelassen, die aggressiv auf den Markt drängten und die Preise für viele Angebote der Telekom wurden (und werden) bei einer Aufsichtsbehörde[399] beantragt und von ihr festgesetzt.

Wesentliche strategische Schwerpunkte waren seit Ende der 1990er Jahre (1.) in den ersten Jahren (sog. Internet-Hype, Dot.Com-Boom) eine Anpassung der einzelnen Geschäftsbereiche an die jeweiligen Marktgegebenheiten, bei der Börsengänge der Tochterfirmen die Finalisierung der „Privatisierung"

---

[396] Welch: 2003, S. 125
[397] Vgl. Welch: 2003, S. 119-134, insb. S. 125 sowie S. 453-457
[398] Vgl. Deutsche Telekom 2014, S. 4-6
[399] Zunächst war dies die *Regulierungsbehörde für Post und Telekommunikation* (kurz: RegTP), später die *Bundesnetzagentur* (BNetzA). Man beachte die Wirkung, die der Name der umbenannten Behörde hervorruft. Eine solche freundlichere und kundenorientiertere Wirkung findet sich auch bei der im Jahr 2003 erfolgten Umwidmung der Bundesanstalt für Arbeit mit ihren *Arbeitsämtern* in die Bundesagentur für Arbeit mit ihren *Arbeitsagenturen*.

darstellen sollte und (2.) einen massiven Personalumbau[400]. Nach dem Platzen der Börsenblase zur Jahrtausendwende rückte ein durch Zukäufe stark angewachsener Schuldenberg (3.) einen Schuldenabbau in den Vordergrund, der Personalumbau wurde zusätzlich fortgesetzt. Seit einigen Jahren stehen neben (4.) der Fortsetzung von Effizienzmaßnahmen zudem (5.) eine Verbesserung von Kundenorientierung und Service, (6.) eine neue Positionierung der Marke sowie (7.) der sog. Netzausbau und (8.) die weitere Marktdurchdringung, z. B. bei Geschäftskunden, im Zentrum strategischer Aktivitäten.

3.11.2.3 Strukturen der Deutschen Telekom im Zeitverlauf

Die gerade aufgezeigte Entwicklung und ihre Schwerpunkte spiegeln sich auch in verschiedenen Organisationen wider: [401]

Gliederung bis 2004:

Die Deutsche Telekom gliederte sich bis Ende 2004 in vier Hauptgeschäftsbereiche (die „4 Säulen"), die jeweils einen eigenen Vorstand hatten und weitgehend autonom agierten. Es handelte sich im Einzelnen um:

- T-Com, die Festnetzsparte. Sie bietet Sprachtelefonie über das analoge Telefonnetz und das digitale Telefonnetz (ISDN) und Datendienste über DSL und das DTAG-IPnet (Hochleistungs-Internetbackbone auf Glasfaserbasis).
- T-Mobile, die Mobilfunksparte. Sie bietet mobile Sprach- und Datendienste über ihr GSM-Netz an (seit Ende 2007 flächendeckend EDGE), ebenso über ihr UMTS-Netz.
- T-Online, die Internetsparte. T-Online bietet als Internetdienstanbieter Zugang zum Internet über Analogmodem, ISDN und DSL an. Eine neue Einnahmequelle soll im sogenannten Non-Access-Geschäft durch Anbieten von bezahlpflichtigen Inhalten erschlossen werden.
- T-Systems, das Systemhaus (aus ehemals debis Systemhaus und diversen Teilbereichen der Deutschen Telekom – zum Beispiel T-Nova, DeTeCSM, DeTeSystem, etc.). T-Systems übernimmt die Betreuung der Großkunden der Telekom und realisiert Projekte. Weiterhin sind dort die konzernweite Forschung & Entwicklung (F&E) angesiedelt.

---

[400] Vereinfachend dargestellt gab es regional eine Verschiebung der relativen Beschäftigtenzahlen von Deutschland ins Ausland und funktional eine Verschiebung von technischen Aufgaben zu betriebswirtschaftlichen Aufgaben, wie z. B. Marketing.

[401] Um aus gegebenem Anlass einer ungebührlichen Subjektivierung des Sachverhalts und / oder der Weitergabe vertraulicher Informationen durch den Verfasser vorzubeugen, sind die nachfolgenden Informationen zur Gliederung mit einigen Auslassungen wörtlich der Wikipedia entnommen; vgl. Wikipedia: 2013.

Gliederung ab 2005
Ab Anfang 2005 entstanden aus den „vier Säulen" der Telekom drei strategische Geschäftsfelder. Die Säulen „T-Com" und „T-Online" werden unter der Marke T-Com zum strategischen Geschäftsfeld Breitband/Festnetz zusammengeführt. Durch die Umstrukturierung soll dem Privatkunden die Bereitstellung von Telefon und Internet erleichtert werden, da diese beiden Produkte nun aus einer Hand angeboten werden können.
T-Mobile bildet weiterhin das Geschäftsfeld Mobilfunk und T-Systems ist zuständig für die Geschäftskunden, was zur Folge hat, dass die Geschäftskundenniederlassungen von T-Com zu T-Systems wechseln.
Neben den strategischen Geschäftsfeldern verbleiben unter dem Dach der Deutschen Telekom AG verschiedene Geschäftseinheiten, die als so genannte „shared services" zentrale Funktionen übernehmen. Hierzu gehören u. a. Telekom Training (Berufsausbildung und Weiterbildung), die Commundo Tagungshotels, die F&E-Einheit T-Labs sowie die konzerneigene Personalserviceagentur Vivento.

Gliederung ab 2007
Im Mai 2007 wurde das Kerngeschäft erneut umstrukturiert und auf die beiden Marken „T-Home" und „T-Mobile" konzentriert. Anfang Juli 2007 verschmolzen T-Com und T-Online zu T-Home, wobei die Marke T-Online aber weiterhin für das Internetportal (nicht jedoch für das Internet-Zugangsgeschäft) des Konzerns genutzt wird.
Für System- und Großkunden ist weiterhin T-Systems zuständig.

Gliederung ab 1. April 2010
[Im April 2010 hat die Telekom aus drei Kernsäulen zwei gemacht:]
- Telekom Deutschland GmbH: Diese Gesellschaft ging aus der Geschäftseinheit T-Home und der ehemaligen T-Mobile Deutschland GmbH hervor. Die Geschäftseinheit T-Home wurde am 30. März 2010 von der Deutschen Telekom AG ausgegliedert und an die Tochtergesellschaft T-Mobile Deutschland GmbH übertragen, die seit 1. April 2010 unter Telekom Deutschland GmbH firmiert. Die Telekom Deutschland GmbH bietet nun die Dienstleistungen der Marken T-Home und T-Mobile „aus einer Hand" an und bündelt nun alle Privatkundengeschäfte in den Bereichen Mobilfunk, Festnetz, Internet und IPTV.
- Die Marken T-Mobile und T-Home sind nahezu komplett vom deutschen Markt verschwunden.
- T-Systems: Die T-Systems bleibt von der Neuausrichtung des Konzerns unberührt.

3.11.3 Aufgaben und Diskussionsstellungen

1. Bitte beschreiben Sie die Konzernstruktur der Deutschen Telekom in den einzelnen Zeitabschnitten in eigenen Worten! Nutzen Sie bitte zunächst die Textform und versuchen Sie anschließend eine grafische Darstellungsmöglichkeit zu finden! Was fällt Ihnen leichter (und warum)?

2. Bitte zeigen Sie konkrete Verknüpfungen von Strategieveränderungen zu entsprechenden Strukturveränderungen auf!

3. Die Organisationsstrukturen tätigen keine konkreten Aussagen zu sog. Querschnittsbereichen wie HR, Finanzen & Controlling, IT. Wie könnten diese z. B. in die Struktur bis 2004 eingebaut werden?

4. Wie würden Sie die Struktur darstellen, wenn in 2005 unter dem Dach der Deutschen Telekom AG die Querschnittsbereiche gebündelt (zentralisiert) werden und die anderen „strategischen Geschäftsfelder" nur kleinere Rumpfbereiche für ihre jeweiligen spezifischen Bedürfnisse haben?

5. Muss Ihrer Meinung nach eine Struktur immer angepasst werden, wenn es eine Strategieänderung gibt?

6. Könnte man Ihrer Meinung nach „Structure follows Strategy" auch sinnvoll umkehren?

7. Bitte denken Sie z. B. an die Organisation beim Militär und die innerhalb einer studentischen Lerngruppe. Gibt es Gemeinsamkeiten? Worin unterscheiden sich beide?

3.12 Schöpferische Zerstörung

3.12.1 Kurzbeschreibung

3.12.1.1 Innovation, Invention und Diffusion

Umgangssprachlich wird eine Neuheit oft fälschlicherweise als Innovation bezeichnet. Dem Duden folgend passt hier der ähnlich lautende Begriff der Invention besser als Bezeichnung für eine Erfindung. Die Innovation hingegen bezeichnet die konkrete Umsetzung oder Realisierung einer neuen Lösung, die Einführung eines neuen Produktes oder die Anwendung eines neuen Verfahrens. In den Wirtschaftswissenschaften bezeichnet die Diffusion wiederum die Ausbreitung der Innovation im (Ziel-) Gebiet, z. B. bei der Zielgruppe für die neue Lösung. Die Diffusion wird oftmals durch einen idealtypischen Ablauf mit vier Phasen beschrieben: Initial-, Expansions-, Reife- und Sättigungsphase.[402]

3.12.1.2 Schumpeter und die Schöpferische Zerstörung

Joseph Aloisius Schumpeter wurde am 8. Februar 1883 im österreichischen Triesch geboren. Sein Studium der Volkswirtschaftslehre hat er 1901 in Wien, zu der Zeit eine Hochburg der theoretischen Volkswirtschaftslehre in Europa, begonnen. Im Alter von 27 Jahren erhielt er eine ordentliche Professur an der Universität Graz. 1919 wurde er zum österreichischen Finanzminister berufen, musste neun Monate später zurücktreten und war von 1921 bis 1924 Präsident einer Wiener Bank. Hier agierte er glücklos und die Bank wurde insolvent. Er verließ Österreich und wurde 1925 Professor in Bonn und 1932 in Harvard. 1950 verstarb Schumpeter in den USA.[403]

Auf Schumpeter geht der Begriff der Schöpferischen Zerstörung (teilweise auch: Kreative Zerstörung) zurück. Hierbei wird der Prozess der stetigen Erneuerung und Verbesserung von Produktionsverfahren und Gütern, bei dem alte Verfahren und Güter durch neue vollständig ersetzt werden, beschrieben. Dieser Prozess findet in einer Wettbewerbsumgebung statt und wird von einem schöpferischen Unternehmer vorangetrieben. Der Unternehmer fügt Faktoren neu zusammen, hat neue Ideen und verändert Produktionsmethoden, Techniken und Verarbeitungsmöglichkeiten, so dass es zu einem technischen und wirtschaftlichen Fortschritt kommt.[404]

---

[402] Vgl. Haas, Neumair: 2014
[403] Vgl. Piper: 1996
[404] Vgl. BPB: 2013, Suntum: 2013, S. 26-27

Abbildung 23 greift einige der gerade besprochenen sowie noch zu diskutierende Aspekte rund um das Konzept der Schöpferischen Zerstörung im Überblick auf.

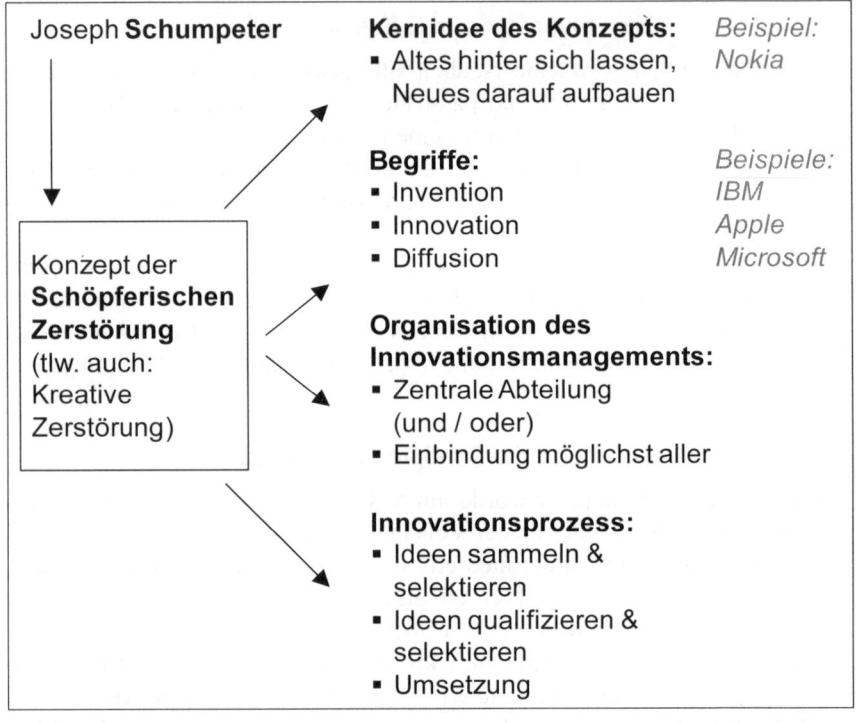

**Abbildung 23: Kapitelüberblick und ausgewählte Zusammenhänge der Schöpferi-
schen Zerstörung**

3.12.1.3 Beispiel: Nokia

Als Beispiel für eine Eigenzerstörung und -weiterentwicklung im
schumpeterschen Sinne kann das finnische Unternehmen Nokia herangezogen
werden, welches sich in seiner über 150-jährigen Geschichte mehrfach deutlich verändert hat:[405]

- 1865 hat der Bergbauingenieur Fredrik Idstam seine erste Papiermühle
  im Südwesten Finnlands errichtet und 1871 die zweite am Ufer des
  Flusses Nokianvirta. Hieraus leitet sich auch der Firmenname Nokia ab.
- Ende des 19. Jahrhunderts stellt Nokia auch Gummiprodukte her, z. B.
  Gummistiefel und Reifen.

---

[405] Vgl. Nokia: 2013a, 2013b, Nokia: 2014

- 1963 beginnt Nokia mit der Entwicklung von Funkgeräten für das Militär und Notfallhelfer und 1965 besteht das Unternehmen aus fünf Geschäftsbereichen: Gummi, Kabel, Forstwirtschaft, elektronische Geräte und Stromerzeugung.
- 1982 führt Nokia das erste Autotelefon in den Markt ein. Nokia fokussiert sich auf den Mobilfunkmarkt. Mit der Öffnung des GSM-Netzes bietet Nokia entsprechende Telefone an und ist 1998 Weltmarktführer bei Mobilfunktelefonen.
- 2005, also im Jahr des 150-jährigen Firmenjubiläums hat Nokia sein einmilliardstes Mobilfunktelefon verkauft. Im aufstrebenden Marktsegment der Smartphones spielt Nokia aber zunehmend keine Rolle mehr.
- 2010 erhält Nokia einen neuen CEO. Stephen Elop verschlankt das Unternehmen, geht eine Partnerschaft mit Microsoft ein und hat das Ziel eine Alternative zu den Android- und iOS-Umgebungen für Smartphones (engl.: Ecosystem) zu schaffen und so die nächste Milliarde Telefone, insb. in Wachstumsmärkten, zu verkaufen.
- 2013 kündigt Microsoft an, die Mobilfunktelefonsparte von Nokia zu kaufen. Nach dem Verkauf wird sich Nokia auf zwei operative Geschäftsfelder konzentrieren. Hier ist zum einen die Rolle als Technologie- und Service-Lieferant für Telekommunikationsunternehmen und zum anderen der Bereich Kartendienste, die z. B. an Navigationsgerätehersteller verkauft werden, zu nennen.

Nokia hat also die Schöpferische Zerstörung und Transformation von einer Papiermühle zu Produktion von Gummistiefeln und von dort zu Mobilfunktelefonen erfolgreich gemeistert. Über den Erfolg der derzeitigen Weiterentwicklung kann noch keine abschließende Aussage getroffen werden, Beobachter sehen die Entwicklung aber kritisch.

3.12.1.4 Institutionalisierung: Innovationsprozess

Viele Betriebe sehen Innovationen, die z. B. auf Geschäftsprozesse, Geschäftsmodelle oder Produkte zielen, als Teil ihrer Strategie und haben hierfür dedizierte Abteilungen und Vorgehensweisen etabliert, um nicht lediglich zufällig zu einer Neuerung zu gelangen[406] und sie am Markt zu platzieren, sondern dieses geordnet und gesteuert ablaufen zu lassen.

---

[406] Gerne wird hier das Beispiel der sog. Post-it-Kleber der Firma 3M genannt, deren Klebe- und Ablöseeigenschaft zufällig im Rahmen der Suche nach einer völlig anderen Eigenschaft entdeckt und über die private Nutzung schließlich in den Markt getragen wurde.

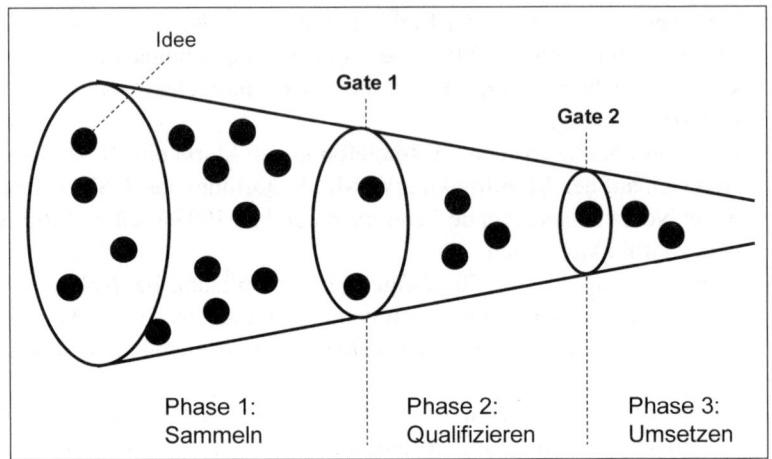

Abbildung 24: Einfacher Innovationsprozess[407]

Ein einfacher Innovationsprozess kann mit Hilfe von drei Schritten oder Phasen beschrieben werden (vgl. auch Abbildung 24):[408]

- *Sammeln:* Beim Sammeln von Ideen sind möglichst viele Mitarbeiter einzubinden, um eine große Kreativität abschöpfen zu können. Mit Hilfe von IT-Plattformen können Ideen effizient gesammelt werden. Empfohlen wird, lediglich ein Minimum an Formalismus für die Beschreibung der Ideen vorzugeben.
- *Qualifizieren:* Mit Hilfe eines transparenten und einheitlichen Rahmens werden die entwickelten Ideen qualifiziert. Innerhalb des Qualifikationsprozesses sind folgende Entscheidungen denkbar:
  - o Überarbeiten: Die Idee kann auf Basis der vorliegenden Informationen nicht sinnvoll qualifiziert werden.
  - o Verwerfen: Die Idee entspricht nicht den gesetzten Kriterien.
  - o Aufteilen oder bündeln: Die Idee ist zu komplex für eine Umsetzung oder komplementär zu einer anderen.
  - o On hold: Die Idee entspricht zwar den gesetzten Kriterien, kann aber auf Grund anderer Prioritäten zunächst nicht weiterverfolgt werden.
  - o Transfer: Die Idee entspricht den gesetzten Kriterien und soll umgesetzt werden.
- *Umsetzen:* Positiv bewertete Ideen werden umgesetzt. Verantwortung, Zeitansatz und Ressourcenbedarf sind aus den Ergebnissen der Qualifikation zu entwickeln.

---

[407] Vgl. Biesiada, Ebner-Um: 2013, insb. S. 223, eigene Darstellung
[408] Vgl. Biesiada, Ebner-Um: 2013, insb. S. 223

3.12.2 IBM

3.12.2.1 Unternehmensüberblick

Das US-amerikanische Unternehmen IBM beschäftigt ca. 430.000 Mitarbeiter und erwirtschaftete in 2012 einen Gewinn von 17,6 Mrd. US-Dollar bei einem Umsatz von mehr als 100 Mrd. US-Dollar. IBM ist im Sektor Informationstechnologie tätig und bietet hier Hardware, Software und Dienstleistungen an. In den Jahren nach dem Zweiten Weltkrieg war IBM bekannt für seine Hardware (z. B. Großrechner (Mainframes) und PCs), hat rund um die Jahrtausendwende das Geschäftsmodell stärker auf das Dienstleistungssegment (People Business) ausgerichtet und plant in den nächsten Jahren mit seiner Softwaresparte (u. a. sog. Cloud Services) den größten Anteil des Gewinns zu realisieren.[409]

3.12.2.2 Ausgewählte Neuerungen und Veränderungen

IBM hat im Laufe seiner über 100-jährigen Firmengeschichte verschiedene Meilensteine und Wendepunkte durchlaufen:[410]

- 1914: Herleitung einer ersten Unternehmensmission. Ziel wurde es, Lösungen für Geschäftskunden zu produzieren.
- 1928: Förderung einer Innovationskultur durch die Einführung eines betrieblichen Vorschlagswesens (‚Suggestion Plan' program).
- 1943: Um talentiertes Personal für IBM zu gewinnen, wird eine Niederlassung im kalifornischen San Jose eröffnet. In diesem Gebiet, das später als Silicon Valley bekannt wird, arbeiten viele Menschen in der neuen Disziplin der Elektrotechnik. In der neuen Niederlassung wird kurze Zeit später die Festplatte erfunden.
- 1953: Nachdem Thomas Watson Jr. die Leitung des Unternehmens von seinem Vater übernommen hat kommt es zu einer Umorganisation, um eine moderne Managementstruktur einzuführen, die Unternehmenskultur zu kodifizieren und die Ausgaben für Forschung und Entwicklung auf 9 % vom Umsatz zu steigern. IBM wird zum weltweit führenden Computerunternehmen.
- 1964: IBM führt das System/360 ein, die erste Computerfamilie, innerhalb derer Software und Zubehör ausgetauscht werden kann. Das amerikanisch Magazin Fortune spricht von einer riesigen Wette („I.B.M.'s $5,000,000,000 Gamble"), da die enthaltende Kompatibilität nicht zwangsweise wirtschaftlichen Erfolg zu versprechen schien und die bisherigen Einnahmeflüsse kannibalisieren würde. Zwei Jahre später war das System/360 die dominierende Mainframe-Familie.

---

[409] Vgl. IBM: 2013a, S. 1-15
[410] Vgl. IBM: 2013b; Nusca: 2011; Maney, Hamm, O'Brien: 2011

- 1969: Ein 13 Jahre dauernder Kartellstreit zwischen IBM und den USA beginnt. IBM solle aufhören, Software und Dienstleistungen kostenlos (!) an seine Hardware-Kunden abzugeben. Die bisher kostenlose Software wird seither verkauft und der Grundstein für den aktuellen Geschäftsaufbau ist gelegt.
- 1981: IBM nutzt sein Prestige im Geschäftskundenmarkt und steigt in das PC-Geschäft (PC-Verkaufspreis: 1.565 US-Dollar) ein.
- 1991: IBM muss seinen Aktionären erstmals einen operativen Finanzverlust berichten. Der CEO John Akers verkauft daraufhin Geschäftsbereiche, die nicht zum Kerngeschäft gehören (z. B. Schreibmaschinen, Lexmark-Drucker) und organisiert das Unternehmen in relativ autonome Geschäftsbereiche, die direkt mit Nischenanbietern, z. B. Microsoft, Oracle, Novell, Seagate etc., konkurrieren sollen.
- 1993: Der neue CEO Louis Gerstner widersetzt sich Bestrebungen IBM aufzuteilen. Er verkleinert das Unternehmen durch Personalabbau und den Verkauf von sog. Commodity-Geschäft. Gleichzeitig setzt er auf margenträchtiges Dienstleistungsgeschäft und integrierte Lösungen.
- 2002: IBM kauft die Beratungssparte des Wirtschaftsprüfungsunternehmens PricewaterhouseCoopers (PwC) und vereinigt die vorhandenen 30.000 Unternehmensberater mit den 30.000 PwC-Beratern zur Einheit IBM Business Consulting Services innerhalb der Dienstleistungsparte IBM Global Services.
- 2005: IBM zieht sich vom Endkundenmarkt zurück und verkauft seine PC-Sparte an das chinesische Unternehmen Lenovo.

3.12.2.3 Unternehmenstransformation und Patente

IBM hat sich in seiner Geschichte aktiv und reaktiv mehrfach auf neue Situationen eingestellt und gleichermaßen den Markt geprägt. So kann der Wechsel von Registrierkassen zu Tabulator-Maschinen, von Röhrencomputern zu integrierten Schaltkreisen, der Entwicklung von Software und Dienstleistungen als eigenständige Geschäftsfelder und schließlich der Wechsel von Hardware zu Dienstleistungen zu Software als Hauptwachstumsfeld und -profitquelle genannt werden.[411]
Neben der Fähigkeit zur Transformation werden bei IBM auch Inventionen und Innovationen gefördert. So ist IBM in 2013 zum 21. Mal in Folge das Unternehmen mit den meisten Patentanmeldungen in den USA gewesen. Von 1993 bis 2013 haben IBM-Erfinder rund 75.000 US-Patente erhalten.[412]

---

[411] Vgl. Watson: 2003; Gerstner: 2003
[412] Vgl. IBM: 2013c und IFI Claims: 2014

3.12.3 Aufgaben und Diskussionsstellungen

1. Was unterscheidet eine Invention von einer Innovation?
2. Bitte beschreiben Sie mit eigenen Worten, was eine Diffusion ist!
3. Welche Idee verbirgt sich hinter dem Begriff der Schöpferischen Zerstörung?
4. Bitte beschreiben Sie die Idee der Schöpferischen Zerstörung an Hand von mindestens zwei Entwicklungen von Nokia!
5. Bitte beschreiben Sie, wie ein Innovationsprozess aussehen kann?
6. Warum erscheint es sinnvoll, möglichst viele Mitarbeiter einzubinden, um Innovationen und Inventionen zu finden? Warum gibt es oftmals eine zentrale Innovationsabteilung?
7. Welche Kernkompetenzen würden Sie der Firma IBM zuschreiben?
8. Agiert IBM eher ressourcen- oder eher marktorientiert? Wird die Strategie also eher von dem geprägt, was IBM am besten kann oder eher von dem, was Kunden nachfragen und wie sich Wettbewerber positionieren?
9. Ist IBM eher ein Nischen- oder eher ein Komplettdienstleister? Warum? Vor diesem Hintergrund: Wie bewerten Sie das Vorgehen von Akers in 1991 Geschäftsbereichen mehr Autonomie zu gewähren, um so gegen Nischenanbieter konkurrieren zu können?

3.13 Outsourcing

3.13.1 Kurzbeschreibung

3.13.1.1 Einführung

Outsourcing[413], also der Bezug von Gütern oder Dienstleistungen von externen Dritten, um interne Aktivitäten zu unterstützen oder zu ersetzen, ist kein neues Phänomen und lässt sich bis auf das frühe Römische Reich zurückverfolgen, in dem das Eintreiben von Steuern ausgelagert war. Jedoch hat sich in den letzten Jahren Outsourcing als Managementwerkzeug stark verbreitet. Insbesondere im Bereich der Informations- und Kommunikationstechnik können seit 1989, als das Fotounternehmen Eastman Kodak seine IT an IBM und DEC ausgelagert hat, eine Vielzahl von geschlossenen Outsourcing-Verträgen beobachtet werden.[414]

Abbildung 25 stellt die Verbindung zwischen Outsourcing und den beiden weiteren Konzepten Kernkomptenzen sowie Offshoring bzw. Nearshoring grafisch dar.

Eng verbunden mit dem Konzept des Outsourcings sind die Identifikation und das Management von Kernkompetenzen. *Kernkompetenzen* beschreiben die Fähigkeiten eines Betriebes, einen einzigartigen Kundennutzen zu generieren und dem Betrieb einen nachhaltigen Wettbewerbsvorteil zu verschaffen. Kernkompetenzen sind typischerweise schwer durch Wettbewerber zu kopieren oder anderweitig zu beschaffen.[415]

Während für einen Betrieb die identifizierten Kernkompetenzen eine hohe Relevanz aufweisen, sind im Umkehrschluss die übrigen Aktivitäten weniger relevant. Diese können an dritte Betriebe ausgelagert werden,[416] bei denen wiederum die übertragene Aufgabe zu den Kernkompetenzen gehören kann.[417] Damit kann der Trend zum Outsourcing, zur Dezentralisierung und zur Umsetzung von Fragmentierungsstrategien[418] als „eine Rückkehr zu älteren Formen der Arbeitsorganisation"[419] interpretiert werden.

---

[413] Outsourcing ist ein Kunstwort, welches sich als Kombination von *Outside* und *Resource* herleiten lässt, vereinzelt auch als Kombination von *Out*side, Re*source* und Us*ing* beschrieben wird.

[414] Vgl. Hirschheim, Dibbern: 2009, S. 3

[415] Vgl. Rigby: 2011, S. 20-21

[416] Umgangssprachlich: Do what you can do best – outsource the rest.

[417] Vgl. Rigby: 2011, S. 40

[418] Vgl. Berghoff: 2004, S. 83, 110

[419] Berghoff: 2004, S. 83

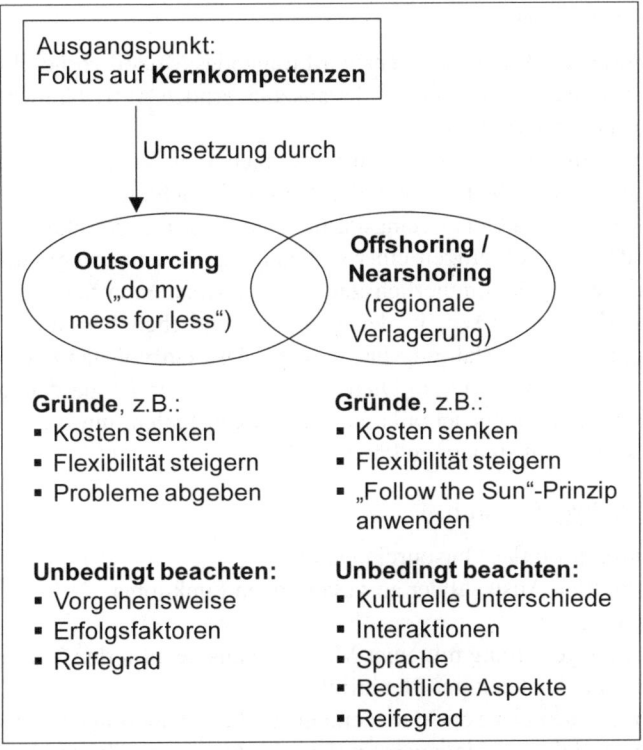

Abbildung 25: Kapitelüberblick und ausgewählte Zusammenhänge des Outsourcing

3.13.1.2 Gründe

Als Gründe für Outsourcing-Aktivitäten lassen sich nennen:[420]

- Reduktion von Kosten[421] und Steigerung der Effizienz
- Verbesserungen der operativen Leistungsfähigkeit
- Ausnutzen der Innovationsfähigkeit des Outsourcing-Partners
- Abtrennung von Problembereichen[422] aus dem Betrieb
- Kopieren von Aktivitäten der Wettbewerber

---

[420] Vgl. Fisher, Hirschheim, Jacobs: 2009, insb. S. 150
[421] Umgangssprachlich wird Outsourcing auch mit *(do my) mess for less* umschrieben.
[422] Der auslagernde Betrieb behält aber regelmäßig eine zumindest moralische Verantwortung für die outgesourcten Aktivitäten, wie beispielsweise die Diskussion um die Arbeitsbedingungen bei Foxconn, einem chinesischen Unternehmen, welches die Produktion von Hardware für Apple übernommen hat, zeigt. Nachdem in Pressedokumentationen die Arbeitsbedingungen von chinesischen Wanderarbeitern in den taiwanesischen Fabriken angeprangert wurden (vgl. exemplarisch für viele: Giesen: 2012), versucht Apple selber mit Berichten von z. B. der Fair Labor Association diesen Aussagen entgegenzuwirken (vgl. Apple: 2012) und die Arbeitsbedingungen in seinen Zulieferbetrieben in ein positives Licht zu rücken.

3.13.1.3 Vorgehen

Für das Vorgehen des Outsourcens wird folgendes Modell vorgeschlagen:[423]

- Feststellen, dass es sich bei der auszulagernden Aktivität nicht um eine Kernkompetenz handelt.
- Bewerten der finanziellen Auswirkungen, d. h. Kosten und Nutzen.
- Evaluieren der nichtfinanziellen Vor- und Nachteile.
- Auswahl eines Outsourcing-Partners und Vertragsgestaltung.

Während der Vertragslaufzeit einer Outsourcing-Vereinbarung wird die Leistungsbereitstellung kontinuierlich gegenüber sogenannten Service Level Agreements (SLA) gemessen, in denen die wesentlichen Parameter hinterlegt sind. Die praktische Erfahrung hat gezeigt, dass ein vollständiger Übergang von z. B. Fachfunktionen zum Dienstleister hinderlich ist, da dem auslagernden Betrieb dann gegebenenfalls die Ressourcen fehlen, um die Leistungserbringung kompetent steuern zu können.[424]

3.13.1.4 Erfolgsfaktoren

Erfolgsfaktoren für das Outsourcing sind:[425]

- Sorgfältige Auswahl der auszulagernden Funktionen
- Vertragslaufzeit
- Vertragsgestaltung mit einer Mischung aus detaillierten Vereinbarungen und gleichzeitiger Flexibilität
- Einbeziehen des Top-Managements in die Outsourcing-Entscheidung
- Verständnis und Management der verschiedenen auftretenden Kostentypen
- Internes und externes Beziehungsmanagement
- Fähigkeiten, die als Rumpf behalten werden müssen sowie die sorgfältige Auswahl von Personal für diese Aufgaben

3.13.1.5 Weiteres

- Outsourcing als betriebliche Aktion wird auch kritisch betrachtet. Vielfach sind hiermit Befürchtungen mit Blick auf den Abbau oder die Verlagerung von Arbeitsplätzen sowie der Reduktion von Lohnkosten verbunden. 1996 war Outsourcing ein Endrundenkandidat zum Unwort des Jahres und wurde beschrieben als „Imponierwort, das der Auslagerung/Vernichtung von Arbeitsplätzen einen seriösen Anstrich zu geben versucht"[426].

---

[423] Vgl. Rigby: 2011, S. 40-41
[424] Die beim Outsourcing-Kunden verbleibenden Ressourcen werden als Retained Organization bezeichnet.
[425] Vgl. Fisher, Hirschheim, Jacobs: 2009, insb. S. 150
[426] Sozialkritischen Aktion: Unwort des Jahres: 2013

- Die Rückverlagerung von outgesourcten Aktivitäten in den ursprünglichen Betrieb wird in der betrieblichen Praxis als Insourcing bezeichnet.
- Als Business Process Outsourcing (BPO) wird die Verlagerung ganzer Geschäftsprozesse, die typischerweise keine Kernkompetenzen der auslagernden Organisation darstellen, an spezialisierte Organisationen verstanden.
- Oftmals mit dem Outsourcing in Zusammenhang gebracht werden die Begriffe Offshore und Nearshore. Hiermit wird die Verlagerung von Tätigkeiten in Länder beschrieben, die über geringere Lohnkostenniveaus verfügen. Ziel ist es hierbei, eine Arbitrage bei den Lohnkosten zu realisieren. Offshore-Lokationen befinden sich relativ zum Ausgangsstandort (Onshore oder Inhouse) in Übersee (aus deutscher Sicht z. B. Indien oder China), Nearshore-Standorte im nähergelegenen Ausland (aus deutscher Sicht z. B. Ungarn oder Rumänien).

3.13.2 Beispiele und Reifegrade

3.13.2.1 Outsourcingbeispiel 1

Ein internationaler Energie- und Petrochemie-Konzern mit rund 100.000 Mitarbeitern in über 100 Ländern hat seine Rechenzentren sowie seine Lösungen für die Zusammenarbeit von Mitarbeitern an ein internationales IKT-Unternehmen ausgelagert.[427]

Der Dienstleister hat hierbei zum einen Rechenzentren mit 12.000 Servern, die unter anderem in den USA, Niederlanden, UK und Malaysia stehen, in einem ersten Schritt übernommen und in die eigene Betriebsumgebung integriert. In einem zweiten Schritt erfolgt die Konsolidierung von Rechenzentren, SAP- und weiteren Anwendungen. Im dritten Schritt wird der Großteil der Anwendungen auf eine neue technologische Plattform migriert. Das Kundenunternehmen kann zum einen den Vorteil einer flexiblen Ressourcennutzung realisieren und gleichzeitig werden die vorherigen hohen und relativ festen Betriebskosten mit einem transparenten und nutzenbezogenen Preismodell in variable Kosten umgewandelt.

Zum anderen wurde die Infrastruktur für die standortübergreifende Zusammenarbeit an den Dienstleister ausgelagert und dadurch Synergieeffekte und Einsparpotenziale realisiert. Die für 150.000 Benutzer und 300 Terabyte Speichermenge ausgelegte Lösung,[428] bringt dem auslagernden Unternehmen technische Vorteile (Skalierbarkeit, Kosteneffizienz, vereinfachte Pflege und

---

[427] Vgl. T-Systems: 2013, S. 35-36 sowie 43-44
[428] Drei sog. Farmen (Microsoft Sharepoint 2010, TSI Sharepoint 2010, FAST als Volltext- und Metadatensuche) und verschiedene farmübergreifende Services (z. B. Web Analytics, Identitäts- und Zugangsmanagement) werden hier betrachtet.

Wartung), kaufmännische Flexibilität (sog. Pay-per-Use-Modell) sowie funktionalen Vorteile (Mitarbeiter erhalten weltweit Zugang zu relevanten Informationen ohne Ablageort oder Format kennen zu müssen).

3.13.2.2 Outsourcingbeispiel 2

Das Alpha genannte australische Unternehmen ist im Telekommunikationsbereich tätig und entwickelt sich durch die Privatisierung von einem technologieorientierten zu einem kaufmännisch orientierten Unternehmen:[429]

- 1980er Jahre: Überführung von Alpha in eine gesellschaftsrechtliche Unternehmensform und Start des Privatisierungsprozesses.
- 1993: Deregulierung des australischen Telekommunikationsmarktes.
- 1995: Erste Outsourcing-Überlegungen .
- 1997: Gründung eines Joint Ventures und Unterzeichnung eines Outsourcing-Vertrages mit dem IT-Dienstleister Delta.
- 1999: Delta hat Probleme, die vereinbarten Produktivitätssteigerungen zu realisieren. Alpha kann einige Vertragsgegenstände erfolgreich nachverhandeln.
- 2000: Alpha stellt fest, dass die Preisgestaltung im Ausgangsvertrag insbesondere bei der Hardware unvorteilhaft war.
- 2001: Ein neuer Outsourcingvertrag mit einer Laufzeit von fünf Jahren wird ausgeschrieben. Die Unternehmen Epsilon und Sigma erhalten die Vertragszusagen.
- 2003: Das Joint Venture zwischen Alpha und Delta wird aufgelöst. Alpha stimmt zu, dass Arbeiten offshore ausgeführt werden können.
- Ebenfalls 2003: Alpha schreibt alle Verträge neu zwischen Epsilon und Sigma sowie deren indischen Sublieferanten aus. Sigma gibt kein Angebot ab, die Inder sind erfolgreich. In diesem Zusammenhang werden alle IT-Design- und IT-Architekturaufgaben zurück zu Alpha verlagert.
- 2005: Alpha erhält einen neuen CEO, der eine umfassende Modernisierung der IT anstößt. Die Auswirkungen auf die Lieferanten sind zu dem Zeitpunkt noch unklar.

3.13.2.3 Organisationale Outsourcingreifegrade

Um die Leistungsfähigkeit einer Organisation in Bezug auf ein gegebenes Thema festzustellen, können so genannte Reifegrade genutzt werden. Hierbei wird ein Bewertungsschema erstellt, das sich zum Beispiel der Outsourcing-Professionalität einer Kundenorganisation aus verschiedenen Dimensionen nähert. Neben dem Feststellen eines Status durch den Abgleich von Ist- und Soll-Verhalten können Reifegradmodelle auch zur Weiterentwicklung einer

---

[429] Vgl. Fisher, Hirschheim, Jacobs: 2009, insb. S. 153-172

Organisation genutzt werden, da die möglichen Zwischenziele, in Form von höher gelegenen Reifegradstufen, bekannt sind.

Outsourcende Unternehmen können den nachfolgenden Reifegradkatalog mit jeweils fünf Stufen in fünf Dimensionen als einen Anhaltspunkt nutzen. Eine höhere Stufe entspricht einem höheren Reifegrad:[430]

Dimension: Strategie
- Stufe 1: Eine übergreifende Unternehmensstrategie ist entweder nicht vorhanden oder nicht klar definiert.
- Stufe 2: Eine übergreifende Unternehmensstrategie ist vorhanden und für übergeordnete Kennzahlen sind Zielwerte definiert.
- Stufe 3: Die Unternehmensstrategie und ihre Ziele sind bis auf Geschäftsprozessebene definiert und mit Kennzahlen versehen.
- Stufe 4: Eine zielorientierte Steuerung der Prozesse erfolgt und eine Abweichungsanalyse wird durchgeführt.
- Stufe 5: Ein kontinuierlicher Optimierungsprozess ist implementiert.

Dimension: Finanzen
- Stufe 1: Es sind keine regelmäßigen zielorientierten Maßnahmen für die Optimierung der Kostenstruktur vorhanden.
- Stufe 2: Operativ kontrollierte Kurzfristmaßnahmen für die dezentralisierte Kostenoptimierung sind implementiert.
- Stufe 3: Bereichsübergreifende Optimierungsmaßnahmen werden umgesetzt und zentral evaluiert.
- Stufe 4: Ein kontinuierlicher Abgleich von unternehmensweiten Optimierungsmaßnahmen mit der Strategie ist implementiert.
- Stufe 5: Unternehmensweite Maßnahmen werden von einem unabhängigen zentralen Lenkungskreis kontrolliert.

Dimension: Personalwesen und Innovation
- Stufe 1: Mitarbeiterzufriedenheitsbefragungen werden nicht oder nicht regelmäßig durchgeführt. Verbesserungsmaßnahmen gibt es nur unregelmäßig.
- Stufe 2: Mitarbeiterumfragen werden zwar durchgeführt, haben jedoch nur mangelnde Relevanz.
- Stufe 3: Mitarbeiterbefragungen werden regelmäßig durchgeführt und ihre unternehmensweite Anwendung ist gegeben.
- Stufe 4: Zusätzlich ist ein Ideenmanagement vorhanden und die eingebenden Mitarbeiter erhalten eine Rückmeldung zu ihren Verbesserungsvorschlägen.
- Stufe 5: Ein unternehmensweites Verbesserungswesen ist implementiert und verfügt über kontrollierte Prozesse, die regelmäßig gemessen werden.

---

[430] Vgl. Diefenbach, Bruening, Rickmann: 2012, insb. S. 20-21

Dimension: Leistungserstellung
- Stufe 1: Dedizierte Prozessbetrachtungen sind nicht vorhanden.
- Stufe 2: Kernprozesse sind identifiziert und Verantwortlichkeiten allokiert.
- Stufe 3: Kern- und Unterstützungsprozesse sind unterschieden.
- Stufe 4: Eine regelmäßige Begutachtung und Messung wird durchgeführt, um eine belastbare Basis für sog. Make-or-Buy- (Auslagerungs-) Entscheidungen zu haben.
- Stufe 5: Die Auslagerung ist zielorientiert und richtet sich auf die Optimierung der Kernprozesse und das Ziel der Wertsteigerung.

Dimension: Logistik
- Stufe 1: Eine eigene Betrachtung von Lieferantenbeziehungen wird nicht durchgeführt.
- Stufe 2: Lieferantenbeziehungen werden mit dem Ziel der Effizienzsteigerung behandelt.
- Stufe 3: Schnittstellen zu Lieferanten werden unternehmensweit konsolidiert und verbessert, z. B. mit Unterstützung einer ABC-Analyse.
- Stufe 4: Die IT und die Geschäftsprozesse des Unternehmens sind eng mit der IT und den Prozessen der Lieferanten verknüpft.
- Stufe 5: Lieferanten sind auf globaler Ebene mit dem Unternehmen verknüpft und durchgängige Lieferketten sind vorhanden.

3.13.3 Aufgaben und Diskussionsstellungen

1. Welche Kernkompetenzen würden Sie bei einem Energie- und Petrochemieunternehmen, z. B. Shell, vermuten?
2. Bitte beschreiben Sie das Konzept Outsourcing mit eigenen Worten.
3. Aktivitäten werden häufig zu Nearshore- oder Offshore-Standorten verlagert. Was sind die Gründe hierfür? Können Sie Risiken identifizieren?
4. Neben Nearshore und Offshore wird manchmal auch von Bestshore und Rightshore gesprochen. Was könnte hiermit gemeint sein?
5. Das Konzept der Reifegradmodelle findet sich auch (in ähnlicher Form) in anderen Bereichen. Kennen Sie weitere?
6. Bitte entwickeln Sie ein kleines Reifegradmodell mit zwei Dimensionen und jeweils drei Stufen für eine Domäne Ihrer Wahl!
7. Bitte recherchieren Sie, was mit den im Informationstechnologie-Sektor gebräuchlichen Begriffen des *Outsourcings der ersten und zweiten Generation* gemeint ist!
8. Welche Regelungen treffen Sie wohl mit Hilfe eines SLA, wenn Sie Bereitstellung und Betrieb von Arbeitsplatzsystemen (Laptops) an einen IT-Dienstleister auslagern?

9. Welche Geschäftsprozesse finden Sie in einer Diskothek? Welche würden Sie als Kern- welche als unterstützende Prozesse betrachten?
10. Bitte wählen Sie einen der Prozesse und beschreiben ihn in Textform sowie grafisch!

3.14 Change Management

3.14.1 Kurzbeschreibung

3.14.1.1 Einführung

Organisationen und ihre Mitglieder unterliegen ständig Veränderungsprozessen. Ein solcher Prozess kann durch eine Umweltentwicklung (z. B. gesamtwirtschaftliche Entwicklung des BIP, Markteintritt eines neuen Wettbewerbers) oder Organisationsentwicklung (z. B. neue Vorgesetzte, Zusammenschluss von zwei Abteilungen) angestoßen werden (Abbildung 26 zeigt eine Auswahl). Oftmals werden Veränderungen als negativ betrachtet. Das Veränderungsmanagement (engl.: Change Management) will Hilfsmittel anbieten, um diesen Prozess zu verstehen und zu begleiten bzw. zu steuern (vgl. Abbildung 27).

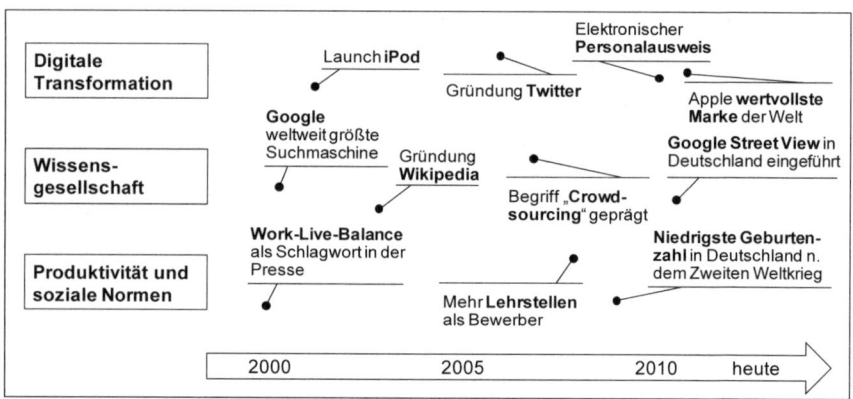

Abbildung 26: Ausgewählte Treiber für Veränderungen[431]

3.14.1.2 3-Phasen-Modell nach Lewin

Der Psychologe Kurt Lewin hat ein einfaches Modell für die Herbeiführung sozialer Veränderungen entwickelt. Sein ursprüngliches Anwendungsfeld sollte eine Art Umerziehung der deutschen Gesellschaft nach dem Ende des Zweiten Weltkrieges sein, seine Grundidee des Change Management-Modells lässt sich aber auch auf andere Bereiche übertragen. Lewins Modell geht davon aus, dass Verhaltensänderungen drei Phasen benötigen:[432]

---

[431] Vgl. Keicher et al.: 2012, S. 9
[432] Vgl. Lewin: 1958, S. 210-211

1. Phase: Unfreeze (Auftauen)
- Vorbereiten einer Veränderung
- Kommunikation von Veränderungsplänen
- Einbeziehung von Betroffenen
- Zeit einräumen, damit sich Betroffene vorbereiten können
- System wird ‚weich‘ und veränderbar

2. Phase: Change (Bewegen)
- Durchführung der Änderung
- Direktes Eingreifen der Verantwortlichen
- Training und Überwachung des Prozesses

3. Phase: Refreezing (Einfrieren)
- ‚Umgewöhnen‘ der Gruppe
- Einpassen des neuen Prozesses
- ‚Dazugehörigkeit‘ und Normalität

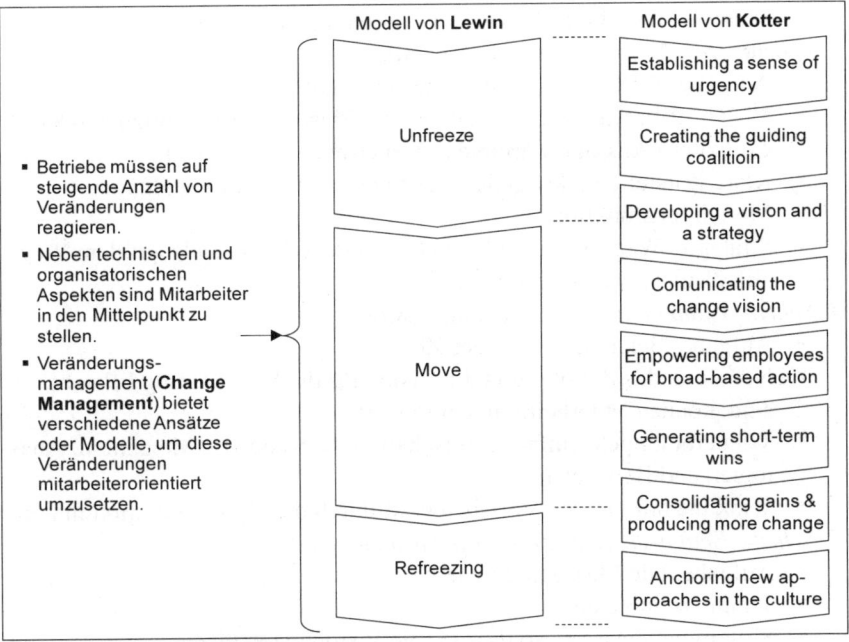

Abbildung 27: Ansatzpunkte und Modelle des Change Management

3.14.1.3 8-Schritte-Modell von Kotter

Der Ansatz von Lewin, gesamtgesellschaftliche Veränderungen gesteuert herbeizuführen, ist verschiedentlich aufgegriffen und erweitert worden. Kotter fokussiert auf Unternehmen und schlägt ein Vorgehen aus insgesamt acht

Schritten vor, wie Veränderungen in Organisationen begleitet und gesteuert werden können (vgl. nochmal Abbildung 27 für die Gegenüberstellung des Modells von Kotter zu dem von Lewin):[433]

1. Schritt: Establishing a sense of urgency
- Aufgabe: Veränderungsbereitschaft herbeiführen
- Selbstgefälligkeit der Organisation aufbrechen
- Dringlichkeit für Veränderung offenlegen
- Eine Krise bewusst herbeiführen

2. Schritt: Creating the guiding coalition
- Aufgabe: Ausgewählte Personen finden und binden
- Richtige Zusammenstellung: Gute Positionierung, Glaubwürdigkeit, Erfahrung, Leadership- und Management-Fähigkeiten
- Gegenseitiges Vertrauen aufbauen: Off-site Veranstaltungen, Austausch, gemeinsame Aktivitäten
- Gemeinsames Ziel definieren: Verständlich für den Verstand, ansprechend für den Bauch bzw. das Herz (engl.: Head & Heart)

3. Schritt: Developing a vision and a strategy
- Aufgabe: Zielbild finden und Zielzustand beschreiben
- Vision: Bild einer Zukunftssituation inklusive einer (impliziten oder expliziten) Aussage warum das Ziel erreicht werden soll
- Klare Darstellung des Ziels ersetzt viele Mikro-Entscheidungen
- Motivationsfunktion
- Strategie: Weg, wie ein oder mehrere (Zwischen-) Ziele auf dem Weg zur Vision erreicht werden können

4. Schritt: Communicating the change vision
- Aufgabe: Bekanntmachen des Ziels
- Nur wenn das Zielbild und die Vision für die Veränderung bekannt sind, können Mitarbeiter ihnen folgen!
- Wiederholungen, einfache Botschaften, Nutzung von Metaphern, Analogien und Beispielen
- Walk the talk: Durch Vorleben bzw. durch die Vorbildfunktion führen

5. Schritt: Empowering employees for broad-based action
- Aufgabe: Die Masse mobilisieren
- Trainings anbieten
- Strukturen anpassen, so dass sie die Vision unterstützen
- (Mittel-) Manager, die sich widersetzen aus dem System entfernen (soweit notwendig)

6. Schritt: Generating short-term wins
- Aufgabe: Erfolge einfahren und kommunizieren
- Kurzfristige Verbesserungen erreichen und aufzeigen

---

[433] Vgl. Kotter: 1996, insb. S. 33-158

- Dadurch Stärkung und Aufrechterhaltung der Veränderungsmotivation
- Denn: Bis zum Erreichen des langfristigen Ziels kann bzw. wird viel Zeit verstreichen und Mitarbeiter benötigen Aufmunterung

7. Schritt: Consolidating gains and producing more change
- Aufgabe: Zwischenziele nutzen, aber nicht das Engagement reduzieren
- Die erreichten Ziele kommunizieren und als Motivation nutzen!
- In der Phase 7 ist der Change Prozess noch nicht vorbei!
- Sicherstellen, dass der Veränderungsprozess mit gleicher Dringlichkeit weitergeführt wird!

8. Schritt Anchoring new approaches in the culture
- Aufgabe: Make it Stick – Fixieren der Veränderungen
- Zeigen, dass die neue Situation besser als die alte ist!
- Nachdrücklichkeit ist Trumpf! (Belohnungen, Bestrafungen)
- Eine neue Tradition begründen!

Diese acht Schritte bilden eine Vorlage für den Veränderungsprozess von Organisationen, indem jeder Schritt individuell durchlaufen und dabei verlängert oder verkürzt wird.

3.14.1.4 Typisches Verhaltensmuster von Mitarbeitern in Veränderungsprozessen

Mitarbeiter reagieren zwar verschieden auf Veränderungen, aber dennoch kann ein typisches Verhaltensmuster in Veränderungsprozessen in Organisationen identifiziert werden. Es besteht aus sieben aufeinanderfolgenden Phasen, wobei sich die wahrgenommene eigene Kompetenz des Mitarbeiters deutlich verändert:[434]

- *Phase 1: Schock und Überraschung.* Eine angekündigte Veränderung führt oftmals zu einer Überraschung bei den Beteiligten, da sie die Notwendigkeit eines Wechsels nicht antizipiert haben. Die wahrgenommene eigene Kompetenz erhält einen leichten Dämpfer.
- *Phase 2: Ablehnung.* Mit Blick auf ihre bisherige Leistung und Tätigkeit wird die Veränderung zunächst von den Betroffenen abgelehnt. Die Neuerung wird gegebenenfalls als eine minderwertige und schlechte Entwicklung abgetan und die eigene Kompetenz überhöht interpretiert.
- *Phase 3: Rationale Einsicht.* Nachdem zunächst die Ablehnung im Vordergrund stand, kommt der Mitarbeiter in der Phase der rationalen Einsicht zu der Erkenntnis, dass eine Veränderung tatsächlich notwendig ist und die neue Lösung Vorteile bietet, welche die Nachteile der

---

[434] Die sog. Change Curve wird verschiedentlich mit meist fünf bis sieben aufeinanderfolgenden Schritten dargestellt. Für die nachfolgende Erläuterung vgl. beispielsweise Klug: 2008, S. 57-59.

Veränderung überwiegen. Die eigene Kompetenz erfährt in dieser Phase eine empfindliche Schwächung.

- *Phase 4: Emotionale Akzeptanz.* Neben der Sachargumentation muss auch eine emotionale Einsicht zur Veränderung herbeigeführt werden. Findet diese statt, so befindet sich der Mitarbeiter in einem Tal der Tränen. Die Wahrnehmung der eigenen Kompetenz befindet sich auf einem Tiefpunkt. Der Mitarbeiter ist jetzt wirklich dazu bereit sich auf das Neue einzulassen.

- *Phase 5: Lernen.* Der Umgang mit der Veränderung erfolgt nicht immer reibungslos, es wechseln sich Fortschritte und Rückschläge ab. Die wahrgenommene Kompetenz steigt und sinkt dadurch in kurzer Folge, jedoch auf einem insgesamt hohen Niveau.

- *Phase 6: Erkenntnis.* Unterstützt durch die Neugierde und Veränderungsbereitschaft kommt der Mitarbeiter am Ende der Lernphase zur Erkenntnis, dass die neue Situation deutlich besser ist, als die alte. Insgesamt wird in diesem Lernprozess die eigene Kompetenz als deutlich verbessert wahrgenommen.

- *Phase 7: Integration und Innovation.* Die neuen Verhaltensmuster werden in den Alltag integriert und führen zu weiteren Verbesserungen. Sie werden oftmals nur noch unbewusst wahrgenommen und die Kompetenz steigt in der Eigenwahrnehmung.

Die Kenntnis über diese Phasen, d. h. über die Abfolge und die Wahrnehmung der eigenen Kompetenzen bei Mitarbeitern, hilft einen Veränderungsprozess zu begleiten. So kann z. B. im Rahmen eines Einführungsprojektes für eine Software der Zeitpunkt des sog. Going Live so gewählt werden, dass er in eine günstige Phase fällt.

3.14.2 Encyclopaedia Britannica

Die erste Ausgabe des legendären Lexikons Encyclopaedia Britannica (EB)[435] wurde von 1768 bis 1771 als dreibändiges Werk in Schottland produziert. Im Zeitverlauf hat sich die EB eine Reputation als Autorität für gesicherte Informationen erarbeitet. In der 15. Auflage, die seit 1974 herausgegeben wird, umfasst die EB 32 Bände. 2012 gab der Verlag bekannt, dass die EB nach 244 Jahren des Bestehens nur noch digital herausgegeben wird. Dieser Schritt ist Teil eines grundlegenden Unternehmensumbaus.[436]

Jorge Cauz, Präsident von EB, bezeichnet die CD-ROM und nicht das Internet als größte Gefahr für die EB. Eine gedruckte Ausgabe sowie die CD-ROM-Version kosteten 1994 1.200 US-Dollar, während Microsoft die CD-

---

[435] Die Reputation des umfangreichen Werkes führt sogar dazu, dass Autoren Werke über ihre Erfahungen beim Lesen der Encyclopedia Britannica schreiben, vgl. Jacobs: 2006.
[436] Vgl. Cauz: 2013a; Greenstein, Devereux: 2009

ROM Encarta kostenlos abgab. Dies hat dazu geführt, dass das jährliche verkaufte Volumen der gedruckten Ausgabe von ca. 100.000 Stück in 1990, die von ca. 2.000 Mitarbeitern im Direktvertrieb verkauft wurden, auf gut 50.000 Stück in 1994 und 3.000 Stück in 1996 zurückgegangen ist. Der Prozess des Überarbeitens benötigt für eine gedruckte Version mehrere Monate, in 2013 wird die Online-Variante alle 20 Minuten erneuert.

Die Reaktionen auf die Ankündigung zum Ende der gedruckten Version waren unternehmensintern und -extern unterschiedlich:

> One year ago, my announcement that Encyclopædia Britannica would cease producing bound volumes sent ripples through the media world. Despite the vast migration of information from ink and paper to bits and screens, it seemed remarkable that a set of books published for almost a quarter of a millennium would go out of print. But in our Chicago offices this wasn't an occasion to mourn. In fact, our employees held a party the day of the announcement, celebrating the fact that Britannica was still a growing and viable company. They ate the print set—in the form of a cake that pictured the 32-volume, 129-pound encyclopedia. They displayed 244 silver balloons—one for each year the encyclopedia had been in print. They toasted the departure of an old friend with champagne and the dawning of a new era with determination. [...] The [external] reaction to our announcement was interesting and varied. Some people were shocked. On Twitter, one person wrote, "I'm sorry I was unfaithful to you, Encyclopedia Britannica, Wikipedia was just there, and convenient, it meant nothing. Please, come back!"[437]

Der Prozess der Veränderung ist Gegenstand eines Interviews zwischen der Harvard Business Review (Redakteur ist Scott Berinato) und Jorge Cauz:[438]

> SCOTT BERINATO: So I want you to take me back to 1996 when you arrived at Encyclopaedia Britannica. I think many people will think this story starts with the internet, but it doesn't. What was happening in 1996?
>
> JORGE CAUZ: So when I first came into the company, it was a completely different company, a company that had been severely impacted by a new technology. And back then the technology was basically the CD-ROM, although online was beginning to be a presence in the consumer space. In the households, it wasn't really as prevalent as it is today, obviously.
>
> And it had been a company that, basically, had seen its sales plummeting from maybe 120,000 print sets that they had in 1990 to probably around 30,000 or 35,000 print sets. That is more or less the volume that it had in 1996. So it was a company that didn't have enough time to change, even though it had been really a pioneer in digital technologies for a long, long time. It really didn't have enough time to change its business model, because it was just impossible.
>
> So it was a company a little bit in shock. And what was very interesting about the company then was that the people that worked at Britannica really still believed on the premise of what Britannica was all about and the value proposition, that they always believed that there was going to be an important market, or size of the market that was interested in getting this scholarly knowledge written for them. So there was never a really a loss in the faith of what Britannica was all about. But there was a significant understanding that things needed to change rapidly.
>
> SCOTT BERINATO: And this was before the internet had really taken hold and Wikipedia had come along. But what you're saying is this was as bad a disruption as the internet would be?

---

[437] Cauz: 2013a, S. 39-40
[438] Cauz: 2013b

JORGE CAUZ: Well, yeah. Actually, the biggest disruption that I think-- if I look at the darkest time of Britannica ever was that time when we walked in and the CD-ROM was really disrupting the print set. And there was not really quite the penetration of the internet into the households. That was really, I would say, the most vulnerable time that I have ever seen Britannica. And why it was vulnerable, because without the penetration of the internet into the households, we really didn't have a very large market to whom we could address directly without having to go through the retailer, and with whom we could actually communicate directly online.

And year one, then the model really started changing, and Britannica started seeing a lot more opportunities. That really didn't happen maybe until 1998, where we really saw a very large amount of penetration in the US, and in the UK, and in Australia in terms of internet usage, where people were beginning to buy more content online, where there were abilities to bundle the content with ISPs. We were able to get away from the real command and pressure that Microsoft was putting into the retail market for being the only encyclopedia into the channel.

So we were able to find a different channel, a channel that was much more profitable, because they didn't have any cost of goods sold, and where we could have that direct relationship with the user. So the internet wasn't as disruptive at the beginning as it was the CD-ROM. For us, the internet was really a lifesaver.

SCOTT BERINATO: I think people will be surprised to hear you say that, that the internet was not the thing that worried you the most.

JORGE CAUZ: Had the penetration off the internet access into consumer space had been delayed by five years, I'm not sure that I would be here talking to you. The CD-ROM was really the dark time of Britannica. Once again, once the consumers just started having access to the internet and being hungry for content, yeah, we began to have a very robust, direct business, and a business that had much greater selling margin. We didn't have to offer a discount of 50 % to the wholesaler, and another 25 % to the retailer, and we only got 25 %, basically, every CD-ROM.

We didn't have to go through on any of that. We didn't have to have dated content. We were beginning to publish online on a continuous basis. So it was a very, very different type of business model, and a model that was much more profitable.

SCOTT BERINATO: But you didn't just switch channels with the same products. You started developing new types of products, like learning products. You had one called Britannica School. Did those products take off right away?

JORGE CAUZ: It was very, very, very little sales, and with more of a vision than really a delivery. And since then, we started creating a channel. We started to resonate with the market. We invested significant amounts of money to create the most robust learning portal for that market. And as we created the channel, and as we really started to penetrate the market, we really understood that providing the information wasn't really the key part for us. But it needed to go beyond informational text, and that we could actually start developing supplemental materials that were completely linked to the curriculum that had some assessment in it, that provided differentiated learning for the different grade levels or for the different reading levels.

And we started evolving into a completely different kind of product than the ones that we had before. And this really became a more important part of our strategy in the mid-2000s. We really started investing quite heavily into that market. Because as much as we would like to say that we have great intuition, I think the best thing that a person can do when he or she is running a business is looking at where the revenue's coming from, and listening to the customers.

[....]

SCOTT BERINATO: Britannica's made two major transitions in the last two decades, first to digital media, and then to becoming a learning business. You've not only survived these transitions, but you seem to be thriving right now. Tell me what your secret is in making those big transitions.

JORGE CAUZ: I think at every single point, it has been a very, very important aspect of it. So we have not only understood the challenge, but also brought the talent that has helped us all take the next step. I think that has been vital for us. We have brought a significant amount of new talent into the company. The talent that it was always relevant to the next phase.

And again, to the company-- it would be very difficult to recognize the company today as to what it was 14 years ago. The marketing and sales skills are very different. The editorial skills are very different. The markets in which we are, are very different, and the products that we create are very, very different. So we have a completely different set of skills that we have brought in from other media companies, as well as from educational companies.

And we don't like traditional educational companies, by the way. We don't like, necessarily, the big three curriculum players. I think that that's where the disruption is going to happen next. We'll like some of the more nimbler learning solutions that are appearing out there.

SCOTT BERINATO: OK, I'm going to give you one more chance to reconsider your decision from last year. Is there any chance at all that you're going to bring the print set back?

JORGE CAUZ: I have to tell you, I think that there's a generational attachment to the print that is undeniable. I think the younger people don't have that sort of attachment to the print. They may have an attachment to a digital screen, or to their iPad, or to their iPhone. And that's where the future is.

[...]

And yes, the print set is obviously very, very important as an icon of the brand. But we think that it's undeniable-- it's undeniable. We cannot continue to print an icon. We need to get on with the times.

And I think it's like a very old actress or actor that tried to hold to their youth. It just doesn't work. You'll get on with your times. And I think our times are digital, and the tradition is alive not because of a print. The tradition is alive because it resonates with a large part of the market, and it's viable.

SCOTT BERINATO: OK, you've convinced me that you're not bringing the printed set back. Thank you for your time, Jorge.

3.14.3 Aufgaben und Diskussionsstellungen

1. Welche Ängste und Befürchtungen könnten Mitarbeiter haben, deren Abteilung reorganisiert oder aufgelöst wird?

2. Wie könnte man diesen Ängsten und Befürchtungen begegnen?

3. Bitte beschreiben Sie das typische Verhaltensmuster in Veränderungsprozessen mit eigenen Worten!

4. Bitte beschreiben Sie das 3-Phasen-Modell nach Lewin mit eigenen Worten!

5. Wie lauten Kotters acht Schritte des Veränderungsmanagements?

6. Cauz beschreibt die Reaktionen von Mitarbeitern und Dritten (z. B. Kunden, interessierte Öffentlichkeit) auf die Ankündigung, keine gedruckte Ausgabe der EB mehr zu produzieren. In welchen Phasen des Veränderungsprozesses werden sie sich vermutlich befinden? Warum?

7. Bitte versuchen Sie, die Veränderungen der Encyclopaedia Britannica auf das typische Verhaltensmuster in Veränderungsprozessen zu übertragen! Welche Entwicklung oder Situation der Encyclopaedia Britannica ordnen Sie welchem Schritt zu? Warum?

8. Microsoft hat die Encarta, das Konkurrenzprodukt der Encyclopaedia Britannica, als Software verschenkt. Welche Arten bzw. Typen von Software kennen Sie? Wofür werden Sie gebraucht?

9. Cauz hat das Unternehmen so umgebaut, dass das digitale Geschäft, z. B. mit dem Online-Angebot der Encyclopaedia Britannica, mit einem Web-Based-Training-Angebot oder mit einer elektronischen Lernplattform, dominiert. Wie erfolgt technisch die Interaktion zwischen Leistungsanbieter (Encyclopaedia Britannica) und -nachfragern (Nutzern, z. B. Sie) bei diesen Angeboten über das Internet im Vergleich zu einer Lösung, die per CD-ROM auf einem einzelnen Computer abläuft? Denken Sie bitte unter anderem an Datenspeicherung, -verarbeitung und -darstellung! Worin besteht der disruptive Unterschied?

10. Welche Auswirkungen könnte der gerade identifizierte Unterschied bei der Nutzung von IT im betrieblichen Kontext haben?

3.15 Generation Y

3.15.1 Kurzbeschreibung

Verschiedene Geburtsjahrgänge und Generationen werden regelmäßig mit Attributen betitelt, die Auskunft über ein einschlägiges Verhalten, eine Einstellung oder Eigenschaft geben sollen.[439] Eine Auswahl hieraus umfasst (vgl. auch Abbildung 28):

- *Lost Generation:* Während des Ersten Weltkriegs aufgewachsene Menschen.
- *Baby Boomer:* Nach dem Zweiten Weltkrieg geborene Menschen (Geburtenboom).
- *68er:* Diejenigen, die während der Studentenbewegung Ende der 1960er-Jahre in ihrem politischen Meinungsbild geprägt wurden.
- *Generation X:* Ca. in den 1960ern und 1970ern geborene Menschen (Begriff ist durch den Autor Douglas Coupland und seinen gleichnamigen Roman berühmt geworden).
- *Generation Y:* Nach 1980 geborene Menschen, die um die Jahrtausendwende zu den Teenagern zählten.

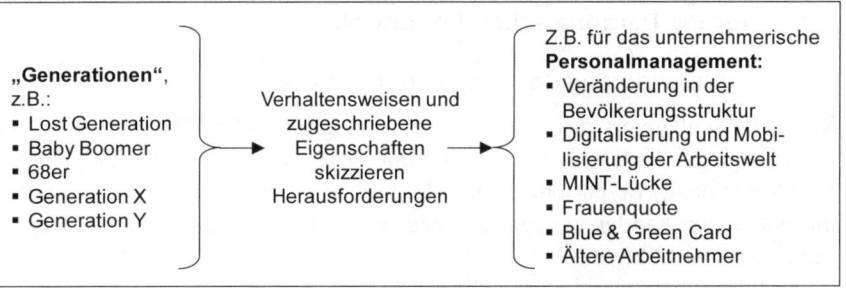

Abbildung 28: Kapitelüberblick und ausgewählte Zusammenhänge zur Generation Y

Die Generation Y unterscheidet von früheren Generationen, dass sie zwar in einem relativen Wohlstand aber auch dauerhaft durch Krisen begleitet auswächst, z. B.: New Economy-Krise, Terroranschläge vom 9. September 2001, Reaktorunglück von Fukushima, Finanzmarkt- und Staatsschuldenkrise seit 2008.[440] Das englisch ausgesprochene Y bildet hierbei den Schlüssel, um die Einstellung dieser Generation zu verstehen: Ein ständiges Warum und Infrage stellen zeichnet sie aus. Sie können lange und ausdauernd arbeiten, wollen

---

[439] Die Generationenbezeichnungen sind selbstverständlich viel zu vereinfachend, um für alle betroffenen Mitglieder zu gelten. Dennoch eignen sie sich hinreichend gut, um Massenphänomene zu beschreiben.
[440] Vgl. Jansen: 2013, S. 99

aber einen Sinn in ihrer Tätigkeit sehen. Flexible Arbeitszeiten, individuelle Entwicklungsmöglichkeiten, die Vereinbarkeit von Beruf und Freizeit sowie flache Hierarchien sind wichtig, Karriere um jeden Preis steht nicht mehr im Vordergrund. Da sie sind mit dem Internet aufgewachsen sind und den Umgang nicht nachträglich lernen mussten, werden sie regelmäßig auch als Digital Natives bezeichnet. Diese der Generation Y zugeschriebenen Eigenschaften und Eigenarten werden regelmäßig als Herausforderungen für Betriebe und insbesondere die bereits etablierten Führungskräfte skizziert.[441] Ein Längsschnittvergleich deutet hingegen an, dass sich – unabhängig von sichtbaren Unterschieden wie z. B. der Internetaffinität – grundlegende Werthaltungen im Generationenvergleich über die vergangenen circa 50 Jahre kaum verändert haben.[442] Prominente Personalmanager deuten zudem an, dass die Diskussion um die Generation Y in Deutschland in weiten Teilen mehr ein Hype, als ein Trend[443] sein könnte.[444]

Neben dem Eintritt der Generation Y in das Berufsleben lassen sich weitere Rahmenbedingungen und Einflussfaktoren identifizieren, welche die tradierte Personalarbeit, d. h. Auswahl, Einstellung, Entwicklung, Trennung, Beziehungspflege etc., im Betrieb verändern.

3.15.2 Ausgewählte Rahmenbedingungen und Einflussfaktoren für die Personalarbeit im Betrieb

3.15.2.1 Veränderung der Bevölkerungsstruktur

Mit dem Schlagwort des sogenannten Demographischen Wandels wird die signifikante Veränderung der Bevölkerungsstruktur (u. a. in der Bundesrepublik Deutschland) beschrieben: „Die Menschen in Deutschland werden älter, die geborenen Kinder werden mit jeder Generation weniger und die Gesellschaft wird vielfältiger."[445]

- Im Rahmen von demographischen Modellrechnungen wird erwartet, dass es künftig weniger Geburten geben wird. Die Geburtenhäufigkeit bleibt dabei bis ca. 2020 auf einem Niveau von 1,4 Kindern je Frau. Gleichzeitig steigt das durchschnittliche Gebäralter um 1,6 Jahre.
- Die durchschnittliche Lebenserwartung wird weiter ansteigen. Da die sogenannten geburtenstarken Jahrgänge ins hohe Alter hineinwachsen, kommt es trotzdem zu einem Anstieg der absoluten Sterbefälle.

---

[441] Vgl. bspw. Rettig: 2013; Bund, Heuser, Kunze: 2013; Neef, Schroll, Theis: 2009; Prensky: 2001; Sonne, Schmidt: 2009
[442] Vgl. Biemann, Weckmüller: 2013
[443] Vgl. Abschnitt 3.16.2
[444] Vgl. Sattelberger: 2014
[445] BMFSFJ: 2013. Vgl. auch BMFSFJ: 2012; Statistisches Bundesamt: 2009, insb. S. 5-7 und ergänzend ZDWA: 2013 und BPB: 2012.

- Im Saldo führen diese beiden Entwicklungen dazu, dass die Geburtenziffer kleiner ist als die Sterbeziffer und es damit zu einer Abnahme der Gesamtbevölkerung kommt. Die Zahl von circa 82 Mio. Einwohnern in 2008 wird bis 2060 auf ca. 65-70 Millionen zurückgehen.

- Da sich die Alterspyramide seit Jahren sichtbar verschiebt und diese Entwicklung anhalten wird, verändern sich auch die Relationen zwischen Alt und Jung, was wiederum Auswirkungen auf den Arbeitsmarkt hat. Es wird u. a. erwartet, dass sich der heute schon vorhandene Mangel an gut ausgebildeten Fachkräften verstärkt (vgl. Abbildung 29).

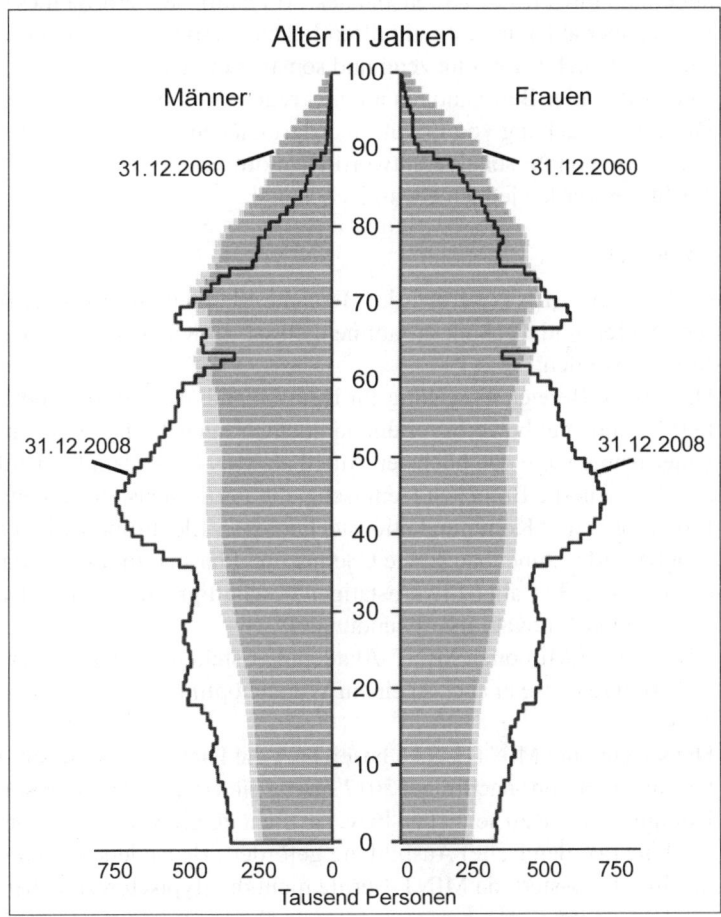

Abbildung 29: Bevölkerungsaufbau in Deutschland 2008 und 2060[446]

---

[446] Statistisches Bundesamt: 2009, S. 15; für 2060 handelt es sich um eine Vorausberechnung.

3.15.2.2 Digitalisierung und Mobilisierung der Arbeitswelt

Die Durchdringung der privaten und beruflichen Lebenswelten mit stationärer und insbesondere mobiler Informations- und Kommunikationstechnologie (IKT; engl.: Information and Communication Technology, ICT) führt zu einer Veränderung der Arbeitswelt. Folgende Entwicklungen lassen sich beobachten:[447]

- Private Geräte werden für dienstliche Belange genutzt.
- Mitarbeiter, die mobile Geräte (z. B. Laptop, Tablet PC, Handy, Smartphone) für ihre Arbeit nutzen, arbeiten zumindest hin und wieder außerhalb ihres festen Arbeitsplatzes. Am häufigsten erfolgt dies zu Hause, aber auch im Auto, im öffentlichen Personennah- und Fernverkehr, im Hotel, Cafe, Flugzeug und sonstigen Orten.
- Ein Drittel aller Berufstätigen arbeitet regelmäßig im Home Office.
- Diese Vermischung von Privat- und Berufsleben wird von Berufstätigen sowie von Personalverantwortlichen oftmals positiv gesehen – Nachteile werden jedoch ebenfalls genannt.

3.15.2.3 MINT

Mit dem Akronym MINT werden die Bereiche Mathematik, Informatik, Naturwissenschaften und Technik zusammengefasst. In Kürze kann er wie folgt charakterisiert werden:[448]

- Der MINT-Bereich ist wichtig für Deutschland, da es stark exportorientiert ist und Wettbewerbsvorteile in hochwertigen Technologien hat.
- Unternehmen, die den höchsten Anteil an MINT-Akademikern aufweisen, fallen in die Branchen technische und F&E-Dienstleistungen, Informations- und Kommunikationstechnologie, Elektroindustrie, Fahrzeugbau, Maschinenbau sowie Chemie und Pharma. In diesen Branchen sind 13,3 % aller Erwerbstätigen beschäftigt, auf sie entfallen aber 70,8 % aller Innovationsaufwendungen.
- Die rund 2,3 Millionen MINT-Akademiker stellen circa 6 % aller Erwerbstätigen, tragen aber zu einem Wertschöpfungsanteil von circa 11 % bei.
- Die sogenannte MINT-Lücke bezeichnet die Differenz zwischen Arbeitsangebot und -nachfrage. 2012 betrug sie circa 200.000 Personen. Um diese Lücke zu schließen bzw. sie nicht zu groß werden zu lassen, wird die (akademische) Ausbildung gefördert. Besonders Frauen werden hier fokussiert, da MINT-Berufe nicht die ‚typisch weiblichen' Berufsfelder sind.

---

[447] Vgl. Kempf: 2013
[448] Vgl. Anger, Geis, Plünnecke: 2012, insb. S. 3-6, 55

3.15.2.4 Frauenquote

Ein diskutierter Hebel zur Förderung von Frauen im Berufsleben ist die sogenannte Frauenquote. Die Förderung erfolgt vor dem Hintergrund der oben
skizzierten Entwicklungen und wird unterstützt durch die Tatsache, dass mit
zunehmendem Alter der Anteil der Frauen an der Bevölkerung steigt.[449]
Nachfolgend einige ausgewählte Aussagen aus der Diskussion der jüngeren
Vergangenheit:[450]

- Unter dem Begriff der Frauenquote wird meist der Anteil von Frauen
  an Führungs- und Aufsichtspositionen von Unternehmen und anderen
  Organisationen beschrieben.
- Die Verpflichtung auf eine bestimmte Quote kann freiwillig (z. B.
  Deutsche Telekom: Bis 2015 sollen 30 % aller mittleren und oberen
  Führungspositionen mit Frauen besetzt werden.) oder durch gesetzliche
  Vorgaben erfolgen.
- Befürworter der gesetzlichen Quote argumentieren, dass sich ohne ei-
  nen gesetzlichen Zwang nichts bewegt. Gegner kontern, dass unver-
  hältnismäßig stark in die unternehmerische Selbstbestimmung einge-
  griffen wird.
- Unternehmen, die sich gegen eine Quote aussprechen, wird Angst vor
  Veränderungen nachgesagt, da sie auf die erlernte Präsenzkultur, d. h.
  die ständige Verfügungsgewalt von Vorgesetzten auf die Mitarbeiter,
  verzichten und sich auch neuen Arbeitsmodellen wie z. B. Teilzeit,
  Auszeiten, Eltern- und Pflegezeiten sowie Telearbeit und Home Office
  öffnen müssen.

3.15.2.5 Green Card und Blue Card

Mit dem Begriff Green Card wird umgangssprachlich die dauerhafte Aufent-
haltsgenehmigung für Ausländer in den USA bezeichnet. In Anlehnung daran
wurde in 2000 auch in Deutschland eine Green Card eingeführt, auf europäischer Ebene gibt es zwischenzeitlich eine Blue Card.[451]

- Ziel der von 2000 bis 2004 erhältlichen Green Card war es, gut ausge-
  bildete ausländische IKT-Experten aus Nicht-EU-Ländern nach
  Deutschland zu holen. Dies sollte unbürokratisch und schnell gesche-
  hen, um so dem Fachkräftemangel begegnen zu können.
- Insgesamt 14.876 Arbeitsgenehmigungen wurden erteilt, die meisten an
  Experten aus Indien, dann aus der ehemaligen Sowjetunion und aus
  Rumänien.

---

[449] BPB: 2012
[450] Vgl. bspw. Sattelberger: 2011; Büschemann: 2011
[451] Vgl. insb. Kolb: 2005; BITKOM: 2010; o. V.: 2012a; Ramthun: 2013

- Die Erfolgsbeurteilung fällt gemischt aus: Die niedrige Nachfrage aus Großunternehmen und Konzernen wird als Indiz für den Misserfolg gesehen. Verfechter der Green Card argumentieren, dass sie eine Rolle bei der wiedereröffneten Zuwanderungsdebatte und beim Inkrafttreten des sog. Zuwanderungsgesetzes in 2005 gespielt hat.
- In den zehn Jahren nach der Einführung der Green Card wurden durch sie und das Zuwanderungsgesetz insgesamt circa 33.000 Arbeitserlaubnisse erteilt.
- Für hochqualifizierte Arbeitnehmer aus Staaten außerhalb der Europäischen Union wurde die sogenannte Blue Card entwickelt und im August 2012 in Deutschland umgesetzt. Ein halbes Jahr nach der Einführung wurden gut 4.000 Karten ausgestellt, jedoch ein Großteil davon an bereits in Deutschland lebende Personen und nur eine sehr geringe Zahl an tatsächliche Neuzuwanderer.

3.15.2.6 Ältere Arbeitnehmer

Der demografische Wandel führt einerseits zu immer älter werdenden Mitarbeitern in Unternehme. Auf der anderen Seite zielen gerade Programme des sogenannten sozialverträglichen Personalumbaus darauf, mit älteren Mitarbeitern Vorruhestands- oder Altersteilzeitverträge zu schließen. Unternehmen müssen sich mit diesem Spagat arrangieren:[452]

- Vier Handlungsfelder lassen sich hier identifizieren: Erhalt und Förderung der Mitarbeitergesundheit, Vielfalt im Unternehmen (sog. Diversity), lebenslanges Lernen, gute Personalführung.
- Während der Mitarbeiter selber die Bereitschaft zum lebenslangen Lernen und stetigen Weiterentwicklung haben soll, müssen auch Führungskräfte ihr Verhalten anpassen.
- Wichtig ist die Wertschätzung der Kompetenz von älteren Mitarbeitern (kristalline Intelligenz), da sonst eine innere Kündigung droht. Circa 33 % der 55-64-jährigen Arbeitnehmer haben bereits innerlich gekündigt, in der Gruppe der 17-22-jährigen Arbeitnehmer sind dies 18 %.

3.15.3 Aufgaben und Diskussionsstellungen

1. Bitte beschreiben Sie, wie sich in einem betrieblichen Umfeld die Generation Y von anderen Mitarbeitern unterscheidet!
2. Welche Konfliktpotentiale können sich hier generationenübergreifend bilden? Können Sie auch Synergien identifizieren?

---

[452] Vgl. für die nachfolgenden Ausführungen: Sattelberger: 2013; o.V: 2012b; Eiden: 2013.

3. Die Digitalisierung der Arbeitswelt führt zu einer Vermischung von Berufs- und Privatleben. Welche Vor- und Nachteile können Sie sich aus Sicht der Mitarbeiter bei der Arbeit von zu Hause vorstellen? Und aus Sicht der Unternehmen?

4. Wie können Unternehmen und Arbeitnehmer mit dieser veränderten Situation umgehen? Bitte entwickeln Sie drei Hinweise / Regeln / Anregungen für Arbeitnehmer und Arbeitgeber!

5. In der aktuellen Diskussion wird von einem Fachkräftemangel gesprochen. Wie könnte ihm begegnet werden?

6. In der Presse ist regelmäßig von einem „War for Talents" die Rede. Was ist hiermit gemeint?

7. Warum lehnen einige Frauen die Frauenquote ab, obwohl sie doch dadurch eigentlich bessere Karrierechancen haben müssten?

8. Warum versuchen Unternehmen ältere Mitarbeiter mit Hilfe von Altersteilzeit- oder Vorruhestandsregelungen zum Ausstieg aus dem aktiven Arbeitsleben zu bewegen, wenn gleichzeitig von einem Fachkräftemangel gesprochen wird?

9. Ältere und jüngere Mitarbeiter „ticken" meistens anders. Bitte überlegen Sie, wie man diese Andersartigkeit beschreiben könnte! Wie verhält es sich mit Frauen und Männern, MINT- und Nicht-MINT-Berufen?

10. Die sogenannte Unternehmenskultur ist u. a. Ausdruck des Zusammenlebens und -arbeitens in Organisationen. Können Sie Organisationen mit deutlich unterschiedlichen Kulturen identifizieren?

11. Bitte versetzen Sie sich in die Lage einer personalverantwortlichen Führungskraft! Welche Berührungspunkte („Phasen" in einem Mitarbeiterzyklus) haben Sie mit einem Mitarbeiter im Rahmen seines Arbeitslebens in Ihrer Organisation? Wie schaffen Sie es, dauerhaft eine wertvolle und wichtige Fachkraft zu haben?

3.16 BRICS und SMAC

3.16.1 Kurzbeschreibung

BRICS und SMAC sind zwei Akronyme, die jeweils eine Entwicklung auf globaler Ebene symbolisieren (vgl. Abbildung 30).

BRICS (Fünf wachstumsstarke Volkswirtschaften)	**SMAC** (Vier im Zusammenspiel disruptive Technologien)
• Brasilien • Russland • Indien • China • Südafrika	• Social • Mobile • Analytical • Cloud Computing

Abbildung 30: BRICS und SMAC im Überblick

BRICS steht hierbei für die Länder Brasilien, Russland, Indien, China und Südafrika. Die Kreation des Begriffs BRIC wird Jim O'Neill zugeschrieben, der 2001 Chefvolkswirt von Goldman Sachs war und in einer Reihe von Veröffentlichungen eine Gruppe von Ländern betrachtet hat, für die ausgehend von einem relativ geringen Entwicklungsstand in den Folgejahren ein relativ hohes Wirtschaftswachstum (ca. 5-10 % p.a.; im Vergleich: für die Eurozone wurden typischerweise 1-3 % angenommen) erwartet wurde. O'Neill wollte mit der Kombination dieser vier Länder die zukünftigen Wachstumstreiber der Weltwirtschaft gruppieren.[453]

Die vier geographisch getrennten Länder haben realisiert, dass sie gemeinsame Interessen haben und diese in Summe besser gegenüber z. B. den sogenannten G8-Staaten vertreten können, wenn sie sich ebenfalls zusammen schließen. Ein erstes Treffen der vier Außenminister fand 2006 statt. Seit 2010 gehört auch Südafrika zu der Gruppe, die ihren Namen zu BRICS erweitert hat.[454] In 2014 haben die fünf Länder mit der New Development Bank eine Entwicklungsbank gegründet, um gemeinsame Interessen effizienter verfolgen zu können.[455]

In der jüngsten Vergangenheit scheint sich das Wirtschaftswachstum in diesen Ländern merklich abzuschwächen; zudem treten teilweise signifikante gesellschaftliche Probleme zu Tage. Die zeitweise überschwängliche Begeisterung für die Wirtschaftsleistung der BRICS-Länder wird zunehmend realistischer eingeschätzt. Exemplarisch soll eine Darstellung aus der Zeitschrift

---

[453] Vgl. O'Neill: 2001
[454] Vgl. o. V.: 2013c
[455] Vgl. o. V.: 2014a

The Economist herangezogen werden, in welcher der Börsenwert der in einem Land notierten Firmen bzw. ihrer frei gehandelten Anteile mit dem von bekannten Unternehmen aus Industrieländern verglichen wurde. Zum Zeitpunkt der Analyse (Januar 2014) war der Börsenwert aller in Brasilien notierten Unternehmen in etwa so groß wie der von Google (379 Mrd. USD), Russlands Unternehmen wurde mit Procter & Gamble verglichen (223 Mrd. USD), Indiens Unternehmen mit Nestlé (236 Mrd. USD) und Südafrikas Unternehmen mit General Electric (266 Mrd. USD).[456]

SMAC steht als Akronym für Technologien, die als sozial, mobil, analytisch und cloud-orientiert beschrieben werden können und will eine Entwicklung zusammenfassen, in der immer mehr Daten, die z. B. aus sozialen Netzwerken oder von mobilen Endgeräten generiert werden, analytisch bearbeitet und mit Hilfe von Cloud Computing-Technologien gespeichert werden. Fünf Phänomene unterstützen diese Entwicklung:[457]

- Immer mehr Nutzer bewegen sich in sozialen Netzwerken, wie z. B. Facebook, Twitter oder Xing mit Hilfe von mobilen Endgeräten, z. B. Smartphones oder Tablet PC.
- Die hierdurch generierten Daten, dies können die generierten oder konsumierten Inhalte in den sozialen Netzwerken ebenso sein, wie Angaben über Standorte und Bewegungen, bilden eine Grundlage für entsprechende analytische Arbeiten, die z. B. unter den Schlagworten Business Intelligence oder Big Data subsummiert werden können.
- Die Rechenleistung von Mobiltelefonen hat sich in der jüngsten Vergangenheit deutlich weiterentwickelt und übertrifft diejenige, über die PCs vor wenigen Jahren verfügten.
- Die jüngste Generation von Mobilfunkendgeräten und Netzen (4G, 4. Generation, LTE-Technik – Abgegrenzt zu 3G (UMTS-Technologie), 2G (GSM-, sowie EDGE-, GPRS-Technologie), 1G (analoge Technologie, A-, B- sowie bestimmte Frequenzen des sog. C-Netzes)) verbreitet sich insbesondere in entwickelten Volkswirtschaften.
- Junge Unternehmen (Start-ups) gründen ihr Geschäftsmodell auf ihren Fähigkeiten, einfache und gut nutzbare mobile Applikationen zu erstellen und zu vertreiben.

BRICS und SMAC können neben ihrer inhaltlichen Komponente auch als Ausdruck und Beispiel einer stetigen Zahl von aufsteigenden Themen, Moden und Phänomenen betrachtet werden, von denen nur eine relativ kleine Anzahl über eine hinreichende Nachhaltigkeit zu verfügen scheint und zu einem Trend wird bzw. eine dauerhafte Entwicklung erfährt.

---

[456] Vgl. o. V.: 2014a, 2014b; Notiz: China wurde nicht betrachtet.
[457] Vgl. für eine Einführung in SMAC Columbus: 2012 und Pulakkat: 2013

3.16.2 Hype, Mode und Trend

3.16.2.1 Begriffe

Mit den Begriffen Hype, Mode und Trend werden umgangssprachlich eher kurzlebige Entwicklungen bezeichnet, wobei ihnen teilweise eine negative oder abfällige Konnotation zugeschrieben wird. Unbeschadet dessen können mit Hilfe des Dudens die drei Begriffe in eine Ordnung zueinander gebracht werden.

- *Hype:* Ein Hype kann als eine Art Welle oberflächlicher Begeisterung und damit sehr kurzzeitig beschrieben werden.
- *Mode:* Eine Mode erstreckt sich meist über einen etwas längeren Zeitraum und ist etwas, das einem zeitbedingten verbreiteten Interesse entspricht.
- *Trend:* Der Begriff Trend soll so verstanden werden, dass er einen noch längeren Zeitraum abdeckt und allgemein eine Entwicklung oder eine Entwicklungstendenz darstellt. Diese Entwicklung bzw. ihre Tendenz ist über einen gewissen Zeitraum zu beobachten und gegebenenfalls bereits statistisch erfassbar.

3.16.2.2 Nutzungsmöglichkeiten für betriebswirtschaftliche Entscheidungen und Kategorisierung

Für Unternehmen und andere Organisatoren sind Kenntnisse über Hypes, Moden und Trends wichtig, um beispielsweise zu treffende Entscheidungen besser einordnen zu können.[458] Hierbei erscheint nicht nur die Dauer oder Fristigkeit interessant, sondern auch die interne Entwicklung. Hypes, Moden und Trends werden regelmäßig visuell als Schwingung und in der Form von Wellen darstellen, die in einem einfachen Modell zum Beispiel über eine Anfangs-, Hoch- und Abschwungphase verfügen können. Horx bietet eine Übersicht zu verschiedenen Wandlungs- und Veränderungsbewegungen an, in denen sowohl kurzfristige, als auch sehr langfristige Entwicklungen eingeordnet werden können:[459, 460]

---

[458] So wird eine Investitionsentscheidung für oder gegen ein neues Werk anders ausfallen, wenn man das dort herzustellende Produkt als Element und Ausdruck eines Hypes oder einer nachhaltigen Entwicklung betrachtet. Ebenso wird die Wahl eines neuen Mitarbeiters an Hand seiner Fähigkeiten und Kenntnisse anders ausfallen, wenn die vorliegenden Fähigkeiten einen kurzfristigen Themenbedarf decken oder sich in die langfristige Personalplanung einfügen sollen.

[459] Die zwei nachfolgenden Aufzählungen sind Horx: 2010, S. 1-3, im Original mit Hervorhebungen, entnommen.

[460] van Suntum weist mit einer kritischen Einlassung darauf hin, dass der „österreichische Ökonom Josef Schumpeter [...] in seinem Buch ‚Business Cycles' von 1939 drei solcher Wellen [unterschied], die er ihren Entdeckern benannte: Die 3- bis 4-jährigen ‚Kitchins', die meist mit Schwankungen der Lagerhaltung erklärt werden, die 7-jährigen ‚Juglars', die auf Investitionszyklen zurückgehen sollen und die 50-jährigen ‚Kondratieffs', die als Bauzyklen gelten. Diese Einteilung wird heute allerdings kaum noch verwendet; sicher nachweisbar sind auch nur die vom französi-

- In der Ebene der *Natur* finden in Jahrmillionen-Abständen Auf- und Abschwünge von Spezies und Ökologien statt.
- Auf der Ebene der *Zivilisationsformen* entsteht Wandel im Jahrhundert- oder Jahrtausend-Zyklus.
- Die *technologischen Grund-Zyklen* (Kondratieff) schwingen im Rhythmus von rund 50 Jahren.
- Die *Konjunkturzyklen*, das generelle Auf- und Ab der Wirtschaft, kennt einen (globalen) Grundrhythmus von ca. 12 Jahren.
- Die kleineren *Zeitgeist- und Marktzyklen* haben meistens eine Dauer von 5-6 Jahren (weitgehend analog zu Innovations-Produktzyklen), wobei auch längerfristige Grund-Wellen von ca. 25 Jahren existieren.
- Die *Produktwellen* selbst haben unberechenbaren Charakter; meist sind sie eine „Saison" (ein halbes Jahr) lang.

In dieses Wellenmodell lassen sich nun einzelne Trend-Kategorien implementieren:

- *Metatrends:* die evolutionären Konstanten in der Natur. Metatrends unterliegen keinen Zyklen. Sie sind Ausdruck systemischer oder evolutionärer Konstanten. Beispiel: Der Trend zu steigender Komplexität.
- *Megatrends:* der Begriff geht auf den Begründer der modernen Zukunftsforschung, John Naisbitt, zurück, der im Jahr 1980 zwei Weltbestseller zu diesem Thema schrieb. Megatrends sind Blockbuster der Veränderungen. […]
- *Soziokulturelle Trends:* Dies sind mittelfristige Veränderungsprozesse, die von den Lebensgefühlen der Menschen im sozialen und technischen Wandel geprägt werden, sich aber auch stark in den Konsum- und Produktwelten bemerkbar machen. Die größeren von ihnen haben eine Halbwertszeit von rund 10 Jahren. Beispiel: Der Wellness-Trend. […]
- *Zeitgeist- oder Konsum-Trends:* Sind eher kurzfristige, durch medialen Einfluss verstärkte „Infektionstrends", die einen modischen Charakter aufweisen […] können.
- *Mikrotrends:* Stile im Bereich des Designs und Selbst-Designs, der Konsum- und Gewohnheitsphänomene.
- *Branchentrends:* Entwicklungen, die besonders in einer Branche dominant sind.

3.16.2.3 Anwendung in der Wirtschaftsinformatik

Die weiter oben als spezielle Betriebswirtschaftslehre eingeordnete Wirtschaftsinformatik setzt sich seit längerem der Kritik aus, sich in einem zu hohen Ausmaß von eher kurzfristigen Themen leiten zu lassen. Erklärt wird die-

---

schen Konjunkturforscher Clement Juglar (1819-1905) beobachteten Zyklen mittlerer Dauer."
Suntum: 2013, S. 118.

ses Verhalten unter anderem mit dem Hinweis auf die ständige Weiterentwicklung der Informations- und Kommunikationstechnologie in den vergangenen Jahrzehnten, mit denen sich die Wirtschaftsinformatik als wissenschaftliche Disziplin auseinander setzen muss. Festgestellt werden kann die Entwicklung von Moden beispielsweise mit Hilfe einer Schlagwortauswertung einschlägiger Periodika.[461]

3.16.2.4 Hype Cycle der Firma Gartner

Das Marktforschungs- und Beratungsunternehmen Gartner bietet mit seinem Hype Cycle[462] ein Erklärungs- und Prognoseinstrument an, mit dessen Hilfe die Entwicklung verschiedener Phänomene im Zeitverlauf beschrieben werden kann. Fokussiert wird auf Informations- und Kommunikationstechnologien, allerdings erscheint das Modell hinreichend stabil, um es (gegebenenfalls mit Abwandlungen) auch für andere Domänen nutzen zu können.[463] Grundlegende Überlegung ist, dass alle IKT-Entwicklungen im Zeitverlauf fünf verschiedene Phasen durchleben, die sich durch ein jeweils verändertes Erwartungsniveau, das an die Technologien gestellt wird, unterscheiden. Die einzelnen Phasen sind für alle Technologien strukturähnlich, die Durchlaufzeiten hingegen variieren. Die fünf Phasen lassen sich wie folgt beschreiben:

- *Technology Trigger (dt.: Technologischer Trigger):* Die Erwartungen an eine Technologie sind zunächst sehr gering und steigen anschließend steil und schnell an. Typische, zu beobachtende Aktivitäten sind Forschungs- und Entwicklungsleistungen, Ausstattung von Start-up-Firmen mit Risikokapital, Entwicklung von ersten Produkten sowie die Nutzung dieser Produkte durch Early Adopters.
- *Peak of Inflated Expectations (dt.: Höhepunkt überzogener Erwartungen):* Die stark gestiegenen Erwartungen nähern sich in dieser Phase ihrem Höhepunkt. Erkennbar ist dies zum Beispiel an Hand einer massiven Medienpräsenz oder gar Massenmedienpräsenz, dem starken Anstieg des Vorhandenseins von Lieferanten und eine Verbreitung der Technologie, die über die Early Adopters hinausgeht. Das Ende dieser Phase wird durch vereinzelt einsetzende negative Berichterstattung eingeleitet.
- *Through of Disillusionment (dt.: Tal der Ernüchterung; auch: Tal der Tränen):* In dieser Phase, auch als Tal der Tränen bezeichnet, sinkt die Erwartungshaltung auf Grund der negativen Berichterstattung zunächst schnell auf fast das Startniveau, bevor sie sich auf niedrigem Niveau

---

[461] Vgl. Mertens: 2006; Steininger, Riedl, Roithmayr: 2008
[462] Hinweis: Der Begriff Hype soll hier nicht im Sinne der oben gegebenen Erklärung aus dem Duden verstanden werden, sondern vielmehr als schlagkräftiger und einprägsamer Begriff der in der Nutzung bei Gartner sowohl Hypes, als auch Moden und Trends umfasst.
[463] Vgl. für die folgenden Ausführungen Fenn: 2011, insb. S. 4.

stabilisiert. Innerhalb dieser Phase sind oftmals Marktaustritte und
Konsolidierungen der Lieferanten zu beobachten. Lediglich ein kleiner
Teil der potenziellen Anwender bzw. Zielgruppe hat zum Ende dieser
Phase die betrachtete Technologie adaptiert und eingesetzt.

- *Slope of Enlightment (dt.: Pfad der Erleuchtung):* Nachdem die Erwartungshaltung deutlich reduziert wurde und sich die (mediale) Aufmerksamkeit neuen Themen zugewendet hat, findet in dieser Phase eine langsame, aber stetige Durchdringung der Technologie im Markt statt. Zu beobachten ist, dass sich sogenannte Best Practices entwickeln und der Einsatz der Technologie dem Nutzer erleichtert wird. Die Erwartungshaltung steigt im Zeitverlauf sanft an.

- *Plateau of Productivity (dt.: Produktivitätsplateau):* In der letzten Phase wird der Technologie mit einer realistischen Erwartungshaltung begegnet, die zwischen dem Spitzenniveau aus der zweiten und dem niedrigen Niveau aus der dritten Phase einzuordnen ist. Die Technologie selber erfährt eine steigende Marktdurchdringung und der Technologieeinsatz ist zwar von Erfolgen, jedoch nicht mehr von der übertriebenen Aufmerksamkeit begleitet.

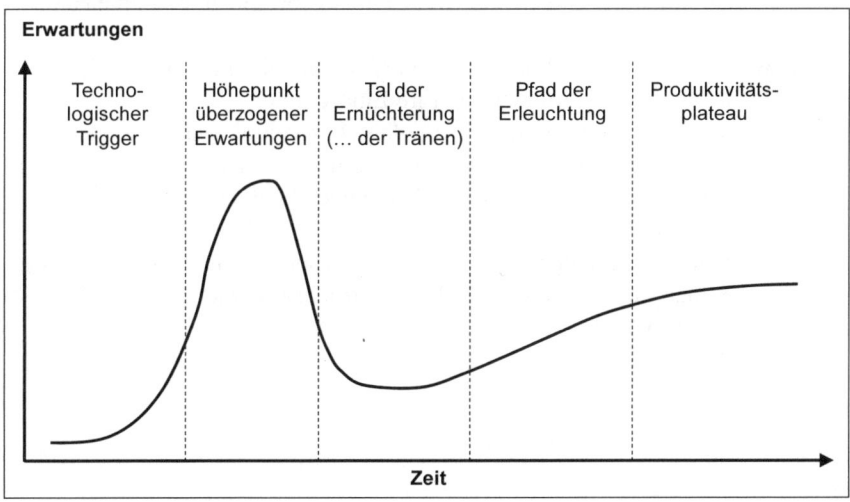

Abbildung 31: Hype Cycle von Gartner[464]

---

[464] Vereinfachte Darstellung auf Basis von Fenn: 2011, S. 4

3.16.3 Aufgaben und Diskussionsstellungen

1. Wofür steht das Akronym BRIC? Bitte beschreiben Sie seinen Hintergrund in eigenen Worten! Warum ist dem BRIC ein weiteres S angehangen worden?
2. Welche Entwicklungen werden als SMAC zusammengefasst? Können Sie ein konkretes Anwendungsszenario beschreiben?
3. Trends, Hypes und Moden werden umgangssprachlich oftmals synonym verwendet. Sie können dennoch voneinander abgegrenzt werden. Bitte versuchen Sie eine solche Unterscheidung (gerne in eigenen Worten)!
4. Sie haben verschiedene Entwicklungen bzw. Veränderungsbewegungen kennengelernt, die sich in Zyklen oder Wellen darstellen lassen. Bitte beschreiben Sie drei hiervon kurz mit eigenen Worten!
5. Sie haben verschiedene Trend-Kategorien kennengelernt. Bitte beschreiben Sie drei hiervon kurz mit eigenen Worten!
6. Wie lassen sich die Phasen des Hype Cycles von Gartner schlagwortartig beschreiben? Welche methodische Kernaussage trifft der Hype Cycle? Bitte finden (konstruieren) Sie ein konkretes Anwendungsbeispiel, in dem Ihnen der Hype Cycle in einem gegebenen Unternehmenskontext Nutzen stiftet!
7. Wählen Sie eine Technologie und ordnen Sie diese im Gartner Hype Cycle ein. Bitte begründen Sie Ihre Einordnung!
8. Denken Sie, dass nicht nur Technologien, sondern auch konkrete Produkte, die von Unternehmen hergestellt und vertrieben werden, mit Hilfe eines Zyklus beschrieben werden können? Falls ja, wie? Falls nein, warum nicht?
9. Denken Sie, dass nicht nur Technologien, sondern auch einzelne Unternehmen mit Hilfe eines Zyklus beschrieben werden können? Falls ja, wie? Falls nein, warum nicht?

3.17 Industrie 4.0

3.17.1 Kurzbeschreibung

3.17.1.1 Begriff

Unter dem Stichwort Industrie 4.0 wird das sich abzeichnende Zusammenwachsen moderner Informations- und Kommunikationstechnologien mit klassischen industriellen Prozessen zu *Cyber-Physical-Systems* (CPS) verstanden.
Dieses Zusammenwachsen erfolgt evolutionär und nicht revolutionär, seine
Auswirkungen auf die Industrie lassen sich jedoch durchaus als disruptiv beschreiben.[465]
Eine Promotoreninitiative definiert wie folgt: „Industrie 4.0 meint im Kern
die technische Integration von CPS in die Produktion und die Logistik sowie
die Anwendung des Internets der Dinge und Dienste in industriellen Prozessen – einschließlich der sich daraus ergebenden Konsequenzen für die Wert-
schöpfung, die Geschäftsmodelle sowie die nachgelagerten Dienstleistungen
und die Arbeitsorganisation."[466]
Abbildung 32 zeigt den Trend Industrie 4.0 und weitere ausgewählte Zusammenhänge im Überblick.

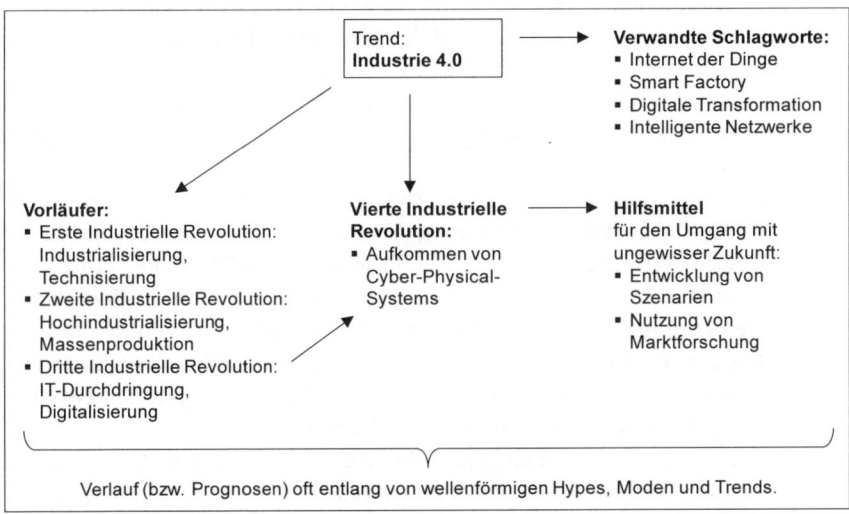

Abbildung 32: Kapitelüberblick und ausgewählte Zusammenhänge der Industrie 4.0

---

[465] Vgl. Kagermann, Wahlster, Helbig: 2012, S. 10
[466] Kagermann, Wahlster, Helbig: 2013, S. 18

Industrie 4.0 erscheint als ein sich entwickelndes Trendthema, seine finale Ausgestaltung ist noch nicht abgeschlossen. Regelmäßig kann beobachtet werden, dass in einem frühen Stadium eines Trends die Begriffswelt noch nicht abgestimmt ist und verschiedene Konzepte, Schlagwörter und Ansatzpunkte existieren und um eine Vorherrschaft, im Sinne einer Deutungshoheit, konkurrieren. Einige Schlagworte, die im Zusammenhang mit Industrie 4.0 genannt werden, sind in einer (nicht abschließenden) Aufzählung:

- *B2B2C (Business-to-Business-to-Consumer):* Kurzform für die Liefer- oder Zusammenarbeitskette zwischen unterschiedlichen Geschäfts- und Endkunden über verschiedene Wertschöpfungsstufen hinweg.

- *Digitale Transformation:* Kurzform für die zunehmende Digitalsierung in verschiedenen betrieblichen Kontexten.

- *Intelligente Netzwerke (Smart Networks):* Neuartige Netzverknüpfungen zwischen vormals isolierten Elementen, wie z. B. Fahrzeuge, im Gesundheitswesen, im Energiesektor.

- *Internet der Dinge:* Parallel zu den existierenden Netzwerken zwischen Menschen entstehen Netzwerke zwischen Dingen und Diensten, die sich gegenseitig über z. B. Standorte, Bewegungen und weitere Eigenschaften austauschen.

- *M2M (Machine-to-Machine-Kommunikation):* Kommunikation zwischen Entitäten, z. B. Produktionsmaschinen und dem Leitstand, der Bordelektronik eines Autos und der Werkstatt oder dem Gebäudeaufzug und dem Wartungsdienstleister.

Verschiedene Anwendungsszenarien lassen sich bereits heute identifizieren und prototypisch, teilweise sogar schon in Kleinserien erarbeiten. Beispiele sind:[467]

- *Digitale Produktion:* Neben der Ablösung der bisherigen zentralen Fertigungs- und Produktionsplanung durch eine dezentrale, maschinengesteuerte Fertigung, in der einzelne Produkte ihren Erstellungsprozess selber steuern, ist auch mit einer deutlichen Ausweitung der über das Internet miteinander durch Minichips und Funkmodule verknüpften Dinge (z. B. Bauteile, Materialien und Transportkisten) zu rechnen. Bei der digitalen Fertigung werden Produktivitätssteigerungen von bis zu 50 % gegenüber der herkömmlichen Fertigung erwartet.

- *Produktrecycling:* In neu gefertigte Produkte werden zukünftig Chips integriert, welche die im Produkt verwendeten Bauteile und Rohstoffe speichern können. Dieses digitale Gedächtnis erleichtert die Wiederverwertung.

- *3D-Drucker:* Mit Hilfe von 3D-Druckern können z. B. Zahnkronen, Fahrzeugteile und andere Produkte hergestellt werden. Dadurch müssen

---

[467] Vgl. Dürand: 2013

nicht mehr Fertiggüter, sondern nur noch Konstruktionsdaten transportiert werden.

- *Autonome (Weiter-) Entwicklung von Produkten:* Wenn das Nutzerverhalten durch die Produkte (z. B. Laufschuhe) aufgezeichnet werden kann, können die gesammelten Daten eine Grundlage für optimierte und personalisierte Folgeprodukte sein.

- *Intelligente Netzwerke:* Die in verschiedenen Produkten integrierten Chips verbinden diese Produkte über das Internet intelligent miteinander. Im Bereich der Car-ICT (ICT: Information and Communication Technologie; deutsch: Informations- und Kommunikationstechnologie) kann beispielsweise mit Hilfe einer App das Auto so gesteuert werden, dass es vom Parkplatz zum Restaurant vorfährt und den Besitzer nach dem Restaurantbesuch erwartet.

3.17.1.2 Vierte Industrielle Revolution

Der Begriff Industrie 4.0 deutet auf eine sich abzeichnende Vierte Industrielle Revolution hin. Während in der Ersten Industriellen Revolution mit Hilfe von Wasser- und Dampfkraft mechanische Produktionsanlagen eingeführt wurden und in der Zweiten Industriellen Revolution durch den Einsatz von elektrischer Energie Arbeitsteilung und Massenproduktion Einzug gehalten haben, kann man das Einsetzen einer Dritten Industrielle Revolution am Beginn der 1970er Jahre beobachten. Hier werden Elektronik und IT zur weiteren Automatisierung der Produktion genutzt, bei der beispielsweise die sog. Speicherprogrammierbare Steuerung (SPS) für Roboter eingesetzt wurde. Eine horizontale und vertikale Verknüpfung sog. eingebetteter Systeme (engl.: Embedded Systems) in Echtzeit mit betriebswirtschaftlichen Prozessen in steuernden und ausführenden Bereichen von Unternehmen führt zu einer neuen Stufe der Industrialisierung. Der Weg dorthin kann als Vierte Industrielle Revolution beschrieben werden.[468]

3.17.1.3 Smart Factory

Ein Kernelement der Industrie 4.0 wird als Smart Factory (Intelligente Fabrik) bezeichnet. Ein Zielbild kann wie folgt beschrieben werden:

In der voll ausgebauten Smart Factory der Industrie 4.0 herrscht eine völlig neue Produktionslogik: Die Produkte der Smart Factory sind eindeutig identifizierbar, jederzeit lokalisierbar und kennen ihre Historie, den aktuellen Zustand sowie alternative Wege zum Zielzustand. Alle Sensoren und Aktuatoren in der Smart Factory stellen ihre Daten als semantisch beschriebene Dienste bereit, die von den entstehenden Produkten gezielt angefordert werden können. Semantische M2M-Kommunikation mit aktiven digitalen Produktgedächtnissen macht das Produkt zum Informationsträger, zum Beobachter und zum Akteur.

---

[468] Vgl. Kagermann, Wahlster, Helbig: 2012, S. 10

Die Smart Factory als wesentlicher Bestandteil von Industrie 4.0 ermöglicht maßgeschneiderte Produkte und sichert damit den deutschen Wettbewerbsvorsprung in einer globalisierten Welt. Mit ihren Schnittstellen zu Smart Mobility, Smart Logistics und dem Smart Grid ist sie ein wichtiger Bestandteil zukünftiger intelligenter Infrastrukturen. Als intelligente Fabrik ermöglicht sie die Beherrschung der zunehmenden Komplexität der Produktionsabläufe für den Menschen und macht die Produktion attraktiv, urban-verträglich und wirtschaftlich:

(i) Die Ressourceneffizienz wird signifikant gesteigert; Bestände und Durchlaufzeiten kundenindividueller Produkte massiv verkürzt. Damit wird die an deutschen Produkten geschätzte Qualität und Produktivität nachhaltig ausgebaut.

(ii) Die Smart Factory beherrscht Störeinflüsse und löst bestehende Grenzen auf. Wege, Layouts, Abfolgen, Betriebs- und Recyclingpunkte, Produkte und Technologien werden flexibilisiert. Sie entfaltet dazu ihr Potenzial durch die Erfüllung bisher als widersprüchlich geltender Anforderungen. In ihr teilen Social Machines ihr Wissen: Sie erkennen etwa durch Lernerfahrung die besten Parameter, mit denen sie bestimmte Werkstoffe bearbeiten können, erkennen und informieren in ihrem „sozialen Netzwerk" andere mit ihnen vernetzte Maschinen, die diese neuen Einstellungen wiederum automatisch übernehmen. Smart Products tragen eigenes Wissen und Global Facilities ermöglichen neuartige Wertschöpfungsnetzwerke.

(iii) Die Virtuelle Produktion (Virtual Production) trägt durch Echtzeit-Abbilder der Produktion zur Reduktion von Verschwendung weit über bestehende Ansätze hinaus bei.

(iv) Im Mittelpunkt der Interaktionen in der Fabrik stehen die Beschäftigten (Augmented Operators), die ihre Aufgaben durch die (virtuell) erweiterte Sicht auf die reale Fabrik besser wahrnehmen können. Sie erweitern ihre Fähigkeiten stetig und werden so vom Bediener zum kooperierenden Steuerer, Regulierer und Gestalter, der seine Expertise kontinuierlich einbringen kann.

Die zukünftige multiadaptive Smart Factory wird keinesfalls menschenleer sein, sondern sie wird die Beschäftigten als aktive Träger von Entscheidungen und Optimierungsprozessen dringend benötigen. Die Beschäftigten werden wichtige Funktionen bei dem Entwurf, der Installation, der Umrüstung, der Wartung und der Reparatur komplexer cyber-physischer Produktionssysteme und der für das Internet der Dinge notwendigen neuartigen Netzkomponenten übernehmen. Neben den Beschäftigten sind auch alle weiteren Akteure (Zulieferer, Kunden, etc.) in die Interaktionen in der Fabrik mit eingebunden.[469]

3.17.1.4 Technologische Entwicklungspfade und betriebswirtschaftliche Herausforderungen

Die als Industrie 4.0 bezeichneten Entwicklungen zeichnen sich heute schon ab, werden aber kaum in den nächsten Jahren vollumfänglich zum Einsatz kommen. Vielmehr kann ein Entwicklungspfad erwartet werden. Am Beispiel einer technologiezentrierten Wertkette (engl. Value Chain) von Beschaffung über Fabrikproduktion bis hin zum Absatz könnte sie aus drei Stufen bestehen und folgende Charakteristika bzw. Trends und Treiber aufweisen:[470]

Stufe 1

- Zeitliche Verortung: ‚Heute'
- Vorgeplante Abläufe in der Fabrik
- Umfeld planbar gestaltet
- Abweichungen vom Plan werden als Fehler interpretiert

---

[469] Kagermann, Wahlster, Helbig: 2012, S. 12-13, im Original mit Hervorhebungen.
[470] Vgl. Wegener: 2013, S. 10-11

Stufe 2
- Zeitliche Verortung: ‚Morgen'
- IT-getriebene Innovationen, z. B. auf dem Gebiet der Industrialisierung von Techniken der Künstlichen Intelligenz oder bei der IT-Sicherheit in großen und heterogenen Netzen
- Innovationen aus Prozessen und Abläufen, z. B. bei Engineering- und Modellierungsprozessen oder bei der horizontalen und vertikalen Integration
- Innovationen im Maschinenbau, z. B. bei Konstruktionsregeln für Produktionseinheiten oder bei neuen Fertigungsverfahren

Stufe 3:
- Zeitliche Verortung: ‚Übermorgen' (2030-2050)
- Keine detaillierte Planung mehr im Voraus nötig
- Selbstorganisation der Maschinen und Vorprodukte
- Automatisierter Internet-Marktplatz für die Koordination von Produktionsprozessen

Zum gegenwärtigen Zeitpunkt zeichnen sich für die Betriebswirtschaft verschiedene Herausforderungen ab. Neben der notwendigerweise vorhandenen Unsicherheit mit ihren Auswirkungen auf Absatzprognosen und Kalkulationen kann gerade teilweise vorherrschende Mangel beim Fokus auf Kunden bzw. die Kundenwünsche beobachtet werden. Die technische Realisierbarkeit von Lösungen sollte nicht ohne den Blick auf den tatsächlichen Bedarf bejubelt werden. Zudem – und hier scheint die Betriebswirtschaft auf Grund ihrer Gesamtverantwortung für das Wohlergehen von Betrieben in der Pflicht zu sein – sollte insbesondere in der näheren Zukunft ein Weg gefunden werden, die interdisziplinäre Verständigung zwischen Domänen, also z. B. Informatik, Automatisierungstechnikern, Soziologen, Rechtswissenschaftlern, Wirtschaftswissenschaftlern, zu fördern.[471]

3.17.2 Analyse von Markt- und Wettbewerbsentwicklungen

Unternehmen versuchen regelmäßig sich ein Bild von zukünftigen Entwicklungen zu machen. Die gerade skizzierte Entwicklung zur Industrie 4.0 in drei Stufen stellt ein solches Bild dar. Da aus Gründen der Ressourcenknappheit nicht jeder Betrieb eine Zukunftsstudie oder einen Überblick über Anbieter oder Technologien selber erstellen kann, besteht die Möglichkeit, *Marktforschungsunternehmen* zu beauftragen. Bei dieser Klasse von Dienstleistern können Studien oder Umfragen zu ausgewählten Themen in Auftrag gegeben werden, die – je nach Beauftragungsumfang – analysiert und kommentiert

---

[471] Vgl. für einen Ansatz hierzu Böhle et al.: 2014

werden. Die Studienergebnisse können dann zur eigenen Marktbeobachtung, zur Produktpositionierung, zur Lieferantenauswahl etc. genutzt werden. Im folgenden Beispiel wurde das Markforschungsunternehmen PAC beauftragt, zu recherchieren, ob der oben genannte Begriff B2B2C in einem gegebenen Marktumfeld bereits besetzt ist, d. h. ob ihn ein Marktteilnehmer schon aktiv nutzt. Damit einher ging unter anderem die Frage, welche strategische Positionierung die Marktteilnehmer im Kontext der 4. Industriellen Revolution einnehmen.

PAC beschreibt seine Geschäftstätigkeit wie folgt: „PAC liefert fokussierte und objektive Antworten auf die Wachstumsherausforderungen der Akteure im Markt für Informations- und Kommunikationstechnologie (ITK) von der Strategie bis zur Umsetzung. Pierre Audoin Consultants wurde 1976 gegründet und ist ein unabhängiges Marktanalyse- und Beratungsunternehmen für den Software- und ITK-Services-Markt. Wir unterstützen ITK-Anbieter mit quantitativen und qualitativen Marktanalysen sowie strategischer und operativer Beratung. CIOs und Finanzinvestoren beraten wir bei der Bewertung von ITK-Anbietern und -Lösungen und begleiten sie bei ihren Investitionsentscheidungen. Öffentliche Organisationen und Verbände bauen auf unsere Analysen und Empfehlungen als Grundlage für die Gestaltung ihrer ITK-Politik."[472]

Die Zusammenarbeit mit einem Marktforschungsunternehmen kann sich entlang folgender Schritte gestalten:

- *Erstens:* Kundeninterne Beschreibung der Fragestellung
- *Zweitens:* Briefing des Marktforschungsunternehmens durch den Kunden (verbal oder schriftlich)
- *Drittens:* Auftragsklärung, d. h. ggf. Rückfragen des Auftragnehmers
- *Viertens:* Durchführung der Marktforschung
- *Fünftens:* Ergebnispräsentation durch Markforschungsunternehmen und Diskussion mit Kunden
- *Sechstens:* Kundeninterne Ergebnisverwendung

Im vorliegenden Beispiel wurde als Ergebnis festgehalten, dass B2B2C als Begriff nicht weit verbreitet ist:

- "Although we talk about ICT services offerings that help businesses to better interact with consumers/customers, "B2B2C" is a term that is not frequently used in the market [...] and not applied on a larger scale by most of the ICT services firms analyzed.
- A commonly used term is "digital transformation" – a trend that is currently gaining momentum."[473]

---

[472] PAC: 2013a.
[473] PAC: 2013b, S. 3

Die strategischen Positionierungen der einzelnen Marktteilnehmer wurden wie folgt beschrieben:[474]

Company A: -
- "'Every business is now a digital business'
- According to [A], digital has become a strategic imperative for companies.
- As customers have digital experiences in their everyday life, companies have to reorganize fundamentally to respond to their clients' needs. Customer relationship management is no longer a dedicated marketing task, therefore digital transformation needs to be addressed above the CMO and across all business units, from operations to support.
- [A] is positioning itself as a transformation partner (high value-add) for its clients to avoid lowcost competition.
- [A] also adopts a proactive attitude towards its clients (push rather than pull) to avoid long and complex RFPs."[475]

Company B:
- "'Transform to the Power of Digital'
- [B] is positioning as thought leader in digital transformation. Digital transformation is one of [Bs] major strategic "bets".
- [B] plans significant growth in 2013 and uses the topic to differentiate from the competition. The focus is on customer experience transformation on all channels.
- [B] has significant and strong digital transformation assets such as a digital framework, maturity assessment tool, etc."[476]

Company C:
- "'Creating new business models where digital meets physical'
- [C] is positioning in digital transformation, based on a two-dimensional framework: (1) Reshaping customer value proposition (what) and (2) Reshaping the operating model (how).
- Key capacities in digital transformation to provide best practices to clients.
- [C] has not structured its references along the topic of "digital transformation". Digital projects are found in the following [...] offerings: Smarter Commerce, Smarter Analytics, and Social Business.
- [C] has acquired [...], a provider of digital customer experience management and customer behavior analysis solutions to strengthen its digital expertise [...]."[477]

---

[474] Die wiedergegebene Analyseergebnisse sind anonymisiert und die Klarnamen der drei Unternehmen sind durch die Buchstaben A, B und C ersetzt.
[475] PAC: 2013b, S. 11
[476] PAC: 2013b, S. 21
[477] PAC: 2013c, S. 26

3.17.3 Aufgaben und Diskussionsstellungen

1. Bitte ordnen Sie den Begriff Industrie 4.0 bzw. die Vierte Industrielle Revolution in den Kontext der bisher kennengelernten Industriellen Revolutionen ein. Welche Veränderungen haben stattgefunden?
2. Bitte versuchen Sie mit eigenen Worten zu beschreiben, wie eine Smart Factory in der Industrie 4.0 funktioniert!
3. Welche Auswirkungen des Internets der Dinge, der Digital Transformation etc. können Sie sich in der Beschaffung vorstellen?
4. Welche Auswirkungen des Internets der Dinge, der Digital Transformation etc. können Sie sich in der Produktion vorstellen?
5. Welche Auswirkungen des Internets der Dinge, der Digital Transformation etc. können Sie sich in der Logistik vorstellen?
6. Welche Auswirkungen des Internets der Dinge, der Digital Transformation etc. können Sie sich im Vertrieb und Service vorstellen?
7. Bitte erläutern Sie mit eigenen Worten, für welche Zwecke Marktforschungsunternehmen beauftragt werden!
8. Bitte identifizieren Sie ein Thema, für das Sie heute ein Marktforschungsunternehmen einsetzen würden und formulieren Sie möglichst konkret eine Aufgabenstellung für dieses! (Alternativ: ... eine Aufgabenstellung im Umfeld des Cloud Computings!)

3.18 tbd – to be determined

3.18.1 Kurzbeschreibung

3.18.1.1 Anmerkungen zur Wahl der Überschrift

Die Kapitelüberschrift besteht mit *tbd* aus einer Abkürzung, die in den Wortschatz der (Büro-) Geschäftswelt Einzug gefunden hat. *tbd* kann für *to be determined* | *done* | *definied* | *discussed* (deutsch: noch fertigzustellen | festzulegen | zu definieren | zu diskutieren) stehen und wird regelmäßig dann in Schriftstücken, Vorlagen und Präsentationsmaterialien genutzt, wenn der eigentliche, an der entsprechende Stelle geplante, Inhalt noch nicht vorhanden oder finalisiert ist.[478]
Die Überschrift steht daher sinnbildlich für die (naturgemäß) noch nicht bekannte Zukunft. Das vorliegende Kapitel möchte dementsprechend zum Nachdenken über die Zukunft, d. h. über zukünftige Meilensteine und Trends der Betriebswirtschaft anregen.

3.18.1.2 Ausgewählte Prognosen

Versuche, die Zukunft vorherzusagen, wurden und werden häufig angestellt. Das Volk der Maya, Nostradamus und Kassandra sind bekannte historische Prognostiker. Die vom Präsidenten der Vereinigten Staaten von Amerika im Jahr 1977 eingesetzte Expertenkommission, welche den Bericht ‚Global 2000' über die Entwicklung der Umweltbedingungen auf der Erde vorgelegt hat, die Firma Apple mit ihrem Zukunftsversprechen, dass ihr 1984 nicht wie das orwellsche 1984 wird[479] und der deutsche Zukunftsforscher Matthias Horx sind exemplarische Vertreter der jüngsten Zeit.
Manche der getätigten Vorhersagen sind eingetreten, andere hingegen nicht und bei einer dritten Gruppe kann hierüber zum gegenwärtigen Zeitpunkt noch keine Aussage getroffen werden. Die Güte von Vorhersagen scheint allerdings nicht zwingend mit Fachkenntnis einherzugehen, wie die folgende

---

[478] Weitere verbreitete Abkürzungen und ihre Nutzungsmöglichkeiten gibt die folgende subjektiv zusammengestellte und nicht abschließende Liste wieder: *asap*, as soon as possible (genutzt, wenn etwas schnellstmöglich erledigt werden soll); *btw*, by the way (genutzt, wenn abweichend vom Hauptthema noch eine Nebensache angesprochen werden soll); *eob*, end of business (genutzt, wenn etwas bis zum Ende des Tages geschehen soll; meist synonym: *eod*, end of day); *fyi*, for your information (genutzt, wenn etwas zur Information und nicht mit der Bitte um Erledigung ö. ä. kommuniziert wird); *KPI*, Key Performance Indicator (genutzt, um über eine Kennzahl zu sprechen); *wip*, work in progress (genutzt, um die Arbeitsversion eines Dokuments zu kennzeichnen). Die Einbettung englischer Vokabeln und Abkürzungen in den deutschen (Geschäfts-) Sprachschatz wird auch als *Denglisch* bezeichnet und kann durchaus kritisch betrachtet werden.
[479] Vgl. Kapitel 3.10.1.3

Auswahl von nicht eingetretenen Vorhersagen aus der jüngeren und jüngsten Vergangenheit zeigt:[480]

- *Everything that can be invented has been invented.* Charles Duell, Patentbehörde der USA, 1899
- *We don't like their sound, and guitar music is on the way out.* Decca Recording Co. bei ihrer Absage an The Beatles, 1962.
- *If anything remains more or less unchanged, it will be the role of woman.* David Riesman, amerikanischer Sozialwissenschaftler, 1967.
- *Who the hell wants to hear actors talk?* H.M. Warner, Mitgründer von Warner Brothers, 1927.
- *I think there is a world market for maybe five computers.* Thomas Watson, Aufsichtsratsvorsitzender von IBM, 1943.
- *The telephone has too many shortcomings to be seriously considered as a means of communications.* Western Union, internes Memorandum, 1876.

3.18.1.3 Methodische Hilfsmittel für Zukunftsbetrachtungen

Das Verhalten von Entitäten in der Zukunft wird zwar regelmäßig als ungewiss betrachtet, dennoch gibt es einige methodische Hilfsmittel um aufzuzeigen, wie sich bestimmte Faktoren in der Zukunft darstellen könnten. Zum einen ist die Prämisse über Entwicklungen im Zeitverlauf relevant, welche für die jeweiligen Überlegungen zu Grunde gelegt wird. Verschiedene Vorstellungen können unterschieden werden (vgl. Abbildung 33):[481]

- *Lineare Entwicklung:* Wissen, Erfahrungen etc. bauen auf Vorhandenem auf, entwickeln sich stetig weiter und folgen dabei einer linearen Entwicklung aus der Vergangenheit, wie es beispielsweise Darwin in seinen Beiträgen zur Evolutionstheorie skizziert.
- *Stufenweise Entwicklung:* Verbesserungen und Weiterentwicklungen verlaufen nicht stetig, sondern mit Hilfe von Sprüngen, wie sie zum Beispiel in der Abfolge von These, Gegenthese und Synthese zu finden sind oder wie sie Marx in der Nachfolge des Sozialismus auf den Kapitalismus und als Vorläufer zum Kommunismus sieht.
- *Wellenförmige Entwicklung:* Im Zeitverlauf ändern sich Richtung oder Intensität der Weiterentwicklung, wie beispielsweise weiter oben mit Hilfe bei Moden, Trends und Hypes gezeigt wurde.[482]
- *Kreisförmige Entwicklung:* An die religiöse Vorstellung der Reinkarnation angelegtes Gedankenkonstrukt, bei dem beispielsweise nach dem

---

[480] Die nachfolgenden in kursiver Schrift gesetzten Zitate sind entnommen aus: RBSC: 2011, S. 15-16
[481] Vgl. RBSC: 2011, S. 14
[482] Vgl. Kapitel 3.16.2

Überkommen einer Herausforderung (z. B. die Pest) eine neue auf-
taucht (z. B. HIV).
- *Ereignisgetriebene Entwicklung:* Veränderungen treten nach gewissen
  singulären Ereignissen auf, wie es z. B. bei der Umweltschutzbewe-
  gung nach dem Atomreaktorunglück von Tschernobyl 1986 oder den
  Sicherheitsbedürfnissen nach den Attentaten vom 11. September 2001
  zu beobachten war.
- *Chaotische Entwicklungen:* Auf den ersten Blick nicht erkennbare
  Muster oder Bewegungen, die sich scheinbar chaotisch gestalten.

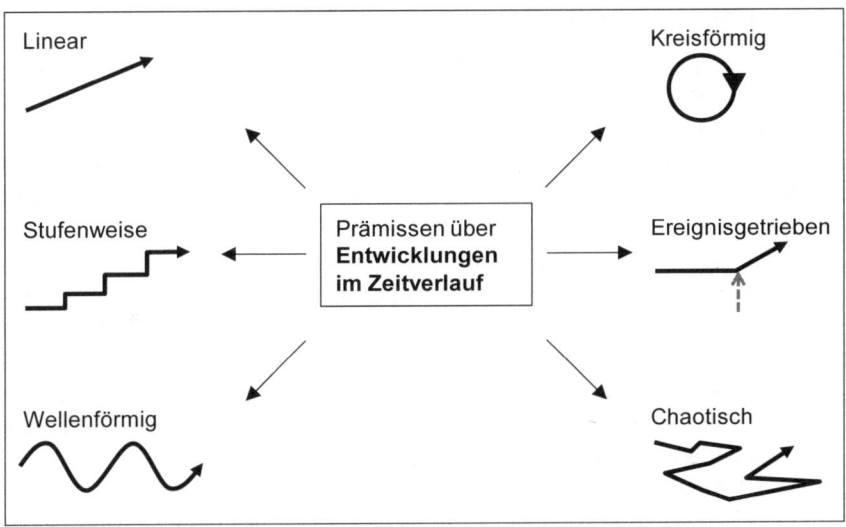

Abbildung 33: Annahmen über zeitliche Entwicklungen

Zusätzlich zu obigen Annahmen können zum anderen die Anwendung verschiedene Ansätze oder Methoden hilfreich sein, um Unsicherheiten über zukünftige Entwicklungen abzubauen und ggf. Prognosen aufzustellen. Die unternehmerische Domäne des Strategischen Managements greift hierauf regelmäßig zurück.[483] Nachfolgend werden drei Ansätze exemplarisch kurz dargestellt:
- Analog der Belohnungsgeschichte rund um ein *Schachbrett und Reis-
  körner* können Entwicklungen, die zunächst unscheinbar oder langsam
  aussehen, signifikante Auswirkungen zeigen und große Geschwindig-
  keit aufnehmen. Beeindruckende exponentielle Entwicklungen erhalten

---

[483] Vgl. beispielsweise Büchler: 2014, S. 40-56 oder Welge, Al-Laham: 2012, S. 414-438

jedoch durch Überführung in eine logarithmische Darstellungsform eine einfachere Struktur.[484]

- Die *Spieltheorie* hilft, nicht nur egozentrisch das eigene Verhalten zu betrachten, sondern auch Reaktionen Dritter zu bedenken und diese in das eigene Kalkül mit aufzunehmen.[485]
- Durch die Identifikation von *Pfadabhängigkeiten* und bereits begonnener Entwicklungen, deren weiterer Verlauf gut prognostizierbar ist, können Rahmenparameter für die eigene zukünftige Umfeld fixiert werden.[486]

3.18.1.4 Exemplarische Anwendung: Industrieproduktion in China

Die zukünftige Entwicklung von China zählt zu den volks- und betriebswirtschaftlich sowie geopolitisch dominierenden Fragestellungen. China ist der bevölkerungsreichste Staat der Erde und hat das zweithöchste Bruttoinlandsprodukt.[487] Das Bruttoinlandsprodukt pro Kopf ist hingegen relativ gering und beträgt circa ein Siebtel des deutschen. Hieraus kann wiederum auf ein signifikantes grundsätzliches Wachstumspotenzial geschlossen werden, dessen Freisetzungszeitpunkt und -intensität jedoch noch offen ist.

In der jüngeren und jüngsten Presseberichterstattung wird über den sog. Aufstieg Chinas berichtet und eine neue ‚gelbe Gefahr' skizziert.[488] Beleuchtet man die Entwicklung Chinas allerdings in einem größeren Kontext, wie es z. B. Kissinger versucht, so kann erkannt werden, dass das Vorgehen weniger offensiv-aggressiv ausgerichtet, jedoch mit einem Restaurationsbedürfnis der traditionellen Zentrumsrolle ausgestattet ist.[489]

Einige Überlegungen bauen die sich entwickelnde Macht Chinas als Gefahrenszenario auf und greifen dabei oft auf lineare Fortschreibungen vergangener Entwicklungen zurück. Ihnen können jedoch Überlegungen entgegengestellt werden, wie sie Hamlin trifft, wenn er eine beschränkte Bewegungsfähigkeit für die chinesische Industrie in den nächsten Dekaden für nicht unwahrscheinlich hält. Die Überlegungen basieren dabei auf den o. g. Pfadabhängigkeiten und reflektieren bereits begonnene Entwicklungen und wahrscheinliche Ergebnisse:

---

[484] Vgl. Kurzweil: 2005; Chakravorti: 2003
[485] Vgl. exemplarisch als Übersicht: Wölfle: 2014, S. 179-185
[486] Vgl. Schwartz: 1998, 2004 oder als Beispiel die oben besprochene Berechnung der Bevölkerungsentwicklung (vgl. Kapitel 3.15.2.1)
[487] Vgl. Weltbank: 2014a, 2014b
[488] Vgl. o. V.: 1957b; Dahlkamp et al.: 2007
[489] Vgl. Kissinger: 2011

China's One-Child Policy Is Crippling Industry

Lin Chang Jie is battling to save his family's business, which makes towels, cushions, and robes in the eastern Chinese city of Ningbo. The main threat he faces is a dwindling supply of workers, which forces him to pay higher wages. "I have to find a new way," says Lin, 29, who is attempting to transform his Dejin Textile into an online fashion retailer in order to shrink headcount and keep the business from closing. "Wages are going up, up, up," he says. "If we don't like somebody's work we can't say anything, in case they leave."

Manufacturers such as Lin are caught in a demographic trap. China instituted a one-child policy in 1979 to constrain population growth and foster prosperity for the next generation. The byproduct of that policy is an accelerating decline in the pool of young and largely unskilled labor that is the mainstay of mainland factories churning out low-margin goods such as clothes, toys, and furniture. United Nations projections show that the country is at a tipping point: The number of 15- to 24-year-olds is set to fall by 62 million people—or more than 27 percent—to 164 million people, in the 15 years through 2025.

The resulting upward pressure on wages is forcing mainland companies to upgrade to higher-value products, as Japan did in the 1960s and '70s. China may have as few as five years to make the transition to avoid a slump in economic growth, according to Mingchun Sun, an analyst at Daiwa Capital Markets in Hong Kong and a former economist at China's State Administration of Foreign Exchange, part of the central bank. [...][490]

Die industrielle Entwicklung in China sieht sich mit den Auswirkungen der Ein-Kind-Politik konfrontiert. Hier kann es zu einem signifikanten Einbruch der Produktion durch fehlende Arbeitskräfte kommen, dem wiederum durch eine Neuorientierung der Wirtschaftssubjekte begegnet werden kann. Diese Neuorientierung könnte beispielsweise in einer Reduktion der Produktionsmenge liegen oder in einer forcierten Verlagerung der Produktion von eher geringwertigen zu eher höherwertigen Gütern.

Ein weiterer Anstieg des Bruttoinlandsproduktes, das sich in seinem Volumen pro Kopf an das westlicher Industrienationen annähert, ist nicht unwahrscheinlich. Offen ist jedoch die Frage, ob die zukünftigen Wachstumsraten denen aus den Jahren um die Jahrtausendwende ähneln oder ob sie sich mittelfristig abschwächen.

Abbildung 34: Zukünftige Rollen und Wahrnehmung Chinas

---

[490] Hamlin: 2008.

3.18.2 Fragen über die Zukunft

Im Folgenden sollen keine Inhalte präsentiert, sondern Fragen gestellt und zum Nachdenken über die nähere und weitere Zukunft angeregt werden:

- Wie werden Sie im nächsten Semester studieren? Wie Ihre Kinder in 25 Jahren? Wie Ihre Enkelkinder in 50 Jahren?
- Wie lange werden wir arbeiten? (65? 67? 70? 91?)
- In was für einem Unternehmen werden Sie Ihr Arbeitsleben starten?
- Wie wird dieses in 10, 15, 20, 50 Jahren aussehen?
- Werden Computer bzw. Roboter so automatisiert sein, dass Sie unsere Arbeit (bzw. einen Teil? Welchen?) übernehmen können?
- Wie sieht in Zukunft ein Auto aus?
- Wie werden wir in Zukunft Urlaub machen?
- Wo werden wir in Zukunft Urlaub machen?
- Wie verändert sich die geopolitische Lage?
- Welche Wirtschaftsmächte werden aufstreben, welche zu Grunde gehen?
- Wie wird sich die demografische Lage in Deutschland, in Europa, in China und in Afrika entwickeln?
- Warum erwirbt China große Flächen Land in Afrika?

3.18.3 Aufgaben und Diskussionsstellungen

1. Aus welchem Grunde scheint es attraktiv zu sein, Voraussagen über zukünftige Entwicklungen zu tätigen?
2. Sie haben verschiedene Prämissen über Entwicklungen im Zeitverlauf kennengelernt. Bitte beschreiben Sie die stufenweise, die wellenförmige und die ereignisgetriebene Entwicklung mit eigenen Worten!
3. Warum scheinen exponentielle Entwicklungen, wenn man Teil dieser Entwicklung ist, überraschend zu sein? Wie kann man exponentielle Entwicklungen „beherrschbarer" machen?
4. Welchen Beitrag kann die Spieltheorie zur Prognose zukünftiger Entwicklungen leisten?
5. Was versteht man unter Pfadabhängigkeiten? Warum können Sie für Prognose der Zukunft relevant sein?
6. Bitte diskutieren Sie ausführlich über drei ausgewählte Fragen aus Kapitel 3.18.2!

4 Kurzer Abriss einer Zeittafel der Betriebswirtschaft

Nachfolgend sollen ausgewählte Episoden der Betriebswirtschaft aufgeführt werden. Hierbei werden einige der Ereignisse aus den oben vorgestellten Meilensteinen und Trends (Kapitel 3) sowie Grundlagen (Kapitel 2) berücksichtigt. Ergänzend werden Episoden aufgeführt, die zum einen zeitlich weiter in die Vergangenheit zurückreichen als die Zweite Industrielle Revolution, die für die Meilensteine als zeitlicher Ausgangspunkt dient und die zum anderen zusätzliche Facetten bieten, ohne hier jedoch den narrativen Charakter der Meilensteine aufzubereiten.[491]

Zur Wiederholung und der Übersichtlichkeit halber wird hier nochmal die weiter oben vorgestellte Übersicht der zeitlichen Epochen, in denen sich die Geschichtswissenschaft typischerweise bewegt, abgebildet (vgl. die nachfolgende Abbildung 35[492]).

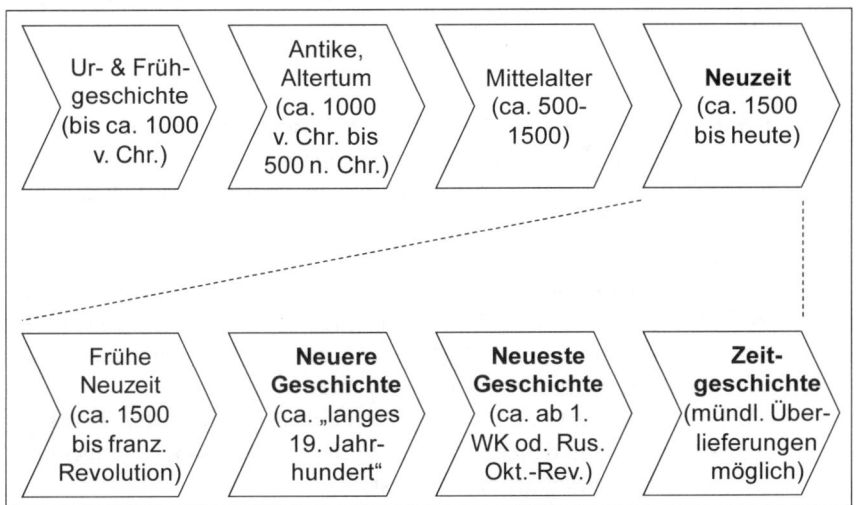

Abbildung 35: Zeitliche Gliederung der Geschichtswissenschaft

---

[491] Vgl. für die Quellen zum einen die einzelnen Abschnitte zu den Meilensteinen sowie ergänzend beispielsweise: Borchardt: 1978, z. B. S. 19; Brockhoff: 2012, S. 91-198; Robbins, Coulter: 2014, S. 52-65; Schärle: 2003, S. 18-28; Straub: 2012, S. 24-25; Thommen: 2013; Wöhe, Döring: 2010, S. 13-24; Cameron, Neal: 2003.

[492] Hinweis: Die Abbildung ist eine Wiederholung von Abbildung 2 weiter oben.

Dem Verfasser ist bewusst, dass ein Abriss der Historie der Betriebswirtschaft – und sei es auch ein kurzer – in Form einer Zeittafel gewisse Erwartungen an den Umfang und die inhaltliche Ausgestaltung beim Leser weckt, aber gleichzeitig auch mit Grenzen konfrontiert wird – die Frage nach der Auswahl von einzelnen Punkten für die Zeittafel ist dabei nur die offensichtlichste.[493] Auch sollte eine Zeittafel nicht losgelöst von allgemeinen wirtschaftlichen und gesellschaftlichen Entwicklungen betrachtet werden und der Begriff der Betriebswirtschaft wird im Folgenden bewusst weiter ausgelegt als in den weiter oben vorgenommenen Begriffsbestimmungen. Unbeschadet der Vorbehalte wird eine Sammlung von Ereignissen in Form einer Zeitreihe präsentiert.

Frühgeschichte:
- **Ca. 8.000 v. Chr.**: Kleine Gegenstände werden in Babylonien für die **Repräsentation** von Beständen und Leistungen genutzt.
- **Ca. 4.000 v. Chr.**: Erste **Ansätze kaufmännischen Denkens** in Babylonien und Ägypten.
- **Ca. 2.000 v. Chr.**: In Babylonien wird für die **Abrechnungen** von Arbeitsleistungen ein Schema genutzt, das **Soll-Ist-Gegenüberstellungen** und Überträge in andere Perioden erlaubt.

Antike, Altertum:
- **4. Jahrhundert v. Chr.**: Der Grieche **Xenophon** (ca. 430-355 oder 354 v. Chr.) verfasst „**Oikonomikos**" (von Oikos, gr. für Haus), eine systematische Darstellung der gesammelten landwirtschaftlichen Erfahrungen. Als **Ziele des Wirtschaftens** werden Überschüsse und die Mehrung von Reichtümern anerkannt.
- **4. und 3. Jahrhundert v. Chr.**: In Indien wird ein Text über die **Kontenführung** im Rechnungsbüro des Königs verfasst, in dem eine Vielzahl von Definitionen ebenso enthalten sind, wie Besteuerungsprozeduren oder das Konstrukt der Scheingewinne.
- **Ca. 2. Jahrhundert v. Chr.**: Die Weisheitsbücher des **Alten Testaments** entstehen, in denen u. a. vom Verhalten im Handel, Bestechung und dem **Kreditgeschäft** die Rede ist.
- **Ca. 2. Jahrhundert v. Chr. bis 4. Jahrhundert n. Chr.**: Das **Römerreich** ermöglicht durch seine Ausdehnung eine **Verbreitung von kaufmännischen Praktiken** in Verbindung mit einem weiten Auseinanderfallen von Produktions- und Konsumstätten.

---

[493] Vgl. für eine Diskussion von Chancen und Gefahren, insb. Fehleranfälligkeit und Subjektivität in der Darstellung: Brockhof: 2012, S. 77-89.

- **Ca. 28-34:** Zeitraum von der Taufe bis zur Kreuzigung **Jesu**. 19 seiner 30 Gleichnisse[494] haben einen **wirtschaftlichen** oder sozialen **Kontext**.

Mittelalter:

- **Mittelalter:** Klostergründungen und die Aufteilung der Zeit ihrer Angehörigen zwischen Beten und Arbeiten erweisen sich häufig als wirtschaftlich sehr erfolgreich, indem sie beispielsweise das Berichtswesen verbessern und bereits vorhandenes betriebswirtschaftliches Wissen umsetzen.
- **12. bis 14. Jahrhundert:** In Deutschland entwickeln sich als **Stadt** zu bezeichnende Orte. „Die Stadt mit ihrem Markt war eine ‚Erfindung‘, welche das Problem der **Koordination der frühen arbeitsteiligen Wirtschaft** lösen half und den Produzenten des sekundären und tertiären Sektors die weitgehende Spezialisierung ermöglichte."[495]
- **12. bis 17. Jahrhundert:** Die Deutsche **Hanse** bildet sich zunächst als Gemeinschaft von zumeist norddeutschen Kaufleuten (später von Städten), um insbesondere den Seetransport sicherer zu gestalten, wirtschaftliche Interessen im Ausland zu wahren und ein Handelssystem zu etablieren.
- **14. Jahrhundert:** Die beginnende **Sesshaftwerdung der Fernkaufleute** deutet einen Einschnitt in die Handelsgeschichte an. Geschäfte wurden vom heimischen Kontor aus geführt, die **Handelsfunktion löste sich von der Transportfunktion** und im weiteren Zeitverlauf breitete sich eine Schriftlichkeit sowie (in Deutschland erst später) ein kaufmännisches Rechnungswesen aus.
- **1494:** Auf der Epochengrenze zur Neuzeit beschreibt der italienische Mönch Luca **Pacioli** (ca. 1445-1514) das System der **Doppelten Buchführung** (Dokumentationszwecke und Ziel der Fehlervermeidung). Mit seiner Schrift macht er gleichzeitig das bisher als geheim und Wettbewerbsvorteil betrachtete Wissen um die Buchführung öffentlich.

Neuzeit, frühe Neuzeit:

- **1518:** Der deutsche Henricus **Grammateus** (Heinrich der Schreiber) veröffentlicht ein Schriftstück über das **Rechnungswesen**.
- **16. Jahrhundert:** Hochphase der **Fugger** als **Händler und Bankiers**. Gleichzeitig ein ausgeprägtes **soziales Engagement** durch z. B. die Sozialsiedlung Fuggerei in Augsburg.

---

[494] Auswertung von Sedláček: 2012, S. 170-171
[495] Borchardt: 1978, S. 19

- **1675:** Jaques **Savary** publiziert inmitten der Blütezeit des **Merkanti-lismus** eine Schilderung der Tätigkeit des mittelalterlichen Kaufmanns: Le parfait négociant (Der perfekte Händler).
- **1680er Jahre:** Gottfried Wilhelm **Leibnitz** (1646-1716) beschäftigt sich intensiv mit dem **Zinseszins** und unterstützt seine Anwendbarkeit schließlich.
- **1715:** Paul Jacob **Maperger** fordert (vielleicht als erster), dass Kaufmannswissenschaften an Akademien und **Universitäten** gelehrt werden. In der Folge werden verschiedene Akademien und Fachschulen eingerichtet, eine universitäre betriebswirtschaftliche Lehre im heutigen Sinne startet aber erst 1906 bei Schmalenbach (s. u.).
- **1756:** Carl Günther **Ludovici** (1707-1778) veröffentlicht eine Schrift, die als **betriebswirtschaftliches Lehrbuch** gelesen werden kann, mit dem Titel: Grundriss eines vollständigen Kaufmann-Systems.
- **1769:** James **Watt** erhält ein Patent auf die von ihm signifikant verbesserte **Dampfmaschine**.
- **18. Jahrhundert:** Anne Robert Jaques **Turgot** (1727-1781) beobachtet und expliziert eine **S-förmige Kostenfunktion** für die Landwirtschaft. Der deutsche Landwirt Johann Heinrich **von Thünen** (1783-1850) beschreibt als einer der ersten das **Gesetz des sinkenden Grenzertrages**, wenn z. B. beim Kartoffellesen auf dem Feld die ersten Kartoffeln nach dem Pflügen leicht aufgelesen werden können, später aber größere Anstrengungen unternommen werden müssen, um auch noch kleinere Kartoffeln (mit gegebenenfalls einem den Ertrag übersteigenden Mehraufwand) aus der Erde zu buddeln.
- **Spätes 18. Jahrhundert:** Die **moderne Wirtschaftswissenschaft** wird begründet, hat jedoch zunächst noch ihren Schwerpunkt auf der **volkswirtschaftlichen** Perspektive.
- **1776:** Adam **Smith** (1723-1790) nutzt das Bild einer **unsichtbaren Hand**, um Marktkräfte zu beschreiben: „It is not from the benevolence of the butcher, the brewer, or the baker, that we expect our dinner, but from their regard to their own interest."[496] Während Smith selber ein sehr ausdifferenziertes Menschen- und Gesellschaftsbild verfolgte und die freien Kräfte des Marktes mitnichten über alles andere stellte, wird sein Modell der unsichtbaren Hand in der jüngeren Zeit zu stark vereinfacht und marktliberal dargestellt.
  Ebenfalls wird Smith nachgesagt, das Gedankenmodell des **homo oeconomicus** eingeführt zu haben. Andere Schöpfer sollen jedoch John Stuart **Mill** (1806-1873) und Vilfredo **Pareto** (1848-1923) sein.

---

[496] Smith: 1776, Book I, Chapter II, Paragraph II

Neuzeit, Neuere Geschichte:

- **Zweite Hälfte des 18. und erste Hälfte des 19. Jahrhunderts:** Die (Erste) **Industrielle Revolution** führte in Westeuropa und den USA zu einem Übergang von der Agrar- zu einer Industriegesellschaft.
- **1826:** Heinrich **von Thünen** publiziert seine Überlegungen zur Gestaltung der landwirtschaftlichen Produktion (sog. **Thünensche Ringe**).
- **Ende des 19. und Anfang des 20. Jahrhunderts:** Die **Zweite Industrielle Revolution** führt zu einer Hochindustrialisierung und einem **Aufstieg der Elektro- und Chemieindustrie** in Deutschland (1870er und 1880er Jahre) und zur **Massenproduktion und Fließbandfertigung** in den USA (vgl. insb. den Fordismus und Taylorismus in den 1920er Jahren).
- **1898:** Gründung der ersten **Handelshochschulen** in Leipzig, St. Gallen, Aachen, Wien (nachfolgend: Köln 1901, Frankfurt/Main 1901, Berlin 1906, Mannheim 1907, München 1910, Königsberg 1915, Nürnberg 1919). Diese Entwicklung wird teilweise als **Geburtsjahr der Betriebswirtschaftslehre** bezeichnet, da die Volkswirtschaftslehre als Staatswissenschaft den Ausbildungsbedarf der deutschen Wirtschaftspraxis nicht mehr befriedigen konnte.
- **Anfang des 20. Jahrhunderts:** Eugen **Schmalenbach** (1973-1955) positioniert die Betriebswirtschaftslehre als **angewandte Wissenschaft**. Schmalenbach wurde 1903 habilitiert, 1906 als erster Professor für Betriebswirtschaftslehre (vorher üblich: Handelstechnik) berufen und gilt als Vater der Betriebswirtschaftslehre als eigenständiges Lehrfach.

Neuzeit, Neueste Geschichte:

- **1906-1932: Rechnungswesen** und **Finanzen** waren die **dominierenden Themen** in der führenden Zeitschrift für handelswissenschaftliche Forschung (heute: Schmalenbachs Zeitschrift für betriebswirtschaftliche Forschung, zfbf): Mehr als 75 % der Beiträge widmeten sich diesen Themen.
- **1908:** Gründung von **General Motors**, einem der ersten **multinationalen Unternehmen**, die seit Ende des 19. Jahrhunderts zunächst vereinzelt und begünstigt durch Imperialismus und Industrialisierung, Mitte des zwanzigsten Jahrhunderts dann vermehrt, entstanden.
- **1911:** Frederick Winslow **Taylor** (1856-1915) begründet das **Scientific Management**, in dem die einzelnen Arbeitsschritte eines Arbeiters in der Produktion genau analysiert und optimiert werden. Henry **Ford** setzt viele Empfehlungen im Rahmen seiner Automobilproduktion um.

- **1914:** Das **produzierende Gewerbe** ist erstmals der – gemessen an der Anzahl der Erwerbstätigen – stärkste Wirtschaftssektor in Deutschland (vorher: Land- und Forstwirtschaft, Fischerei).
- **1916:** Henri **Fayol** (1841-1925) betrachtet die Funktionen der Unternehmensführung und der Organisationsstrukturen und schlägt verschiedene Managementprinzipien vor, u. a. das Prinzip der **Einheit der Auftragserteilung** und zur Milderung der möglicherweise entstehenden langen Informations- und Entscheidungswege die Möglichkeit, dass subordinate Hierarchiebenen Informationen direkt austauschen dürfen. Dies wird als **Fayolsche Brücke** bezeichnet.
- **1919/1920:** Heinrich **Nicklisch** veröffentlicht die **Allgemeine Betriebswirtschaftslehre** (Langtitel: Allgemeine kaufmännische Betriebslehre als Privatwirtschaftslehre des Handels (und der Industrie)), deren Folgeauflagen in den nächsten Jahren unter anderen Titeln publiziert werden und so anschaulich die Frage nach der Bezeichnung des Fachs aufzeigen (Zunächst vier Auflagen mit vorgenannter Bezeichnung; 1922 und 1925 zwei Auflagen als Wirtschaftliche Betriebslehre, 1932 die siebte Auflage als Die Betriebswirtschaft).
- **1920er Jahre:** Staatsgetriebene **Massenkonsolidierung und -konzentration** verschiedener Branchen in Deutschland, z. B. Montan- (PREUSSAG), Elektrizitäts- (VEBA) und Industrieunternehmen (VIAG).
- **1929:** Beginn der **Weltwirtschaftskrise** (bis circa 1933).[497]
- **1936: Hitlers** Denkschrift zum sog. **Vierjahresplan**.
- **Erste Hälfte des 20. Jahrhunderts:** Drei Auffassungen oder Schulen über die Betriebswirtschaftslehre lassen sich identifizieren: Normativwertend (ein Wiederaufkeimen der Moralwissenschaften mit z. B. dem Marxismus), empirisch-realistisch (eher induktives Vorgehen), theoretisch (eher deduktives Vorgehen).[498]

---

[497] Vgl. Cameron, Neal: 2003, S. 348-352.
[498] *Normativ-wertende Richtung:* Im Rahmen dieser Auffassung lässt sich zum einen die sogenannte historische Schule nennen, zu der der Marxismus gezählt werden kann. Der hier vorhergesagten Stufen der Weiterentwicklung des Kapitalismus zum Sozialismus und zum Kommunismus führen für einen Betrieb zur Reduktion von Entscheidungskompetenzen, da externe vorgegebene Pläne die Handlungen vorgeben. Zum anderen lässt sich die sogenannte historisch-realistische Schule identifizieren, die durch die Darstellung des Handelns der Vergangenheit induktive Empfehlungen für zukünftige Handlungen aussprechen will sowie eine gesamtwirtschaftliche Sicht einnimmt und dadurch einzelwirtschaftliche Betrachtungen überflüssig machen möchte. *Empirisch-realistische Richtung:* Diese wertfreie Auffassung will mit scharfer Analytik Empirie und verallgemeinernde Theorie verbinden. Es wird mit ceteris paribus-Konstrukten und isolierter Abstraktion gearbeitet. Das Vorgehen ist meist induktiv, d. h. es wird vom Einzelfall auf das Ganze geschlossen. *Theoretische Richtung:* Diese ebenfalls wertfreie Auffassung bedient sich mathematischer Funktionen und logischer Aussagen, um die betriebswirtschaftliche Welt zu beschreiben. Das Vorgehen ist hier meist deduktiv, d. h. es wird vom Ganzen auf den Einzelfall geschlossen. Vgl. Brockhoff: 2012, S. 127-134.

Neuzeit, Zeitgeschichte:

- **1945-1990:** Existenz einer **planwirtschaftlichen Wirtschaftsordnung** in der SBZ bzw. DDR.
- **1948:** Inkrafttreten der **Währungsreform** in Westdeutschland, welches regelmäßig als Startpunkt für das einsetzende sogenannte **Wirtschaftswunder** (bis 1973) interpretiert wird.
- **1948:** Inkrafttreten des **General Agreement on Tariffs and Trade, GATT** (deutsch: Allgemeine Zoll- und Handelsabkommen), dem die BRD 1951 beigetreten ist und das durch den Abbau von Zöllen und anderen Handelshemmnissen den internationalen Handel für Unternehmen stark vereinfacht hat. GATT wurde 1995 durch die Welthandelsorganisation (engl. World Trade Organization, WTO) abgelöst.
- **1951:** Erich **Gutenberg** (1897-1984) veröffentlicht den ersten Band seines dreiteiligen wissenschaftlichen Lehrwerks (Band 1: Die Produktion, 1951; Band 2: Der Absatz, 1955; Band 3: Die Finanzen, 1969). Hier wird z. B. die landwirtschaftliche Kostenfunktion um eine Funktion für die industrielle Produktion ergänzt. Gutenberg wird als Begründer der modernen Betriebswirtschaftslehre in Deutschland gesehen.
- **Zweite Hälfte des 20. Jahrhunderts:** Im Verlauf der Zeit haben sich zwei wissenschaftliche **Grundausrichtungen der Betriebswirtschaftslehre** herausgebildet, die sich teilweise ergänzen und teilweise widersprechen. Zum einen die **klassische ökonomisch-rationale Perspektive**, in der ein Unternehmen als homo oeconomicus interpretiert wird und das über Ziele, Strategien, Stellhebel und Ursache-Wirkungs-Zusammenhänge gesteuert werden kann. Zum anden die **systemisch-evolutorische Perspektive**, die eine nicht vorhersehbare Eigendynamik von Prozessen sowie eine nur beschränkte Steuerbarkeit von Systemen unterstellt.
- **1963:** Einführung des **NÖSPL** in der DDR.
- **1964:** Die Unternehmensberatung **McKinsey & Company** eröffnet ihr **erstes Büro in Deutschland** (in Düsseldorf) und bildet einen Brückenkopf für den **Transfer von Managementtechniken** und -moden, die häufig aus den USA stammen und in Deutschland adaptiert werden.
- **1965:** Im Rahmen der **Teilprivatisierung der VEBA** werden Aktien explizit an Kleinsparer ausgeteilt. Die VEBA-Aktie wird als **Volksaktie** bezeichnet.
- **1967:** Reform des NÖSPL durch das **ÖSS** in der DDR.
- **1969:** Alfred D. **Chandler** Jr. postuliert **Structure follows Strategy.**
- **1970er Jahre:** Einsetzen der **Dritten Industriellen Revolution** durch die Nutzung von IT und Elektronik zur weiteren Automatisierung der Produktion.

- **1970er Jahre:** Die verhaltenswissenschaftlich fundierte Betriebswirtschaftslehre ergänzt die ökonomischen Ziele des Unternehmens um **soziale Ziele** (systemorientierter Ansatz, verhaltensorientierter Ansatz).
- **1972:** Der **Dienstleistungssektor** ist erstmals der – gemessen an der Anzahl der Erwerbstätigen – stärkste Wirtschaftssektor in Deutschland.
- **1973:** Die OPEC drosselt die Erdölförderung, was zu einer **Ölpreiskrise** führt und das Ende des Wirtschaftswunders (seit 1948) anzeigt.
- **1980er Jahre:** Die verhaltenswissenschaftlich fundierte Betriebswirtschaftslehre ergänzt die ökonomischen und sozialen Ziele des Unternehmens um **ökologische Ziele** (umweltorientierter Ansatz).
- **1984:** Markteinführung des **Apple Macintosh** und Ausstrahlung des **Werbespots „1984"** durch Apple im Rahmen des Super Bowl.
- **1990er Jahre:** Die verhaltenswissenschaftlich fundierte Betriebswirtschaftslehre ergänzt die ökonomischen, sozialen und ökologischen Ziele des Unternehmens um **ethische und moralische Rechtfertigungsprüfungen.**
- **Seit den 1990er Jahren:** Beginn einer umfangreicheren **Outsourcing**-Welle, in deren Rahmen insb. westliche Unternehmen große Teile ihrer IT an Dritte auslagern. In Verbindung mit der Verlagerung von Arbeiten in Länder mit relativ geringen Arbeitskosten wird auch von **Offshoring** gesprochen.
- **Ab 1990:** Die **Treuhandanstalt** privatisiert das DDR-Wirtschaftsvermögen.
- **Ende des 20. Jahrhunderts:** Der bereits von Coase in den 1930er Jahren angedachte **institutionenökonomische Ansatz** erfährt große Popularität. Wesentliche Beiträge sind in der **Informationsökonomie** (Gegenstand: Informationsasymmetrie bei Vertragsabschlüssen), der **Transaktionskostentheorie** (Gegenstand: Betrachtung der Vorteile von Markt bzw. Hierarchie), dem **Property-Rights-Ansatz** (Gegenstand: Beeinflussung der Wirtschaftssubjekte durch die Verteilung von Verfügungsrechten) sowie dem **Principal-Agent-Ansatz** (Gegenstand: Optimale Beziehung in einer vertraglichen Über-Unterordnungs-Situation) zu sehen.
- **1992:** Robert S. **Kaplan** und David P. **Norton** stellen das Konzept der **Balanced Scorecard** vor.
- **1994:** Die Firma **Netscape** bringt die Version 1.0 des **Internet-Browsers Navigator** als Verbesserung des MOSAIC-Browsers, dessen Version 1.0 seit 1993 erhältlich war, auf den Markt. Dies wird als Geburtsstunde der Massennutzung des Internets gesehen. Die Weiterentwicklung des Netscape Navigators endet 2008.

- **1995:** Microsoft-Chef Bill Gates spricht von der Vision der **Information at your Fingertips.**
- **1996:** Im Vorfeld des ersten **Börsengangs der Deutschen Telekom** wurden mit viel Öffentlichkeitsarbeit Kleinsparer sehr erfolgreich zum Aktienkauf animiert. Auch die Telekom-Aktie wird als **Volksaktien** bezeichnet.
- **2000: Vodafone** übernimmt **Mannesmann** für ca. 190 Mrd. Euro nach einer Übernahmeschlacht. Dies ist die bis dahin **teuerste Übernahme aller Zeiten.**
- **Beginn des 21. Jahrhunderts:** Die zwei weiter oben vorgestellten Grundausrichtungen der Betriebswirtschaftslehre (ökonomisch-rationale Perspektive, systemisch-evolutorische Perspektive; vgl. den Eintrag zur zweiten Hälfte des 20. Jahrhunderts) haben sich weiter ausdifferenziert. Sechs verschiedene wichtige Ansätze bzw. Perspektiven auf das Erfahrungsobjekt Unternehmen können unterschieden werden: **Entscheidungsorientierter Ansatz:** Betriebswirtschaftliche Entscheidungen stehen im Fokus. Schwerpunkt sind Zielsetzungs- und Zielerreichungsprozesse; **Systemorientierter Ansatz:** Das Unternehmen wird als System betrachtet, das selber aus verschiedenen Systemen besteht und vielfältig verknüpft ist; methodische Grundlagen sind hier die Systemtheorie und Kybernetik; **Situativer Ansatz:** Umwelteinflüsse, z. B. Technik und Gesetze, haben eine besondere Relevanz für Unternehmen und sind in unterschiedlichen Situationen unterschiedlich relevant; **Verhaltensorientierter Ansatz:** Behavioral Approach. Versuch, allgemeine Theorien menschlichen Verhaltens auf Märkte und Organisationen zu übertragen; **Institutionenökonomischer Ansatz:** Überlegungen, ob sich wirtschaftliche Aktivitäten besser durch Märkte oder durch Hierarchie erledigen lassen. Weitere Unterteilung in: Property-Rights-Theorie, Transaktionskosten-Theorie, Prinzipal-Agent-Theorie; sowie **Systemisch-konstruktivistischer Ansatz:** Verbindung systemtheoretischer und konstruktivistischer Aspekte und Transfer auf Organisationen, so dass die Organisation als komplexes Multi-System und die Wirklichkeit nicht als etwas Objektives, sondern subjektiv Konstruiertes betrachtet wird.
- **2001:** Der Begriff **BRIC** (für die Ländergruppe Brasilien, Russland, Indien, China; später ergänzt um ein S für Südafrika zu BRICS) wird geprägt und bezeichnet eine Gruppe von schnell wachsenden Schwellenländern.

- **2010er Jahre: Generation Y, Frauenquote** und weitere **Diversity-**Aktivitäten beginnen die (Personal-) Arbeit in Betrieben deutlich zu verändern.

- **2010er Jahre:** Die Diskussion über eine möglicherweise kommende **Vierte Industrielle Revolution** findet erstmals in einer breiteren Wirtschaftsöffentlichkeit statt. Für die Zukunft wird u. a. das Bild einer **Smart Factory** und von Cyber-Physical-Systems entworfen.

- **2010:** Mit einem Volumen von 23,1 Mrd. USD gelingt **General Motors** der **weltweit größte Börsengang.** Zum Vergleich: Der Börsengang der Deutschen Telekom 1996 hatte ein Volumen von 12,5 Mrd. USD und liegt auf Rang 10, Facebook kam 2012 auf 16 Mrd. USD und Rang 8.

- **2011-2012:** Staatliche und private **chinesische Unternehmen übernehmen** 23 größere **deutsche Mittelständler** bzw. große Anteile (z. B. Pfaff, Medion). In den zehn Jahren zuvor waren es insgesamt nur 17.

- **2012: Das chinesische Unternehmen Alibaba** wird zum **weltweite größten Online-Händler** mit einem Bruttohandelsvolumen von 171,2 Mrd. USD. Dies ist mehr, als das kombinierte Volumen von Amazon (87,9 Mrd. USD) und eBay (67,8 Mrd. USD).[499]

- **2013:** Die renomierte **Encyclopaedia Britannica** zieht sich nach 244 Jahren aus dem Geschäft mit gedruckten Lexika zurück. Das Geschäftsmodell des Unternehmens hat sich bereits im Vorfeld weiterentwickelt und setzt auf Online-Lexika und digitale Lernumgebungen.

---

[499] o. V.: 2013a, S. 24 unter Zuhilfenahme von Geschäftsberichten der Unternehmen und Daten von Morgan Stanley.

Anhang: Ausgewählte Hinweise für die Erstellung wissenschaftlicher Texte

Allgemeines:
- Eine wichtige Kategorie wissenschaftlicher Texte stellen Abschlussarbeiten im Rahmen eines Studiums dar. Durch sie soll gezeigt werden, dass ein Problem aus dem Fach innerhalb einer vorgegebenen Frist selbständig nach wissenschaftlichen Erkenntnissen und Methoden bearbeitet werden kann.
- Argumentationen sind so wiederzugeben, dass sie intersubjektiv nachvollziehbar sind.
- Ausführungen, die von anderen wörtlich oder sinngemäß entnommen wurden, sind als solche kenntlich zu machen.
- Das Zitieren fremder Quellen ist eine wesentliche Grundlage wissenschaftlichen Arbeitens.
- Es gibt verschiedene Richtlinien zur Formatierung und zur Zitierweise, die z. B. von Zeitschriften oder Gemeinschaften von Wissenschaftlern erstellt und angewendet werden. Für die Bearbeitung von Abschlussarbeiten empfiehlt sich die Abstimmung mit dem Betreuer über die Frage, welche Zitierrichtlinien zu befolgen sind. Weiter unten findet sich ein Beispiel für ein solches Regelwerk.
- Unterschieden werden (i) das Zitat, das sich meist im Text befindet, (ii) der Kurzbeleg, der meist in einer Fußnote, auf die durch eine hochgestellte Zahl im Text als Verweis referenziert wird und der einen eindeutigen Hinweis auf (iii) den Literaturbeleg für die genutzte Quelle gibt und der in einem besonderen Literaturverzeichnis zu finden ist.

Zitate:
- Wörtliche Übernahmen stehen in Anführungszeichen, sinngemäße Zitate werden im Rahmen des Kurzbelegs z. B. durch ein „vergleiche", kurz: „vgl.", gekennzeichnet.
- Bei wörtlichen Zitaten ist der zitierte Text so zu übernehmen, wie er vorgefunden wird, d. h. auch mit Hervorhebungen, Rechtschreibfehlern etc. Werden Hervorhebungen des ursprünglichen Autors durch den Verfasser verändert, so ist dies beim Kurzbeleg (s. u.) beispielsweise durch die Ergänzung „im Original mit Hervorhebungen" / „Hervorhebungen durch den Verfasser anzuzeigen".
- Auslassungen in einem wörtlichen Zitat werden durch eine eckige Klammer und drei Punkte gekennzeichnet: „[...]".

- Einlassungen oder Ergänzungen in wörtlichen Zitaten werden genutzt, um Erklärungen hinzuzufügen, die sich dem Leser aus der eigentlichen Zitatstelle heraus nicht erschließen. Sie werden in eckige Klammern gesetzt und mit den Initialen des Verfassers oder einem anderen Hinweis auf den Verfasser gekennzeichnet: „[erklärende Einlassung, TD]" oder „[erklärende Einlassung, d. Verf.]".

- Eine doppelte Buchführung ist zu beachten: Alle zitierten Quellen sind auch im Literaturverzeichnis aufzuführen und alle im Literaturverzeichnis aufgeführten Quellen sind auch im Text zu nutzen.

Kurzbelege:

- Kurzbelege bilden die Verknüpfung zwischen der zitierten Textstelle und den ausführlichen Literaturbelegen im Literaturverzeichnis.

- Sie bestehen aus dem Nachnamen des Autors und der Jahreszahl der Publikation. Sinngemäße Zitate werden durch ein „vgl." gekennzeichnet.

- Wird auf eine konkrete Stelle verwiesen, so wird eine Seitenzahl oder ein Seitenbereich hinzugefügt.

- Hat eine Quelle zwei oder drei Autoren, so werden ihre Namen mit einem Semikolon getrennt.

- Hat eine Quelle eine Vielzahl von Autoren so werden diese meist nicht vollzählig aufgeführt, sondern mit „et alii", kurz: „et al.", abgekürzt.

- Ist kein Autor bekannt, so wird an der Stelle des Namens die Abkürzung „o. V." für „ohne Verfasser" gesetzt.

- Ist kein Datum bekannt, so wird an die Stelle der Jahreszahl die Abkürzung „o. D." für „ohne Datum" gesetzt.

- Werden mehrere Literaturbelege in einer Fußnote aufgeführt, so sind sie durch ein Semikolon voneinander zu trennen.

- Werden mehrere Werke von einem oder mehreren Autoren zitiert, die alle in einem Jahr erschienen sind, so wird die Jahreszahl um einen fortlaufenden Kleinbuchstaben ergänzt.

Beispiele für Kurzbelege:

- Ein Autor:
Vgl. Müller: 2006, S. 34

- Zwei oder drei Autoren:
Müller, Meier: 2007, S. 2-4
Müller, Meier, Schulze: 2002, S. 12

- Vier oder mehr Autoren:
Vgl. Müller et al.: 2012, S. 14-17

- Kein Autor bekannt:
o. V.: 2013, S. 1-3

- Kein Publikationsdatum bekannt:
  Bauer: o. D., S. 1-3
- Mehrere Literaturbelege in einer Fußnote:
  Vgl. Bauer: 2006, S. 34; Müller: 2012, S. 8
- Mehrere Arbeiten eines Autors aus einem Jahr:
  Vgl. Bauer: 2006a, 2006b; Müller: 2012, S. 8

Literaturbelege:

- Literaturbelege werden im Literaturverzeichnis alphabetisch geordnet. Hierbei spielt es keine Rolle, um welchen Typ es sich handelt (z. B. Journal, Monografie, Internet).
- Bei mehreren Werken eines oder mehrerer Autoren erfolgt eine chronologische Sortierung als Ordnungskriterium.
- Falls notwendig, werden Einzelautoren vor Autorengruppen genannt.
- Dem Literaturbeleg vorangestellt wird oftmals noch der benutzte Kurzbeleg, um so dem Leser die Orientierung zu vereinfachen.
- Der Literaturbeleg beginnt mit dem oder den Namen der Autoren sowie dem abgekürzten Vornamen, nennt dann den Titel des zitierten Werkes und gibt anschließend weitere Informationen zur Identifikation des zitierten Werkes.

Beispiele für Literaturbelege:

- Bücher werden in der Form „Name, abgekürzter Vorname, Buchtitel, Verlagsname ohne Rechtsform und (zumeist) ohne „Verlag", Verlagsort, Erscheinungsjahr" aufgeführt:
  Bauer: 2013
  Bauer, K.: Das Buch in der Welt. Sprenger, Iserlohn 2013.
- Bei Zweit- oder anderen Folgeauflagen wird die genutzte Auflage ergänzt:
  Bauer: 2013
  Bauer, K.: Das Buch in der Welt. 5. Aufl., Sprenger, Iserlohn 2013.
- Bei Beiträgen in einem Sammelband werden Informationen zur Herausgeberschaft sowie die konkreten Seiten, auf denen sich der Beitrag befindet, ergänzt. Die zu nutzenden Form lautet: „Name, abgekürzter Vorname, Beitragstitel, Herausgeberinformationen, Buchtitel, Verlagsname, Verlagsort, Erscheinungsjahr, Seitenangaben des Beitrages".
  Bauer, Wild: 2008
  Bauer, K.; Wild, B.: Das Wort im Satz. In: Müller, P.; Heiter, H. (Hrsg.): Der Satz in der Welt – Sinnige und unsinnige Gedanken zur deutschen Sprache im globalen Kontext. Sprenger, Iserlohn 2006, S. 151-187.

- Zeitschriftenbeiträge ähneln in ihrer Aufbereitung Buchbeiträgen: Name, abgekürzter Vorname, Beitragstitel, Zeitschriftenname (kann abgekürzt werden), Jahrgang, Jahr, laufende Nummer der Ausgabe, Seitenangaben.
  Wild, Bauer, Müller: 2021
  Wild, B.; Bauer, K.; Müller, A.: Der gemeine Zitationstext. In: Zeitschrift für unsinnige Gedanken zur deutschen Sprache. 63 (2013) 2, S. 98-121.
- Bei Internetquellen wird als Titel der Seitentitel, wie er in der Titelzeile oder den Reitern des Browsers angegeben wird, genutzt. Zudem ist darauf zu achten, dass neben dem URL auch das Abrufdatum angegeben wird: Name, abgekürzter Vorname, Titel. URL, Abrufdatum.
  o. V.: 2013
  o. V.: Homepage der Gesellschaft für unsinnige deutsche Sprache. Online unter: http://www.gfuds.de/index.html, Abruf am 01.01.2001.

Weiteres:

- Der Schreibstil soll sachlich und nicht z. B. journalistisch sein.
- Für Zitate ist die Primärliteratur zu nutzen. Falls die Nutzung von Primärliteratur nicht möglich ist und auf Sekundärliteratur zurückgegriffen werden muss, wird dies durch ein „zitiert nach", kurz: „zit. n." kenntlich gemacht (Beispiel: Müller: 2006, S. 34 zitiert nach Bauer: 2002, S. 387).
- Bei Werken, die in mehreren Auflagen erschienen sind, ist regelmäßig die jüngste Auflage zu verwenden.
- Dem Textteil einer wissenschaftlichen Arbeit werden häufig Inhaltsverzeichnis, Abbildungsverzeichnis, Tabellenverzeichnis und Abkürzungsverzeichnis vorangestellt. Nach dem Textteil folgen ggf. ein Anhang sowie das Literaturverzeichnis. Jedes Verzeichnis beginnt auf einer neuen Seite.
- Die Seitennummerierung erfolgt üblicherweise bis zum Textteil mit römischen Ziffern, wobei die Titelseite mitgezählt, aber nicht nummeriert wird. Mit Beginn des Textes wird bis zur letzten Seite der Arbeit mit arabischen Ziffern gezählt.
- Als Grundlage für die Formatierung können als Schriftart „Times New Roman" in 12 Punkt sowie „Arial" in 11 Punkt mit jeweils einem Zeilenabstand von 1,5 Zeilen herangezogen werden. Die Seitenränder können „normal" gestaltet werden, d. h. links, rechts sowie oben 2,5 cm und unten 2,0 cm. Bei Bedarf kann es hilfreich sein, die Seitenränder innen oder außen für Bindungen oder Korrekturen geringfügig zu vergrößern.

Literaturverzeichnis

Abelshauser: 1991
Abelshauser, W.: Die ordnungspolitische Epochenbedeutung der Weltwirtschaft in Deutschland: Ein Beitrag zur Entstehungsgeschichte der Sozialen Marktwirtschaft. In: Petzina, D. (Hrsg.): Ordnungspolitische Weichenstellungen nach dem Zweiten Weltkrieg. Duncker & Humblot, Berlin 1991, S. 11-29.

Abelshauser: 2011
Abelshauser, W.: Deutsche Wirtschaftsgeschichte – Von 1945 bis zur Gegenwart. 2. Aufl., C.H. Beck, München 2011.

Abs: 1964
Abs, H. J.: Wer keine Feinde hat, hat auch keine Freunde. Interview mit Günter Gaus in der Sendung Zur Person, ORB am 25.11.1964. Abschrift des Interviewtextes online unter: http://www.rbb-online.de/zurperson/interview_archiv/abs_ hermann_josef.html, Abruf am 12.03.2013.

Adenauer: 1966
Adenauer, K.: Erinnerungen 1953-1955. Deutsche Verlags-Anstalt, Stuttgart 1966.

Albach: 1991
Albach, H. (Schriftleitung): Meilensteine der Betriebswirtschafslehre – 60 Jahre Zeitschrift für Betriebswirtschaft. ZfB, Ergänzungsheft 2/1991, Gabler, Wiesbaden 1991.

Aldi: 2013
Aldi Einkauf: 100 Jahre ALDI. Mühlheim 2013.

Amt für Information: 1951
Amt für Information der Regierung der Deutschen Demokratischen Republik (Hrsg.): Gesetz über den Fünfjahrplan zur Entwicklung der Volkswirtschaft der Deutschen Demokratischen Republik 1951-1955. Deutscher Zentralverlag, Berlin 1951

Anger, Geis, Plünnecke: 2012
Anger, C.; Geis, G.; Plünnecke, A.: MINT – Frühjahrsreport 2012. In: Institut der deutschen Wirtschaft Köln (Hrsg.): Gutachten. Köln 2012.

Appel, Hein: 2000
Appel, H.; Hein, C.: Der DaimlerChrysler Deal. Heyne, München 2000.

Apple: 2012
Apple: Fair Labor Association Begins Inspection Of Foxconn. Pressemitteilung vom 13.02.2012, Cupertino/CA/USA 2012.

Armbrüster: 2006
Armbrüster, T.: Economics and Sociology of Management Consulting. Cambridge University Press, Cambridge/UK 2006.

Arthur: 1996
Arthur, W. B.: Increasing Returns and the New World of Business. Harvard Business Review, July/August 1996, S. 100-109.

Bamme: 2004
Bamme, A.: Science Wars – Von der akademischen zur postakademischen Wissenschaft. Campus, Frankfurt/Main 2004.

Bardmann: 2014
Bardmann, M.: Grundlagen der Allgemeinen Betriebswirtschaftslehre. 2. Aufl.,
Springer Gabler, Wiesbaden 2014.

BDU: 2014a
Bundesverband Deutscher Unternehmensberater BDU e.V.: Unternehmensberater –
Die Konsolidierung der Branche geht weiter. Pressemitteilung vom 20.02.2014,
Bonn 2012.

BDU: 2014b
Bundesverband Deutscher Unternehmensberater BDU e.V.: Facts & Figures zum
Beratermarkt 2013/2014. Bonn 2014.

Behringer: 2013
Behringer, S.: Unternehmenstransaktionen. Erich Schmidt, Berlin 2013.

Berghoff: 2004
Berghoff, H.: Moderne Unternehmensgeschichte. Schöningh, UTB, Paderborn
2004.

Besanko et al.: 2010
Besanko, D.; Dranove, D.; Shanley, M.; Schaefer, S.: Economics of Strategy.
5. Aufl., John Wiley & Sons, Hoboken/NJ/USA 2010.

Beyer: 2002
Beyer, J.: Deutschland AG a.D. – Deutsche Bank, Allianz und das Verflechtungs-
zentrum großer deutscher Unternehmen. MPIfG Working Paper 02/4. Köln 2002.

Bhide: 1993
Bhide, A.: McKinsey & Co. (B): 1966. Harvard Business School, Working Paper
9-393-067, Cambridge/MA/USA 1993.

Bhide: 1994
Bhide, A.: McKinsey & Co. (A): 1956. Harvard Business School, Working Paper
9-393-066, Cambridge/MA/USA 1994.

Bhide: 1996
Bhide, A.: McKinsey & Co. (A) and (B). Harvard Business School, Working Paper
5-396-401, Cambridge/MA/USA 1996.

Biemann, Weckmüller: 2013
Biemann, T.; Weckmüller, H.: Generation Y – Viel Lärm um fast nichts.
PERSONALquarterly, 01/2013, S. 46-49.

Biesiada, Ebner-Um: 2013
Biesiada, H.; Ebner-Um, C. S.-Y.: Internes Innovationsmanagement. In: Abolhas-
san, F. (Hrsg.): Der Weg zur modernen IT-Fabrik. Springer, Wiesbaden 2013, S.
219-226.

BITKOM: 2010
BITKOM: 10 Jahre Greencard für IT-Experten. Online unter: http://www.bitkom.
org/de/markt_statistik/64054_62675.aspx, Abruf am 16.04.2013.

Blaug: 1991
Blaug, M.: The Historiography Of Economics. Edward Elgar Publishing,
Cheltenham Glos/UK 1991.

BMFSFJ: 2012
BMFSFJ – Bundesministerium für Familie, Senioren, Frauen und Jugend: Geburten und Geburtenverhalten in Deutschland. Berlin 2012.

BMFSFJ: 2013
BMFSFJ – Bundesministerium für Familie, Senioren, Frauen und Jugend: Demografischer Wandel. Version vom 25.03.2013, online unter: http://www.bmfsfj.de/ BMFSFJ/Familie/demografischer-wandel,did=190036.html, Abruf am 17.04.2013.

Böhle et al.: 2014
Böhle, C.; Hellingrath, B.; Cordes, A.-K.; Höhenberger, S.: Towards a Common Reference Architecture for the Multidisciplinary Subject of Cyber-Physical Systems. In: Kundisch, D.; Suhl, L.; Beckmann, L. (Hrsg.): Tagungsband Multikonferenz Wirtschaftsinformatik 2014 (MKWI 2014). Paderborn 2014, S. 363-375.

Böhmer: 2013
Böhmer, R.: McKinsey auf Porsche-Spuren. Online unter: http://www.wiwo.de/ unternehmen/dienstleister/jointventure-mit-lufthansa-technik-mckinsey-auf-porsche-spuren/7673066.html, Abruf am 04.04.2013.

Borchardt: 1978
Borchardt, K.: Grundriß der deutschen Wirtschaftsgeschichte. Vandenhoeck & Ruprecht, Göttingen 1978.

BPB: 2012
BPB – Bundeszentrale für politische Bildung: Bevölkerung nach Altersgruppen und Geschlecht. Version vom 26.09.2012, online unter: http://www.bpb.de/ nachschlagen/zahlen-und-fakten/soziale-situation-in-deutschland/61538/ altersgruppen, Abruf am 17.04.2013.

BPB: 2013
BPB – Bundeszentrale für politische Bildung: Schöperische Zerstöung. Online unter: http://www.bpb.de/nachschlagen/lexika/lexikon-der-wirtschaft/20588/ schoepferische-zerstoerung, Abruf am 11.03.2013.

Braun: 1985
Braun, H.-J.: Billig und schlecht? Franz Reuleaux' Kritik an der deutschen Industrie und seine wirtschaftspolitischen Vorschläge 1876/7. Kultur und Technik, 2/1985, S. 106-114.

Brockdorff: 1935
Brockdorff, A. G. v.: Weltwirtschaft und Weltrüstung. Wehrtechnische Monatshefte, 39/1935, S. 492-496.

Brockhoff: 2012
Brockhoff, K.: Betriebswirtschaftslehre in Wissenschaft und Geschichte – Eine Skizze. 3. Aufl., Springer Gabler, Wiesbaden 2012.

Brück, Hansen: 2014
Brück, M.; Hansen, N.: Kurz vor der Schockstarre. Wirtschaftswoche, Nr. 9/2014, 24.02.2014, S. 58-60.

Brunken: 2005
Brunken, I. P.: Die 6 Meister der Strategie. Econ, Berlin 2005.

Buchheim: 1997
Buchheim, C.: Industriestaat DDR. In: Haus der Geschichte der Bundesrepublik Deutschland (Hrsg.): Markt oder Plan – Wirtschaftsordnungen in Deutschland 1945-1961. Campus, Frankfurt/Main 1997, S. 64-77.

Büchler: 2014
Büchler, J.-P.: Strategie. Pearson, Hallbergmoos 2014.

Bührer: 2002
Bührer, W.: Ökonomische Entwicklung der Bundesrepublik 1945 bis 1961. In: Bundeszentrale für politische Bildung (Hrsg.): Wirtschaft in beiden deutschen Staaten (Teil 1). Online unter: http://www.bpb.de/izpb/10131/wirtschaft-in-beiden-deutschen-staaten-teil-1, Abruf am 18.02.2013.

Bund, Heuser, Kunze: 2013
Bund, K.; Heuser, J. J.; Kunze, A.: Generation Y – Wollen die auch arbeiten? Die Zeit, Nr. 11/2013, 07.03.2013. Online unter: http://www.zeit.de/2013/11/ Generation-Y-Arbeitswelt, Abruf am 18.04.2013.

Bundesarchiv: 2014
Das Bundesarchiv: Begriffe, Zahlen, Zuständigkeiten. Online unter: http://www. bundesarchiv.de/zwangsarbeit/geschichte/auslaendisch/begriffe/index.html, Abruf am 01.03.2014.

Burrough, Helyar: 2004
Burrough, R.; Helyar, J.: Barbarians at the Gate. Arrow, London/UK 2004.

Büschemann: 2011
Büschemann, K.-H.: Frauenquote in der Telekom-Spitze: Die Konzerne tappen in die Frauenfalle. Süddeutsche Zeitung, 06.07.2011. Online unter: http://www. sueddeutsche.de/wirtschaft/ frauenquote-in-der-telekom-spitze-die-konzerne-tappen-in-die-frauenfalle-1.1116450, Abruf am 16.04.2011.

Cameron, Neal: 2003
Cameron, R.; Neal, L.: A Concise Economic History of the World – From Paleolithic Times to the Present. 4. Aufl., Oxford University Press, Oxford/UK 2003.

Canbäck: 1998
Canbäck, S.: The logic of management consulting (part one). Journal of Management Consulting 10/1998, S. 3-11.

Cauz: 2013a
Cauz, J.: Encyclopaedia Britannica's President on Killing Off a 244-Year-Old Product. Harvard Business Review, March 2013, S. 39-42.

Cauz: 2013b
Cauz, J.: Encyclopedia Britannica's Transformation. Interview mit Scott Berinato, Harvard Business Review IdeaCast am 07.02.2013. Abschrift des Interviewtextes online unter: http://blogs.hbr.org/ideacast/2013/02/encyclopaedia-britannicas-tran.html, Abruf am 10.05.2013.

Chakravorti: 2003
Chakravorti, B.: The Slow Pace of Fast Change – Bringing Innovations to Market in a Connected World. Harvard Business School Press, Boston/MA/USA 2003.

Chandler: 1969
Chandler, A. D. Jr.: Strategy and Structure – Chapters in the History of the American Industrial Enterprise. MIT Press, Cambridge/MA/USA 1969.

Chandler: 2004
Chandler, A. D. Jr.: Scale and Scope: The Dynamics of Industrial Capitalism. 7.
Aufl., Harvard University Press, Cambridge/MA//USA 2004.

Christiaans: 2004
Christiaans, D.: Volkswirtschaftslehre als Wissenschaft. Das Wirtschaftsstudium,
33. Jg., 2004, S. 1087-1094.

Claims Conference: 2014
Conference on Jewish Material Claims Against Germany, Inc. (Claims Conference): Geschichte. Online unter: http://www.claimscon.de/ueber-uns/geschichte/, Abruf am 01.03.2014.

Coase: 1937
Coase, R.: The Nature of the Firm. Economica, Nr. 4/1937, S. 386-405.

Coase: 2013
Coase, R.: Erneuert die Wissenschaft! Harvard Business Manager, Februar 2013, S.
96-97.

Columbus: 2012
Columbus, L.: Why CIOs Are Quickly Prioritizing Analytics, Cloud and Mobile.
Version vom 16.09.2012, online unter: http://www.forbes.com/sites/louiscolumbus/
2012/09/16/ why-cios-are-quickly-prioritizing-analytics-cloud-and-mobile/, Abruf
am 26.02.2013.

Conze et al.: 2010
Conze, E.; Frei, N.; Hayes, P.; Zimmermann, M.: Das Amt und die Vergangenheit -
Deutsche Diplomaten im Dritten Reich und in der Bundesrepublik. Karl Blessing,
München 2010.

Dahlkamp et al.: 2007
Dahlkamp, J.; Rosenbach, M.; Schmitt, J.; Stark, H.; Wagner, W.: Prinzip Sand-
korn. Der Spiegel 35/2007, S. 18-34.

Daimler: 2013a
Daimler AG: Wachstum in allen Bereichen – Von den 1960er bis in die Mitte der
1980er Jahre. Online unter: http://www.daimler.com/dccom/0-5-1324889-49-
1324903-1-0-0-1345593-0-0-135-0-0-0-0-0-0-0.html, Abruf am 06.05.2013.

Daimler: 2013b
Daimler AG: Integrierter Technologiekonzern – Der Wechsel der Unternehmensstrategie (1984-1995). Online unter: http://www.daimler.com/dccom/0-5-1324890-
49-1324909-1-0-0-1345593-0-0-135-0-0-0-0-0-0-0.html, Abruf am 06.05.2013.

Daimler: 2013c
Daimler AG: Vision von der Welt AG – Die Fusion zwischen Daimler und Chrysler (1995-2007). Online unter: http://www.daimler.com/dccom/0-5-1324891-49-
1324904-1-0-0-1345593-0-0-135-0-0-0-0-0-0-0.html, Abruf am 06.05.2013.

Dangerfield: 2008
Dangerfield, M.: Sozialistische Ökonomische Integration – Der Rat für gegenseitige Wirtschaftshilfe (RGW). In: Greiner, B.; Müller, C. T.; Weber, C. (Hrsg.): Ökonomie im Kalten Krieg. HIS Verlagsges., Hamburg 2008, S. 348-369.

Deelmann: 2012
Deelmann, T.: Consulting in Zahlen – Ausgewählte und kommentierte empirische Aussagen zur Unternehmensberatung im deutschsprachigen Raum. epubli / Holtzbrinck, Berlin 2012.

Deelmann: 2013
Deelmann, T.: Beratung: Begriffe, Definitionen und Beziehungen – Vorschlag für den Aufbau eines Begriffsapparates der organisationalen Beratung als möglicher Baustein für eine Theoriebildung. Schriften zur Unternehmensberatung, Band 11, Iserlohn, Düsseldorf 2013.

Deelmann et al.: 2006
Deelmann, T.; Huchler, A.; Jansen, S.A.; Petmecky, A.: Internal Corporate Consulting - Thesen, empirische Analysen und theoriegeleitete Prognosen zum Markt für Interne Beratungen. Diskussionspapiere der Zeppelin University, zu|schnitt 005, Friedrichshafen 2006.

Deutsche Telekom: 2014
Deutsche Telekom: Anatomie der digitalen Zukunft. Das Geschäftsjahr 2013. Bonn 2014.

Deutschman: 2001
Deutschman, A.: Das unglaubliche Comback des Steve Jobs – Wie er Apple zum zweiten Mal erfand. Campus, Frankfurt/Main 2001.

Denison, Reiß, Greving: 2009
Denison, E.; Reiß, H.; Greving, C.: Die Zukunft des CFO im Mittelstand. In: Deloitte (Hrsg.): Erfolgsfaktoren im Mittelstand. Berlin 2009.

Deutsche Post (DDR): 1984
Deutsche Post (DDR): Briefmarke zum Jubiläum 35 Jahre DDR 1949-1984, Nennwert 25 Pfennig. Berlin 1984.

Diefenbach, Bruening, Rickmann: 2012
Diefenbach, S.; Bruening, K. T.; Rickmann, H.: Effizienz und Effektivität im IT-Outsourcing – KPI-basierte Messung der Strategieumsetzung. In: Rickmann, H.; Diefenbach, S.; Brüning [sic!], K. T. (Hrsg.): IT-Outsourcing. Springer, Berlin 2013, S. 1-24.

Doerr: 1905
Doerr, A.: Die Handelstechnik als Wissenschaft. Deutsche Wirtschafts-Zeitung. 1. Jahrgang, 1905, S. 986-989.

Dr. Oetker: 2008
Dr. Oetker GmbH: Unternehmen, Marke, Produkte. Bielefeld 2008.

Dr. Oetker: 2013a
Dr. Oetker GmbH: Unternehmen, Marke, Produkte. Bielefeld 2013.

Dr. Oetker: 2013b
Dr. August Oetker KG: Hintergrundinformationen – Die Oetker-Gruppe. Bielefeld 2013.

Dürand: 2013
Dürand, D.: Wünsch Dir was! Wirtschaftswoche, Nr. 24/2013, 10.06.2013, S. 80-84.

Eiden: 2013
Eiden, M.: Viele ältere Arbeitnehmer haben innerlich gekündigt. Version vom 06.03.2013, online unter: http://www.welt.de/114180130, Abruf am 16.04.2013.

Eisert: 2013
Eisert, R.: Wolfgang Grupp – Trigema-Chef ist gerne ein "Dümpler". Online unter: http://www.wiwo.de/unternehmen/mittelstand/wolfgang-grupp-trigema-chef-ist-gerne-ein-duempler/8044594.html, Abruf am 18.04.2013.

Engeser: 2013
Engeser, M.: Zäher Hund. Wirtschaftswoche, Nr. 11/2013, 11.03.2013, S. 84-87.

E.ON: 2013a
E.ON: E.ON-Geschichte. Online unter: http://www.eon.com/de/ueber-uns/profil/geschichte.html, Abruf am 15.03.2013.

E.ON: 2013b
E.ON: E.ON-Geschichte 1923-99. Online unter: http://www.eon.com/de/ueber-uns/profil/geschichte/1923-99.html, Abruf am 15.03.2013.

E.ON: 2013c
E.ON: Geschichte 2000-2011, 2000. Online unter: http://www.eon.com/de/ueber-uns/profil/geschichte/2000-2011/2000.html, Abruf am 15.03.2013.

Europäische Kommission: 2003
Europäische Kommission: Commission Recommendation of 6 May 2003 concerning the definition of micro, small and medium-sized enterprises. Document number C(2003) 1422, in: Official Journal of the European Union, 20.05.2003, S. 36-41.

f-bb: 2013
Forschungsinstitut Betriebliche Bildung f-bb: Besonderheiten im Mittelstand. Online unter: http://qib.f-bb.de/wissensmanagement/warum/besonderheiten/besonderheiten.rsys, Abruf am 07.05.2013.

Feige et al.: 2014
Feige, S.; Fischer, P. M.; Reinecke, S.; Mahrenholz, P. J.: Marke Deutschland: Image und Mehrwert im internationalen Marketing – Empirische Ergebnisse. Thexis, St. Gallen/CH 2014.

Fenn: 2011
Fenn, J.: Gartner's Hype Cycle Special Report for 2011. In: Gartner, Inc. (Hrsg.): Gartner Research. Working Paper G00215667, Stamford/CT/USA 2011.

Finger, Keller, Wirsching: 2013
Finger, J.; Keller, S.; Wirsching, A.: Dr. Oetker und der Nationalsozialismus – Geschichte eines Familienunternehmens 1933-1945. C.H. Beck, München 2013.

Finkelstein: 2002
Finkelstein, S.: The DaimlerChrysler Merger. Tuck School of Business at Dartmouth, Working Paper no 1-0071. Hanover/NH/USA 2002.

Fischer: 2010
Fischer, E. P.: Information. Jacoby & Stuart, Berlin 2010.

Fischer, Hildebrand, Hofmann: 2002
Fischer, A.; Hildebrand, K.; Hofmann, D.: Dokumente zur Deutschlandgeschichte – 21. Oktober 1969 bis 31. Dezember 1970. Oldenbourg, München 2002.

Fisher, Hirschheim, Jacobs: 2009
Fisher, J.; Hirschheim, R.; Jacobs, R.: A Story of IT Outsourcing from Early Experience to Maturity. In: Hirschheim, R.; Heinzl, A.; Dibbern, J. (Hrsg.): Information Systems Outsourcing. 3. Aufl., Springer, Berlin 2009, S. 147-174.

Flesher, Flesher: 1996
Flesher, D. L.; Flesher, T. K.: McKinsey, James O. (1889-1937). In: Chatfield, M.; Vangermeersch, R. (Hrsg.): The History of Accounting – An International Encyclopedia. Garland Publishing, New York/NY/USA 1996, S. 410-411.

Gates: 1994
Gates, B. [sic!500]: Information At Your Fingertips – 2005. Transcript of Bill Gates' Keynote Speech Fall/COMDEX, 14.11.1994, Las Vegas/NV/USA. Online unter: http://www.mr-gadget.de/microsoft/2008-05-21/transcript-of-bill-gates-keynote-speech-fallcomdex-nov-14-1994-information-at-your-fingertips-2005, Abruf am 07.08.2014.

Gehrmann: 2002
Gehrmann, W.: Rauf oder Raus: Die Unternehmensberatung McKinsey muss weiter wachsen – oder ihr bewährtes Geschäftsmodell aufgeben. DIE ZEIT 49/2002. Online unter: http://www.zeit.de/2002/49/McKinsey, Abruf am 12.04.2012.

Gerstner: 2003
Gerstner, L. V. Jr.: Who Says Elephants Can't Dance? HarperCollins, London/UK 2003.

Giesen: 2012
Giesen, C.: Dokumentaton über Apple-Zulieferer Foxconn – In der iFactory. Version vom 24.02.2012, online unter: http://www.sueddeutsche.de/wirtschaft/dokumentation-ueber-apple-zulieferer-foxconn-in-der-ifactory-1.1291724, Abruf am 29.04.2013.

Goertz: 2007
Goertz, H.-J.: Geschichte – Erfahrung und Wissenschaft: Zugänge zum historischen Erkenntnisprozess. In: Goertz, H.-J.: Geschichte. 3. Aufl., Rowohlt, Hamburg 2007, S. 19-47.

Google: 2013
Google: About Google. Online unter: http://www.google.de/intl/en/about/, Abruf am 07.08.2014.

Grässlin: 1998
Grässlin, J.: Jurgen E. Schrempp – Der Herr der Sterne. Dromer, München 1998.

Grant: 2013
Grant, R. M.: Contemporary Strategy Analysis. 8. Aufl., Wiley, Chichester/UK 2013.

Greenstein, Devereux: 2009
Greenstein, S.; Devereux, M.: The Crisis at Encyclopaedia Britannica. Kellog School of Management, Working Paper KEL251, Evanston/IL/USA 2009.

Greiner, Olson, Poulfelt: 2005
Greiner, L.; Olson, T.; Poulfelt, F.: The Contemporary Consultant – Casebook. Thomson, Mason/OH/USA 2005.

---

500 Gemeint ist hier sicherlich William Henry Gates III, der ‚Bill' genannt wird, d. Verf.

Gritzbach: 1940
Gritzbach, E. (Hrsg.): Der Vierjahresplan. Sonderausgabe 1940. Verlag: Franz Eher Nachf. G.m.b.H., Zweigniederlassung Berlin 1940.

Grothues: 2012
Grothues, R.: Dr. Oetker – „Der Pudding-König" aus Westfalen. Erstveröffentlichung durch den Landschaftsverband Westfalen-Lippe 2007, Aktualisierung 2012. Online unter: http://www.lwl.org/LWL/Kultur/Westfalen_Regional/Wirtschaft/ Unternehmen/Oetker/, Abruf am 24.02.214.

Grunenberg: 2006
Grunenberg, N.: Die Wundertäter – Netzwerke der deutschen Wirtschaft 1942-1966. Siedler, München 2006

Günterberg, Wolter: 2002
Günterberg, B.; Wolter, H.-J.: Unternehmensgrößenstatistik 2001/2002 – Daten und Fakten. In: Institut für Mittelstandsforschung Bonn (Hrsg.): IfM-Materialien Nr. 157, Bonn 2002.

Gutenberg: 1957
Gutenberg, E.: Betriebswirtschaftslehre als Wissenschaft. ZfB Zeitschrift für Betriebswirtschaft, 27 Jg. / 1957, S. 606-612.

Gustmann, Kuhlmann, Wolff: 1980
Gustmann, K.-H.; Kuhlmann, G.; Wolff, H. P.: Innerbetriebliche wirtschaftliche Rechnungsführung – Ein Leitfaden für die Praxis. Berlin (DDR) 1980.

Haas, Neumair: 2014
Haas, H.-D.; Neumair, M.: Diffusion. In: Gabler Verlag (Hrsg.): Gabler Wirtschaftslexikon. Online unter: http://wirtschaftslexikon.gabler.de/Archiv/3533/ diffusion-v7.html, Abruf am 23.02.2014.

Hamlin: 2011
Hamlin, K.: China's One-Child Policy Is Crippling Industry. Bloomberg Businessweek, 08.09.2011. Online unter: http://www.businessweek.com/magazine/ chinas-onechild-policy-is-crippling-industry-09082011.html, Abruf am 18.03.2014.

Hayden: 2011
Hayden, S.: ‚1984': As Good as It Gets. Version vom 30.11.2011, online unter: http://www.adweek.com/news/advertising-branding/1984-good-it-gets-125608, Abruf am 22.04.2013.

HdG: 1997
Haus der Geschichte der Bundesrepublik Deutschland (Hrsg.): Markt oder Plan – Wirtschaftsordnungen in Deutschland 1945-1961. Campus, Frankfurt/Main 1997.

Heckmann-Janz: 2008
Heckmann-Janz, K.: Vor 50 Jahren: Ulbrichts Offensive. Betrag im Deutschlandradio vom 16.07.2008, 19:30 Uhr (Archiv). Abschrift online unter: www.deutschlandradiokultur.de/vor-50-jahren-ulbrichts-offensive.984.de.html? dram:article_id=153428, Abruf am 18.08.2014.

Heinecke: 2002
Heinecke, H. J.: Methodische Differenzierung der Geschäftsstrategie – Prozeßberatung in der Praxis. In: Mohe, M.; Heinecke, H. J.; Pfriem, R. (Hrsg.): Consulting – Problemlösung als Geschäftsmodell. Klett-Cotta, Stuttgart 2002, S. 225-242.

Heinrich: 2011
Heinrich, L. J.: Geschichte der Wirtschaftsinformatik – Entstehung und Entwicklung einer Wissenschaftsdisziplin. Springer, Heidelberg 2011.

Herbst: 1997
Herbst, L.: Von der NS-Kriegswirtschaft zur Sozialen Marktwirtschaft und zur sozialen Planwirtschaft. In: Haus der Geschichte der Bundesrepublik Deutschland (Hrsg.): Markt oder Plan – Wirtschaftsordnungen in Deutschland 1945-1961. Campus, Frankfurt/Main 1997, S. 15-31.

Herles: 1998
Herles, W.: Die Machtspieler – Hinter den Kulissen grosser Konzerne. Econ, Düsseldorf 1998.

Heuermann, Herrmann: 2003
Heuermann, R.; Herrmann, F.: Unternehmensberatung – Anatomie und Perspektiven einer Dienstleistungselite. Vahlen, München 2003.

Heuser: 2010
Heuser, L.: Heinz' Life – Kleine Geschichte vom Kommen und Gehen des Computers. Carl Hanser, München 2010.

Hirschheim, Dibbern: 2009
Hirschheim, R.; Dibbern, J.: Outsourcing in a Global Economy. In: Hirschheim, R.; Heinzl, A.; Dibbern, J. (Hrsg.): Information Systems Outsourcing. 3. Aufl., Springer, Berlin 2009, S. 3-24.

Hitler: 1936
Hitler, A.: Denkschrift über die Aufgaben eines Vierjahresplans. Unveröffentlichtes Manuskript, o. O. 1936.

Hochhuth: 2004
Hochhuth, R.: McKinsey kommt. 4. Auflage, Deutscher Taschenbuch Verlag, München 2004.

Honecker: 1970
Honecker, E.: Notizen des Mitglieds des Politbüros des Zentralkomitees der SED Honecker über Gespräche mit dem Generalsekretär des Zentralkomitees der KPdSU Breshnew, Moskau, 20. August 1970. SAPMO-BArch, DY 20/2118, Bl. 137-159.

Höpner, Krempel: 2003
Höpner, M.; Krempel, L.: The Politics of the German Company Network. MPIfG Working Paper 03/9. Köln 2003.

Höpner, Krempel: 2006
Höpner, M.; Krempel, L.: Ein Netzwerk in Auflösung – Wie die Deutschland AG zerfällt. Manuskript vom Max-Planck-Institut für Gesellschaftsforschung, Köln 2006.

Horx: 2010
Horx, M.: Trend-Definitionen. Arbeitspapier, Wien 2010.

Hübscher, Schneidewind: 2002
Hübscher, M.; Schneidewind, U.: Unternehmensethikberatung – Betriebswirtschaftliche Notwendigkeit in Fusionsprozessen oder akademische Fiktion? In: Mohe, M.; Heinecke, H. J.; Pfriem, R. (Hrsg.): Consulting – Problemlösung als Geschäftsmodell. Klett-Cotta, Stuttgart 2002, S. 262-280.

Hüttenberger: 1986
Hüttenberger, P.: Der große Plötz. Plötz, Freiburg, Würzburg 1986.

IBM: 2013a
IBM: 2012 IBM Annual Report. Armonk/NY/USA 2013.

IBM: 2013b
IBM: History of IBM interactive exhibit. Interaktive Animation zur Unternehmensgeschichte, downloadbar von: http://www-03.ibm.com/ibm/history/history/
history_intro.html, Abruf am 03.05.2013.

IBM: 2013c
IBM: IBM stellt das zwanzigste Jahr in Folge neuen US-Patentrekord auf – Erneut
mehr als 6.000 US-Patente in 2012. Pressemitteilung, IBM Deutschland, Böblingen
2013.

IFI Claims: 2014
IFI Claims: IFI Claims 2013 Top 50 US Patent Assignees. Online unter:
http://www.ificlaims.com/index.php?page=misc_top_50_2013, Abruf am
08.08.2014.

Jacobs: 2006
Jacobs, A. J.: Britannica & ich. 5. Aufl., List, Berlin 2006.

Jansen: 2001
Jansen, S. A.: Mergers & Acquisitions – Unternehmensakquisitionen und -
kooperationen. 4. Aufl., Gabler, Wiesbaden 2001.

Jansen: 2013
Jansen, S. A.: Was glaubt der Nachwuchs? Interview in: Brand Eins, 02/2013, S.
98-99.

Jones, Lefort: 2012
Jones, G.; Lefort, G.: McKinsey and the Globalization of Consultancy. Harvard
Business School, Working Paper 9-806-035, Cambridge/MA/USA 2012.

Jungbluth: 2013a
Jungbluth, R.: Braune Soße, schwer verdaulich – Als eine der letzten Unternehmer-
familien haben die Oetkers ihre NS-Geschichte aufarbeiten lassen. Die Zeit, Nr.
43/2013, 17.10.2013, S. 23.

Jungbluth: 2013b
Jungbluth, C.: Aufbruch nach Westen – Chinesische Direktinvestitionen in
Deutschland. In: Bertelsmann Stiftung (Hrsg.): Deutschland und Asien. Gütersloh
2013.

Kagermann, Wahlster, Helbig: 2012
Kagermann, H.; Wahlster, W.; Helbig, J.: Umsetzungsempfehlungen für das Zukunftsprojekt Industrie 4.0. Forschungsunion Wirtschaft und Wissenschaft, Berlin
2012.

Kagermann, Wahlster, Helbig: 2013
Kagermann, H.; Wahlster, W.; Helbig, J.: Deutschlands Zukunft als Produktions-
standort sichern – Umsetzungsempfehlungen für das Zukunftsprojekt Industrie 4.0
– Abschlussbericht des Arbeitskreises Industrie 4.0. Forschungsunion Wirtschaft
und Wissenschaft, Berlin 2013.

Kaiser: 2013
Kaiser, A.: Ruhrbaron Berthold Beitz behält die Ruhe. Online unter: http://www.
manager-magazin.de/unternehmen/industrie/0,2828,878403,00.html, Abruf am
11.03.2013.

Kapalschinksi: 2012
Kapalschinski, C.: Trigema-Chef – Die heile Welt des Wolfgang Grupp. Version
vom 25.09.2912, Online unter: http://www.handelsblatt.com/unternehmen/
mittelstand/trigema-chef-die-heile-welt-des-wolfgang-grupp/7176448.html, Abruf
am 12.04.2013.

Kaplan, Norton: 1992
Kaplan, R. S.; Norton, D. P.: The Balanced Scorecard – Measures that drive Performance. Harvard Business Review, Januar-Februar 1992, S. 71-79.

Kaplan, Norton: 1993
Kaplan, R. S.; Norton, D. P.: Putting the Balanced Scorecard to work. Harvard
Business Review, September-Oktober 1993, S. 134-147.

Kaplan, Norton: 1996
Kaplan, R. S.; Norton, D. P.: Using the Balanced Scorecard as Strategic Management System. Harvard Business Review, Januar-Februar 1996, S. 74-85.

Kaplan, Norton: 2001
Kaplan, R. S.; Norton, D. P.: The Strategy Focused Organization. Harvard Business
Review Press, Boston/MA/USA 2001.

Kaplan, Norton: 2004
Kaplan, R. S.; Norton, D. P.: Strategy Maps – Converting Intangible Assets into
Tangible Outcomes. Harvard Business Review Press, Boston/MA/USA 2004.

Kaplan, Norton: 2006
Kaplan, R. S.; Norton, D. P.: Alignment – Using the Balanced Scorecard to create
Corporate Synergies. Harvard Business Review Press, Boston/MA/USA 2006.

Kaplan, Norton: 2008
Kaplan, R. S.; Norton, D. P.: The Execution Premium – Linking Strategy to Opera-
tions for Competitive Advantage. Harvard Business Review Press, Boston/MA/
USA 2008.

Käppner: 2010
Käppner, J.: Berthold Beitz – Die Biografie. Berlin Verlag, Berlin 2010.

Keicher et al.: 2012
Keicher, K.; Anke, T.; Bohn, U.; Crummenerl, C.; Mergenthal, N.: Digitale Revolution – Ist Change Management mutig genug für die Zukunft? Capgemini, München 2012.

Kempf: 2013
Kempf, D.: Arbeiten in der digitalen Welt. Pressematerial zur Pressekonferenz zum
Thema Arbeit in der digitalen Welt, 16.04.2013, Berlin 2013.

Kiechel III: 2010
Kiechel III, W.: The Lords of Strategy – The Secret Intellectual History of the New
Corporate World. Harvard Business Press, Boston/MA/USA 2010.

Kierkegaard: 1843
Kierkegaard, S. A.: Die Tagebücher (Deutsch von Theodor Haecker. Brenner-
Verlag, Innsbruck 1923, S. 203), 1843.

Kippenberger: 2010
Kippenberger, S.: Der Patriarch. Der Tagesspiegel, o. S., 31.10.2010.

Kirchgeorg, Piekenbrock: 2013
Kirchgeorg, M.; Piekenbrock, D.: Gut. In: Gabler Verlag (Hrsg.): Gabler Wirtschaftslexikon. Online unter: http://wirtschaftslexikon.gabler.de/Archiv/1784/gut-
v7.html, Abruf am 22.02.2013.

Kirchgeorg et al.: 2013
Kirchgeorg, M.; Klodt, H.; Schmidt, K.; Weerth, C.: Dienstleistungen. In: Gabler
Verlag (Hrsg.): Gabler Wirtschaftslexikon. Online unter: http://wirtschaftslexikon.
gabler.de/Archiv/770/dienstleistungen-v10.html, Abruf am 22.02.2013.

Kissinger: 2011
Kissinger, H.: On China. Allen Lane, London/UK 2011.

Klug: 2008
Klug, C.: Erfolgsfaktoren in Transformationsprozessen öffentlicher Verwaltungen.
Kassel University Press, Kassel 2008; zugl. Kassel, Univ., Diss. 2008.

Kluge: 1997
Kluge, U.: Landwirtschaft zwischen Bäuerlichkeit und Kollektivierung. In: Haus
der Geschichte der Bundesrepublik Deutschland (Hrsg.): Markt oder Plan – Wirtschaftsordnungen in Deutschland 1945-1961. Campus, Frankfurt/Main 1997,
S. 78-91.

Knoop: 2004
Knoop, G.: Hitlers Manager. C. Bertelsmann, München 2004.

Knop, Sturbeck: 2013
Knop, C.; Sturbeck, W.: Beitz lässt Cromme den moralischen Kapitalismus spüren.
Frankfurter Allgemeine Zeitung, o. S., 08.03.2013.

Kohr: 2000
Kohr, J.: Die Auswahl von Unternehmensberatungen. Rainer Hampp, München,
Mering 2000.

Kolb: 2005
Kolb, H.: Die deutsche ‚Green Card'. In: BPB – Bundeszentrale für politische Bildung (Hrsg.): Focus Migration – Kurzdossier, Nr. 3/2005, Bonn 2005.

Knipp: 2007
Knipp, T.: Der Deal – Die Geschichte der größten Übernahme aller Zeiten. Mur-
mann, Hamburg 2007.

Knortz: 2004
Knortz, H.: Innovationsmanagement in der DDR 1973/79-1989 – Der sozialistische
Manager zwischen ökonomischen Herausforderungen und Systemblockaden.
Duncker & Humblodt, Berlin 2004; zugl.: Habil., Karlsruhe, 2003.

Kotter: 1996
Kotter, J. P.: Leading Change. Harvard Business Review Press, Boston/MA/USA
1996.

Krempel: 2008
Krempel, L.: Personenverflechtungen 2006 der einhundert größten deutschen Un-
ternehmen. Online unter: http://www.mpifg.de/aktuelles/thema/docs/Personen
Verfl_2006.pdf, Abruf am 08.08.2014.

Krempel: 2012
   Krempel, L.: Kapitalverflechtungen in Deutschland. Online unter: http://www.
   mpifg.de/aktuelles/themen/doks/Deutschland_AG_1996bis2010.pdf, Abruf am
   13.03.2013.

Krol: 2009
   Krol, F.: Wertorientierte Unternehmensführung im Mittelstand. In: Berens, W.
   (Hrsg.): Arbeitspapiere des Lehrstuhls für Betriebswirtschaftslehre, insb. Controlling an der Westfälischen Wilhelms-Universität Münster. Arbeitspapier Nr. 10-1,
   2009.

Krull: 2005
   Krull, W.: Wissenschaft und Politik in der Wissenschaftspolitik. In: Kiesow, R. M.;
   Ogorek, R.; Simitis, S. (Hrsg.): Summa – Dieter Simon zum 70. Geburtstag. Klos-
   termann, Frankfurt/Main 2005, S. 333-347.

Kukowski, Boch: 2014
   Kukowski, M.; Boch, R.: Kriegswirtschaft und Arbeitseinsatz bei der Auto Union
   AG Chemnitz im Zweiten Weltkrieg. Franz Steiner, Stuttgart 2014.

Kurbjuweit: 2004
   Kurbjuweit, D.: Unser effizientes Leben – Die Diktatur der Ökonomie und ihre
   Folgen. 3. Aufl., Rowohlt Verlag, Reinbek b. H. 2004.

Kurzweil: 2005
   Kurzweil, R.: The Singularity is Near. Duckworth, London/UK 2005.

Landes: 2006
   Landes, D.: Die Macht der Familie – Wirtschaftsdynastien in der Weltgeschichte.
   Siedler, München 2006.

Lang: 2001:
   Lang, W.: Hinter den Kulissen: Das Geheimnis der PKW-Entwicklung in Zwickau.
   In: Thießen, F. (Hrsg.): Zwischen Plan und Pleite – Erlebnisberichte aus der Ar-
   beitswelt der DDR. Böhlau, Köln 2001, S. 167-169.

Leif: 2008
   Leif, T.: Beraten & Verkauft; McKinsey & Co. – der große Bluff der Unternehmensberater. Goldmann, München 2008.

Leimeister: 2012
   Leimeister, J. M.: Dienstleistungsengineering und -management. Springer Gabler,
   Berlin, Heidelberg 2012.

Leonhard: 2014
   Leonhard, J.: Geschichte wiederholt sich nicht. Interview in: Wirtschaftswoche,
   29/2014, 14.07.2014, S. 90-93.

Lepenies: 2013
   Lepenies, P.: Die Macht der einen Zahl – Eine politische Geschichte des Bruttoin-
   landsprodukts. Suhrkamp, Berlin 2013.

Lewin: 1958
   Lewin, K.: Group decision and social change. In: Maccoby, E. E.; Newcomb, T.
   M.; Hartley, E. L. (Hrsg.): Readings in Social Psychology. Holt, Rinehard and
   Winston, New York/ NY/USA 1958, S. 197-211.

Lorsch: 2001
Lorsch, J. W.: McKinsey & Co. Harvard Business School, Working Paper 9-402-014, Cambridge/MA/USA 2001.

Loss: 2013
Loss, B.: Unter Bauern. Wirtschaftwoche Nr. 48/2013, 25.11.2013, S. 44-45.

LPG Altkirchen:
LPG „Roter Stern" Altkirchen – Erste Gedanken zum Entwicklungsplan. Ohne Verlag, o. O. 1964.

Lünendonk: 2012
Lünendonk GmbH: TOP 25 der Managementberatungs-Unternehmen in Deutschland 2011. Kaufbeuren 2012.

Lutteroth: 2012
Lutterroth, J.: Dreist, dreister, Deutschland. Stand: 24.08.2012, online unter: http://www.spiegel.de/einestages/made-in-germany-vom-stigma-zum-qualitaetssiegel-a-947688.html, Abruf am 07.08.2014.

Machowski: 1984
Machowski, H.: Der Rat für gegenseitige Wirtschaftshilfe – Ziele, Formen und Probleme der Zusammenarbeit. In: Ostkolleg der Bundeszentrale für politische Bildung. Band 259, Bonn 1984, S. 15-40.

Maier: 2013
Maier, C. S.: Leviathan 2.0 – Die Erfindung der modernen Staatlichkeit. In.: Rosenberg, E. S. (Hrsg.): 1870-1945 – Weltmärkte und Weltkriege. C.H. Beck & Harvard University Press, München & Harvard/USA 2013, S. 33-286.

Maney, Hamm, O'Brien: 2011
Maney, K.; Hamm, S.; O'Brien, J.: Making the World work better – The Ideas that shaped a Century and a Company. Armonk/NY/USA 2011.

Marquard: 2003
Marquard, O.: Zukunft braucht Herkunft – Philosophische Essays. Reclam, Ditzingen 2003.

Martens: 2010
Martens, B.: Die Wirtschaft in der DDR. In: Bundeszentrale für politische Bildung (Hrsg.), Bonn 2010

Mattern: 2011
Mattern, F.: McKinsey-Brief an junge Consultants. Version vom 25.07.2011, online unter: http://www.spiegel.de/karriere/berufsstart/mckinsey-brief-an-junge-consultants-beraten-ist-mannschaftssport-a-775919.html, Abruf am 08.04.2013.

Mertens: 2006
Mertens, P.: Moden und Nachhaltigkeit in der Wirtschaftsinformatik. Universität Erlangen-Nürnberg, Lehrstuhl Wirtschaftsinformatik I, Arbeitsbericht Nr. 1/2006, Nürnberg 2006.

McKinsey: 1940
McKinsey & Company: Supplementing Successful Management. New York/NY/USA 1940.

McKinsey: 2013a
McKinsey & Company: About us | History. Online unter: http://www.mckinsey.com/about_us/history, Abruf am 08.04.2013.

McKinsey: 2013b
McKinsey & Company: McKinsey & Company | Home Page. Online unter: http://www.mckinsey.com, Abruf am 08.04.2013.

McKinsey: 2013c
McKinsey & Company: McKinsey Global Institute. Online unter: http://www.mckinsey.com/insights/mgi, Abruf am 08.04.2013.

McKinsey: 2013d
McKinsey & Company: McKinsey Capability Center. Online unter: http://www.capability-center.mckinsey.com/index_de.php, Abruf am 08.04.2013.

McKinsey: 2013e
McKinsey & Company: Lufthansa Technik und McKinsey starten Gemeinschaftsunternehmen Lumics. Pressemitteilung, 02.09.2013, Hamburg 2013.

McKinsey: 2014
McKinsey & Company: McKinsey Recovery & Transformation Services Practice. Online unter: http://www.mckinsey.com/client_service/ recovery_and_ transformation_services, Abruf am 20.05.2014.

Meyer-Larsen: 1999
Meyer-Larsen, W.: Legenden des Wirtschaftswunders – Die Unternehmer der frühen Nachkriegszeit. Der Spiegel, 20/1999, S. 140-144.

Mielke: 2012
Mielke, J.: Kuchen fürs Volk. Tagesspiegel Online, Stand: 06.01.2012. Online unter: http://www.tagesspiegel.de/wirtschaft/geschichte-kuchen-fuers-volk/ 6024954. html, Abruf am 24.02.2014.

Milward: 1997
Milward, A. S.: Voraussetzungen der Wirtschaftspolitik in den westlichen Besatzungszonen. In: Haus der Geschichte der Bundesrepublik Deutschland (Hrsg.): Markt oder Plan – Wirtschaftsordnungen in Deutschland 1945-1961. Campus, Frankfurt/Main 1997, S. 46-63.

Möller, Reibetanz, Schilling: 1980
Möller, U.; Reibetanz, W.; Schilling, G.: Überlegenheit sozialistischer Planwirtschaft – Unwiderlegbare Realität. Publikationsabteilung des ZK der SED, Berlin 1980.

Mohe, Heinecke, Priem: 2002
Mohe, M.; Heinecke, H. J.; Pfriem, R.: Zukunft des Consulting – Consulting für die Zukunft. In: Mohe, M.; Heinecke, H. J.; Pfriem, R. (Hrsg.): Consulting – Problemlösung als Geschäftsmodell. Klett-Cotta, Stuttgart 2002, S. 377-386.

Mohe, Nissen, Deelmann: 2008
Mohe, M.; Nissen, V.; Deelmann, T.: Einige Überlegungen und Daten zur Institutionalisierung des Forschungsfeldes Consulting Research. In: Loos, P.; Breitner, M.; Deelmann, T. (Hrsg.): IT-Beratung – Consulting zwischen Wissenschaft und Praxis. Logos, Berlin 2008, S. 75-88.

MPIfG: 2013
Max-Plank-Institut für Gesellschaftsforschung: Deutschland AG in Auflösung. Online unter: http://www.mpifg.de/aktuelles/themen/d-ag.asp, Abruf am 12.03.2013.

Murphy, Reiter: 2012
Murphy, M.; Reiter, W.: Thyssen-Krupp-Patriarch Beitz: 99 – und kein bisschen leise. Handelsblatt, o. S., 26.09.2012.

Nanda, Morell: 2005
Nanda, A.; Morell, K.: McKinsey & Company: An Institution at a Crossroads. In: Greiner, L.; Olson, T.; Poulfelt, F. (Hrsg.): The Contemporary Consultant – Casebook. Thomson, Mason/OH/USA 2005, S. 3-34.

Neckermann: 1990
Neckermann, J.: Erinnerungen. Ullstein, Berlin 1990.

Neef, Schroll, Theis: 2009
Neef, A.; Schroll,W.; Theis, B.: Digital Natives – Die Revolution der Web-Eingeborenen. Version vom 18.05.2009, online unter: www.managermagazin.de/unternehmen/it/0,2828, 625126,00.html, Abruf am: 17.04.2013.

Nissen: 2007
Nissen, V.: Consulting Research – Eine Einführung. In: Nissen, V. (Hrsg.): Consulting Re-search – Unternehmensberatung aus wissenschaftlicher Perspektive. Gabler, Wiesbaden 2007, S. 3-38.

Nissen, Mohe, Deelmann: 2009
Ziele, Anforderungen und Institutionalisierung des Forschungsfeldes Consulting Research. In: Möller, H.; Hausinger, B. (Hrsg.): Quo vadis Beratungswissenschaft? VS Verlag für Sozialwissenschaften, Wiesbaden 2009, S. 141-167.

Nokia: 2013a
Nokia: The Nokia Story. Online unter: http://www.nokia.com/global/about-nokia/about-us/the-nokia-story/, Abruf am 06.05.2013.

Nokia: 2013b
Nokia: Our company. Online unter: http://www.nokia.com/global/about-nokia/about-us/about-us/, Abruf am 06.05.2013.

Nokia: 2014
Nokia: Our Story. Online unter: http://company.nokia.com/en/about-us/our-company/our-story, Abruf am 25.07.2014.

Nusca: 2011
Nusca, A.: IBM at 100 – 15 inflection points in history. Version vom 16.11.2011, online unter: http://www.zdnet.com/blog/btl/ibm-at-100-15-inflection-points-in-history/50486, Abruf am 03.05.2013.

Oetker: 2004
Oetker, A.: Convenience im Wandel: Verbraucheransprüche als Herausforderung für Hersteller. Vortrag im Rahmen der GfK Conference 2004. Online unter: http://gfk-verein.de/index.php?article_id=188&clang=1, Abruf am 24.02.2014.

Oetker: 2013
Oetker, A.: Mein Vater war Nationalsozialist. Interview mit Jungbluth, R.; Kunze, A. Die Zeit, Nr. 43/2013, 17.10.2013, S. 24-25.

O'Neill: 2001
O'Neill, J.: Building Better Global Economic BRICs. In: Goldman Sachs (Hrsg.): Global Economics Paper No: 66, London/UK 2001

o. V.: ca. 1952
ohne Verfasser: Das Paradies der Werktätigen. Hrsg. v. Bundesministerium für gesamtdeutsche Fragen, Bonn, ca. 1952.

o. V.: 1957a
ohne Verfasser: Oetker: Der Puddingprinz. Der Spiegel, 51/1957, S. 22-34.

o. V.: 1957b
ohne Verfasser: Die gelbe Gefahr. Der Spiegel, 27/1957, S. 32-33.

o. V.: 1963
ohne Verfasser: Carl F. W. Borgward. Der Spiegel, 32/1963, S. 29.

o. V.: 1967
ohne Verfasser: Trinkgeld für Ober. Der Spiegel, 8/1967, S. 36

o. V.: 1968a
ohne Verfasser: Was für ein Mann. Der Spiegel, 40/1968, S. 80-82.

o. V.: 1968b
ohne Verfasser: Aufsichtsräte: Staunend aufgeschaut. Der Spiegel, 38/1968, S. 46-48.

o. V.: 1978
ohne Verfasser: Handwörterbuch der Wirtschaftswissenschaften (HdWW). Zugleich Neuauflage des Handwörterbuches der Sozialwissenschaften. Band 4. Fischer, Stuttgart 1978.

o. V.: 1995
ohne Verfasser: Schock für die Aktionäre. Der Spiegel, 31/1995, S. 28-29.

o. V.: 2001
ohne Verfasser: Richard Oetker – Chronik einer Entführung. Stand: 2001. Online unter: http://spiegel. de/sptv/reportage/a-166588.html, Abruf am 25.02.2012.

o. V.: 2003
ohne Verfasser: McKinsey – Streng vertraulich. Bilanz, Juni 2003. Online unter: http://www.bilanz.ch/ unternehmen/mckinsey-streng-vertraulich, Abruf am 12.04.2013

o. V.: 2007
ohne Verfasser: Zum Tod von Rudolf A. Oetker: Milliardär und Pfennigfuchser. Spiegel Online, 16.01.2007. Online unter: http://www.spiegel.de/wirtschaft/zum-tod-von-rudolf-a-oetker-milliardaer-und-pfennigfuchser-a-460179.html, Abruf am 24.04.2014.

o. V.: 2011
ohne Verfasser: M&A Investment Process. Unternehmenseigene Prozessdarstellung, Version 1.4 vom 30.08.2011, o. O. 2011.

o. V.: 2012a
ohne Verfasser: Fachkräfteanwerbung gescheitert – Blue Card lockt nur 27 Hochqualifizierte an. Version vom 19.11.2012, online unter: http://www.ftd.de/politik/deutschland/:fachkraefte-anwerbung-gescheitert-blue-card-lockt-nur-27-hochqualifizierte-an/70119576.html, Abruf am 16.04.2013.

o. V.: 2012b
ohne Verfasser: Rente mit 67 – Nur wenige Mitarbeiter sind älter als 55 Jahre. Version vom 03.01.2012, online unter: http://www.handelsblatt.com/unternehmen/management/strategie/rente-mit-67-nur-wenige-mitarbeiter-sind-aelter-als-55-jahre/6014012.html, Abruf am 17.04.2013.

o. V.: 2013a
ohne Verfasser: The world's greatest bazaar. The Economist, 23.03.2013, S. 23-25.

o. V.: 2013b
ohne Verfasser: McKinsey: Gemeinschaftsunternehmen mit Lufthansa Technik geplant. Online unter: http://www.n-tv.de/ticker/Gemeinschaftsunternehmen-mit-Lufthansa-Technik-geplant-article9998101.html, Abruf am 04.04.2013.

o. V.: 2013c
ohne Verfasser: The Economist explains – Why is South Africa included in the BRICS? Online unter: http://www.economist.com/blogs/economist-explains/2013/03/economist-explains-why-south-africa-brics, Abruf am 04.04.2013.

o. V.: 2014a
ohne Verfasser: Shares in emerging markets. The Economist, 18.01.2014, S. 63. Auch online verfügbar unter dem Titel: Value of countries' listed firms. Online unter: http://cdn.static-economist.com/sites/default/files/20140118_FNM966.png, Abruf am 23.02.2014.

o. V. : 2014b
ohne Verfasser: The BRICS bank – An acronym with capital. The Economist, 19.07.2014, S. 62.

PAC: 2013a
Pierre Audoin Consultants – PAC: PAC Online – Über Pierre Audoin Consultants. Online unter: https://www.pac-online.com/pac/pac/live/pac_germany/global/unternehmen/unsere_methodik/index.html, Abruf am 13.05.2013.

PAC: 2013b
Pierre Audoin Consultants – PAC: B2B2C Business: Short Market & Competitor Analysis. Version vom 07.05.2013, unveröffentlichte Studie. München 2013.

Payn: 1888
Payn, H.: The Merchandise Marks Act 1877. Stevens and Sons, London/UK 1888.

PCK: 2014
PCK Raffinerie GmbH: Karriere. Online unter: http://www.pck.de/karriere.html, Abruf am 15.03.2014.

Pesch: 1998
Pesch, M.: Struktur und Funktionsweise der Kriegswirtschaft in Deutschland ab 1942. Müller Botermann, Köln 1998. Zugl.: Köln, Univ., Diss., 1998.

Petzina, Abelshauser, Plumpe: 1989
Petzina, D.; Abelshauser, W.; Plumpe, W.: Das Zeitalter der Weltwirtschaft. In: Schäfer, H. (Hrsg.): Wirtschaftsgeschichte der deutschsprachigen Länder vom frühen Mittelalter bis zur Gegenwart. Ploetz, Freiburg 1989, S. 115-204.

Peukert et al.: 2013
Peukert, H.; Piekenbrock, D.; Steven, M.; Wohltmann, H.-W.: Produktionsfaktoren.
In: Gabler Verlag (Hrsg.): Gabler Wirtschaftslexikon. Online unter: http://
wirtschaftslexikon.gabler.de/Archiv/1260/produktionsfaktoren-v10.html, Abruf am
22.02.2013.

Pierenkemper: 1996
Pierenkemper, T.: Josef Neckermann (1912-1992) – Anmerkungen zur Autobiogra-
fie.In: Baar. L.; Fremdling, R.; Hausen, K.; Kaelble, H.; Kriedte, P.; Petzina, D.;
Pierenkemper, T.; Reif, H.; Schefold, B.; Spree, R. (Hrsg.): Jahrbuch für Wirtschaftsgeschichte. Band 1996/2, Akademie Verlag, Berlin 1996, S. 235-245.

Pierenkemper: 2000
Pierenkemper, T.: Unternehmensgeschichte – Eine Einführung in ihre Methoden
und Ergebnisse. Franz Steiner, Stuttgart 2000.

Pierenkemper: 2007
Pierenkemper, T.: Wirtschaftsgeschichte. In: Goertz, H.-J.: Geschichte. 3. Aufl.,
Rowohlt, Hamburg 2007, S. 413-430.

Piper: 1996
Piper, N: Joseph Schumpeter – Der Unternehmer als Pionier. In: Piper, N. (Hrsg.):
Die großen Ökonomen – Leben und Werk der wirtschaftswissenschaftlichen Vor-
denker. Schäffer-Poeschel, Stuttgart 1996, S. 97-104.

Pohl: 2001
Pohl, M.: Die Geschichte der Rationalisierung – Das RKW 1921 bis 1996. In:
RKW Rationalisierungs- und Innovationszentrum der Deutschen Wirtschaft e.V.
(Hrsg.), Eschborn 2001.

Pohl: 2005
Pohl, R.: Ich habe Finanzgeschichte geschrieben. 2. Aufl., Hoffmann und Campe,
Hamburg 2005.

Porter: 1999
Porter, M. E.: Wettbewerbsstrategie. Campus Verlag, Frankfurt/Main 1999.

Pralinenbote: 2013a
Pralinenbote GmbH: Pralinenbote – Der Online Pralinen Shop vom Pralinenclub.
Online unter: http://www.pralinenbote.de, Abruf am 03.05.2013.

Pralinenbote: 2013b
Pralinenbote GmbH: Pralinen vom Pralinenclub. Online unter: http://www.
pralinenclub.de, Abruf am 03.05.2013.

Prensky: 2001
Prensky, M.: Digital Natives, Digital Immigrants. In: On the Horizon, 9 (2001) 5.

Pulakkat: 2013
Pulakkat, H.: MobileFirst – IBM asking companies to design mobile applications
first, rest later. Version vom 25.02.2013, online unter: http://articles.
economictimes.indiatimes.com/2013-02-25/news/37289434_1_mobile-
applications-mobile-analytics-mobile-commerce, Abruf am 26.02.2013.

Quian: 2014
Quian, E.: Zunahme von Käufen. Im Interview mit Welp, C. in: Wirtschaftswoche,
09/2014, 24.02.2014, S. 9.

Ramthun: 2013
Ramthun, C.: Überraschungsstart – 4126 Blue Cards für hoch qualifizierte Zuwanderer. Version vom 16.02.2013, online unter: http://www.wiwo.de/politik/deutschland/ueberraschungsstart-4126-blue-cards-fuer-hoch-qualifizierte-zuwanderer/7791164.html, Abruf am 16.04.2013.

Random House: 2006
Random House: Pressemitteilung vom 20.06.2006: Jetzt auf der SPIEGEL-Bestsellerliste. Online unter: http://www.randomhouse.de/press/articledetail.jsp?aid=5495, Abruf am 06.08.2012.

RBSC: 2011
Roland Berger Strategy Consultants: Trend Compendium 2030. München 2011.

Reinemann: 2011
Reinemann, H.: Mittelstandsmanagement – Einführung in Theorie und Praxis. Schäffer-Poeschel, Stuttgart 2011.

Rettig: 2013
Rettig, D.: Die Chefs von morgen. WirtschaftsWoche, 16/2013, 15.04.2013, S. 82.

Reuleaux: 1877
Reuleaux, F.: Briefe aus Philadelphia. Friedrich Vieweg und Sohn, Braunschweig 1877.

Rieger: 1997
Rieger, T. W.: „Der Sozialismus siegt!" Wirtschaftswerbung und Produktionspropaganda in der DDR. In: Haus der Geschichte der Bundesrepublik Deutschland (Hrsg.): Markt oder Plan – Wirtschaftsordnungen in Deutschland 1945-1961. Campus, Frankfurt/Main 1997, S. 92-101.

Rigby: 2011
Rigby, D. K.: Management Tools 2011 – An Executive's Guide. Bain, Boston/MA/USA 2011.

Robbins, Coulter: 2014
Robbins, S. P.; Coulter, M.: Management. 12. Aufl., Pearson, Harlow/UK 2014.

Roesler: 2003
Roesler, J.: Ostdeutsche Wirtschaft im Umbruch – 1970-2000. Bundeszentrale für politische Bildung, Bonn 2003

Rüssel: 2014
Rüssel, F.: Agile Nearshoring. Online unter: http://www.agile-nearshoring.com/agile-nearshoring/, Abruf am 09.08.2014.

Rust: 2013
Rust, H.: Genialer Mittelstand. Harvard Business Manager, 35 (2013) 3, S. 99.

Sander: 2009
Sander, R.: Als 1984 nicht ‚1984' wurde. Version vom 23.01.2009, online unter: http://www.stern.de/digital/computer/legendaere-macintosh-werbung-als-1984-nicht-1984-wurde-650685.html, Abruf am 22.04.2013.

Sattelberger: 2011
Sattelberger, T.: Telekom-Vorstand Sattelberger: ‚Frauenförderung berührt Tabuzonen'. Interview vom 01.02.2011, Spiegel Online, online unter: http://www.spiegel.de/wirtschaft/ unternehmen/telekom-vorstand-sattelberger-frauenfoerderung-beruehrt-tabuzonen-a-742847.html, Abruf am 16.04.2013.

Sattelberger: 2013
Sattelberger, T.: Altersgerechte Arbeitswelt für alle? Interview, Frankfurter Allgemeine Zeitung, 18.04.2013, S. V3.

Sattelberger: 2014
Sattelberger, T.: Die jungen Menschen laufen den falschen Göttern nach. Interview, Huffington Post, 12.08.2014. Online unter: http://www.huffingtonpost.de/2014/08/11/thomas-sattelberger-generation-y-_n_5667238.html?ncid= fcbklnkushpmg00000071, Abruf am 14.08.2014.

Sauerland: 2014
Sauerland, D.: Kriegswirtschaft. In: Gabler Verlag (Hrsg.): Gabler Wirtschaftslexikon. Online unter: http://wirtschaftslexikon.gabler.de/Archiv/12556/kriegswirtschaft-v6.html, Abruf am 27.02.2012.

Schäfer: 1989a
Schäfer, H. (Hrsg.): Wirtschaftsgeschichte der deutschsprachigen Länder vom frühen Mittelalter bis zur Gegenwart. Ploetz, Freiburg 1989.

Schäfer: 1989b
Schäfer, H.: Das Jahrhundert der Industrialisierung. In: Schäfer, H. (Hrsg.): Wirtschaftsgeschichte der deutschsprachigen Länder vom frühen Mittelalter bis zur Gegenwart. Ploetz, Freiburg 1989, S. 57-113.

Schaller: 2001
Schaller, A.: Entrepreneurship oder wie ein Unternehmen denken muß. In: Blum, U.; Leibbrand, F. (Hrsg.): Entrepreneurship und Unternehmertum. Gabler, Wiesbaden 2001, S. 3-56.

Scheer, Deelmann, Loos: 2003
Scheer, C.; Deelmann, T.; Loos, P.: Geschäftsmodelle und internetbasierte Geschäftsmodelle – Begriffsbestimmung und Teilnehmermodell. In: Loos, P. (Hrsg.): Working Papers of the Research Group Information Systems & Management. Paper 12, Mainz 2003.

Scherle: 2003
Scherle, N.: Bilaterale Unternehmenskooperationen im Tourismussektor: Ausgewählte Erfolgsfaktoren. Gabler, Wiesbaden 2003.

Schlautmann: 2013
Schlautmann, C.: Otto Beisheim – Tod eines großen Händlers. Handelsblatt, 19.02.2013, S. 1.

Schlief-Ehrismann: 1997
Schlief-Ehrismann, R.: „So wie wir heute arbeiten, wird morgen unser Leben sein" – Arbeitswelt im VEB und Lebensstandard in der DDR der fünfziger Jahre. In: Haus der Geschichte der Bundesrepublik Deutschland (Hrsg.): Markt oder Plan – Wirtschaftsordnungen in Deutschland 1945-1961. Campus, Frankfurt/Main 1997, S. 102-117.

Schneider: 1984
Schneider, D.: Managementfehler durch mangelndes Geschichtsbewusstsein in der Betriebswirtschaftslehre. Zeitschrift für Unternehmensgeschichte, 29 (1984) 2, S. 114-130.

Schubert, Klein: 2011
Schubert, K.; Klein, M.: Das Politiklexikon: Begriffe – Fakten – Zusammenhänge. J. H. W. Dietz Nachf., Bonn 2011.

Schwartz: 1998
Schwartz, P.: The Art of the Long View. John Wiley & Sons, Chichester/USA 1998.

Schwartz: 2004
Schwartz, P.: Inevitable Surprises. Gotham Books, New York/USA 2004.

Sculley, Byrne: 1994
Sculley, J.; Byrne, J. A.: Odyssey – Pepsi to Apple. HarperCollins, London/UK 1994.

Sedláček: 2012
Sedláček, T.: Die Ökonomie von Gut und Böse. Karl Hanser, München 2012.

Shapiro, Varian: 1999
Shapiro, C.; Varian, H. R.: Information Rules – A Strategic Guide to the Network Economy. Harvard Business School Press, Boston/MA/USA 1999.

Simoneit, Brawand: 1969
Simoneit, F.; Brawand, L.: Wir sind die größte Ohn-Macht der Welt. Der Spiegel, 1-2/1969, S. 37-48.

Smith: 1776
Smith, A.: An inquiry into the nature and causes of the wealth of nations. Methuen, London/UK 1776, in der online verfügbaren Version der Library of Economics and Liberty: http://www.econlib.org/library/Smith/smWNCover.html, Abruf am 26.03.2103.

Söllner: 2011
Söllner, R.: Ausgewählte Ergebnisse für kleine und mittlere Unternehmen in Deutschland 2009. In: Statistisches Bundesamt (Hrsg.): Wirtschaft und Statistik, November 2011, S. 1086-1096.

Sonne, Schmidt: 2009
Sonne, N.; Schmidt, S.: Digital Natives – Generation Internet. Arbeitsbericht des Institute of Electronic Business, Berlin 2009.

Sozialkritische Aktion: Unwort des Jahres: 2013
Sozialkritische Aktion: Unwort des Jahres: Unwörter von 1991-1999. Online unter: http://www.unwortdesjahres.net/index.php?id=33, Abruf am 30.04.2013.

Statistisches Bundesamt: 2008
Statistisches Bundesamt (Hrsg.): Klassifikation der Wirtschaftszweige – Mit Erläuterungen. Wiesbaden 2008.

Statistisches Bundesamt: 2009
Statistisches Bundesamt (Hrsg.): Bevölkerung Deutschlands bis 2060 – 12. koordinierte Bevölkerungsvorausberechnung. Wiesbaden 2008.

Statistisches Bundesamt: 2014
Statistisches Bundesamt (Hrsg.): Gesamtwirtschaft & Umwelt – Arbeitsmarkt. Stand: 23.05.2014, online unter: https://www.destatis.de/DE/ZahlenFakten/ Indikatoren/LangeReihen/ Arbeitsmarkt/lrerw013.html, Abruf am 07.08.2014

Seininger, Riedl, Roithmayr: 2008
  Steininger, K.; Riedl, R.; Roithmayr, F.: Zu den Begrifflichkeiten und Moden der Wirtschaftsinformatik: Ergebnisse einer inhaltsanalytischen Betrachtung. In: Bichler; M.; Hess, T.; Krcmar, H.; Lechner, U.; Matthes, F.; Picot, A.; Speitkamp, B; Wolf, P. (Hrsg.): Tagungsband Multikonferenz Wirtschaftsinformatik 2008, GITO, Berlin 2008, S. 1538-1550.

Spoerer, Streb: 2013
  Spoerer, M.; Streb, J.: Neue deutsche Wirtschaftsgeschichte des 20. Jahrhunderts. Oldenbourg, München 2013.

Steinitz, Walter: 2014
  Steinitz, K.; Walter, D.: Plan – Markt – Demokratie: Prognose und langfristige Planung in der DDR – Schlussfolgerungen für morgen. VSA, Hamburg 2014.

Straub: 2012
  Straub, T.: Einführung in die Allgemeine Betriebswirtschaftslehre. Pearson, München 2012.

Sun: 2014
  Sun, Y.: Chinesische Unternehmenskäufe in Europa. In: Ernst & Young (Hrsg.): Eine Analyse von M&A-Deals 2004-2013, Düsseldorf 2014.

Suntum: 2013
  Suntum, U. v.: Die unsichtbare Hand – Ökonomisches Denken gestern und heute. 5. Aufl., Springer Gabler, Berlin et al. 2013.

Tauber: 2013
  Tauber, A.: Der Patriarch ordnet sein Vermächtnis. Die Welt, 11.03.2013, S. 12.

Tedlow: 1990
  Tedlow, R. S.: New and Improved – The Story of Mass Marketing in America. Basic Books, Oxford/UK 1990.

Thalheim: 1978
  Thalheim, K. C.: Die wirtschaftliche Entwicklung der beiden deutschen Staaten. Leske, Opladen 1978.

Thommen: 2013
  Thommen, J.-P.: Betriebswirtschaftslehre. In: Gabler (Hrsg.): Gabler Wirtschaftslexikon. Online unter: http://wirtschaftslexikon.gabler.de/Archiv/2692/ betriebswirtschaftslehre-bwl-v9.html, Abruf am 27.03.2013.

ThyssenKrupp: 2014
  ThyssenKrupp: Aktionärsstruktur – Aktie. Stand März 2014, online unter: http://www. Thyssenkrupp.com/de/investor/aktionaersstruktur.html, Abruf am 08.08.2014

Time Magazin: 1983
  Time Magazin: Machine of the Year – The Computer Moves In. 03.01.1983.

Tolbert, Zucker: 1996
  Tolbert, P. S.; Zucker, L. G.: The institutionalization of institutional theory. In: Clegg, S. R.; Hardy, C.; Nord, W. R. (Hrsg.): Handbook of Organizational Studies. Sage, London/ UK, 1996, S. 175-190.

Toppik, Wells: 2012
   Toppik, S. C.; Wells, A.: Warenketten in einer globalen Wirtschaft. In: Rosenberg,
   E. S. (Hrsg.): 1870-1945 – Weltmärkte und Weltkriege. C.H. Beck & Harvard Uni-
   versity Press, München & Harvard/USA 2013, S. 589-814

Treue: 1959a
   Treue, W.: Dokumentation – Hitlers Denkschrift zum Vierjahresplan 1936 [Vor-
   bemerkung zur Denkschrift]. Vierteljahreshefte für Zeigeschichte, 3 (1955) 2,
   S. 184-203.

Treue: 1959b
   Treue, W.: Dokumentation – Hitlers Denkschrift zum Vierjahresplan 1936 [Ab-
   schrift der Denkschrift]. Vierteljahreshefte für Zeigeschichte, 3 (1955) 2,
   S. 204-210.

T-Systems: 2013
   T-Systems: Unternehmenspräsentation. Frankfurt/Main, Bonn 2013.

TUI: 2013
   TUI: Zeitreise durch die Geschichte des Konzerns. Hannover 2013.

Vahs, Schäfer-Kunz: 2012
   Vahs, D.; Schäfer-Kunz, J.: Einführung in die Betriebswirtschaftslehre. 6. Aufl.,
   Schäffer-Poeschel, Stuttgart 2012.

Vogler: 2007
   Vogler, G.: Probleme der Periodisierung der Geschichte. In: Goertz, H.-J.: Geschichte. 3. Aufl., Rowohlt, Hamburg 2007, S. 253-262.

Volkmann: 1978
   Volkmann, H.-E.: Aspekte der nationalsozialistischen „Wehrwirtschaft" 1933 bis
   1936. Francia – Forschungen zur westeuropäischen Geschichte, Band 5 (1977), Ar-
   temis Verlag Zürich, München 1978, S. 513-539.

Walger: 1995
   Walger, G.: Idealtypen der Unternehmensberatung. In: Walger, G. (Hrsg.): Formen
   der Unternehmensberatung – Systemische Unternehmensberatung, Organisationsentwicklung, Expertenberatung und gutachterliche Beratungstätigkeit in Theorie
   und Praxis. Verlag Dr. Otto Schmidt, Köln 1995, S. 1-18.

Watson: 2003
   Watson, T. J. Jr.: A Business and Its Beliefs – The Ideas that helped build IBM.
   McGraw-Hill, New York/NY/USA 2003.

Weber: 1997
   Weber, H.: Wirtschaftspolitik in der sowjetischen Besatzungszone. In: Haus der
   Geschichte der Bundesrepublik Deutschland (Hrsg.): Markt oder Plan – Wirt-
   schaftsordnungen in Deutschland 1945-1961. Campus, Frankfurt/Main 1997,
   S. 32-45.

Wegener: 2013
   Wegener, D.: Chancen und Herausforderungen für einen Global Player (Siemens
   AG). Vortrag im Rahmen des VDI-Zukunftskongress Industrie 4.0, Düsseldorf,
   30.01.2013.

Wehler: 2003
   Wehler, H.-U.: Deutsche Gesellschaftsgeschichte 1914-1949. C. H. Beck, München
   2003.

Wehler: 2004
Wehler, H.-U.: Die Urkatastrophe – Der Erste Weltkrieg als Auftakt und Vorbild für den Zweiten Weltkrieg. Der Spiegel, 8/2004, S. 82-89.

Wehler: 2005
Wehler, H.-U.: Der deutsche Fetisch. Der Spiegel, 52/2005, S. 54-55.

Wehler: 2008
Wehler, H.-U.: Deutsche Gesellschaftsgeschichte 1949-1990. C. H. Beck, München 2008.

Welch: 2003
Welch, J.: Was zählt. Ullstein, Berlin 2003.

Welge, Al-Laham: 2012
Welge, M. K.; Al-Laham, A.: Strategisches Management. 6. Aufl., Springer Gabler, Wiesbaden 2012.

Weltbank: 2014a
Weltbank: Population (Total) | Data | Table. Online unter: http://data.worldbank.org/indicator/SP.POP.TOTL, Abruf am 23.04.2014.

Weltbank: 2014b
Weltbank: GDP (Current US$) | Data | Table. Online unter: http://data.worldbank.org/indicator/NY.GDP.MKTP.CD, Abruf am 23.04.2014.

Werner: 2007
Werner, G. W.: Ein Grund für die Zukunft: das Grundeinkommen – Interviews und Reaktionen. Verlag Freies Geistesleben, Stuttgart 2007.

Werner: 2013
Werner, G. W.: Womit ich nie gerechnet habe – Die Autobiographie. Econ, Berlin 2013.

Wikipedia: 2013
Wikipedia: Deutsche Telekom. Online unter: http://de.wikipedia.org/wiki/Deutsche_Telekom, Abruf am 13.03.2013

Wirsching: 2013
Wirsching, A.: Industrielle im Nationalsozialismus: ,Zwischen Oetker und das Regime passte kein Blatt Papier". Interview mit Diekmann, F. für Spiegel Online, Stand 19.10.2013. Online unter: http://www.spiegel.de/wirtschaft/unternehmen/oetker-im-nationalsozialismus-interview-mit-historiker-wirsching-a-928644.html, Abruf am 24.02.2014.

Wirtschaftswoche: 2012
Wirtschaftswoche: Ranking – Die beliebtesten Arbeitgeber. Online unter: http://www.wiwo.de/erfolg/jobsuche/ranking-die-beliebtesten-arbeitgeber/6565138.html, Abruf am 06.08.2012.

Wöhe, Döring: 2010
Wöhe, G.; Döring, U.: Einführung in die Allgemeine Betriebswirtschaftslehre. 24. Aufl., Vahlen, München 2010.

Wölfe: 2014
Wölfle, M.: Mikroökonomik. Springer Gabler, Wiesbaden 2014.

Wörl: 1997
    Wörl, V.: Der zentrale Plan – Fessel für die Freiheit. In: Haus der Geschichte der Bundesrepublik Deutschland (Hrsg.): Markt oder Plan – Wirtschaftsordnungen in Deutschland 1945-1961. Campus, Frankfurt/Main 1997, S. 186-193.

Wozniak: 2007
    Wozniak, S.: iWoz – Wie ich den Personal Computer erfand und Apple mitgründete. Hanser, München, Wien 2007.

Young, Simon: 2005
    Young, J.; Simon, W. L.: Steve Jobs und die Geschichte eines außergewöhnlichen Unternehmens. Scherz, Frankfurt/Main 2005.

ZDWA: 2013
    ZDWA – Rostocker Zentrum für Demografischen Wandel: Demografischer Wandel in Deutschland – ein Überblick. Online unter: http://www.zdwa.de/zdwa/artikel/20060601_ 44669235W3DnavidW2636.php, Abruf am: 17.04.2013.

Ziegler: 2008
    Ziegler, B.: Geschichte des ökonomischen Denkens. 2. Aufl., Oldenbourg, München 2008.

Zirkler: 2005
    Zirkler, M.: State-of-the-art der Forschung zur Organisationsberatung: Zusammenfassung und Analyse der Forschungsergebnisse der letzten Jahre. WWZ Forschungsbericht 10/05, WWZ Forum, Basel/Schweiz 2005.